易腐有机固体废物
处理与资源化

甄广印　　陆雪琴　　胡维杰　编著
宋　玉　　赵由才

U0342248

北　京

冶金工业出版社

2023

内 容 提 要

本书系统阐述了城市易腐有机固体废物（以下简称"固废"）综合处理与资源化利用技术的发展现状、应用前景以及一些技术应用实例。本书共分 9 章，第 1 章无废城市建设与发展，第 2 章生活垃圾分类历史与发展瓶颈，第 3 章有机固废处理处置原则，第 4 章餐厨垃圾处理处置技术，第 5 章污水污泥处理与资源化技术，第 6 章畜禽粪便污染控制与资源化技术，第 7 章基于循环利用的园林绿化垃圾处理技术，第 8 章工业有机废物无害化处理与资源利用技术，第 9 章有机固废固液分离与末端处理处置技术及案例分析。

本书可供从事固体废物处理的研究人员、工程技术人员、管理人员阅读使用，也可作为高等学校环境工程、环境科学、资源循环科学与工程等专业的教材。

图书在版编目（CIP）数据

易腐有机固体废物处理与资源化／甄广印等编著 . —北京：冶金工业出版社，2023.9

ISBN 978-7-5024-9515-2

Ⅰ.①易… Ⅱ.①甄… Ⅲ.①有机垃圾—固体废物处理 ②有机垃圾—固体废物利用 Ⅳ.①X705

中国国家版本馆 CIP 数据核字（2023）第 097265 号

易腐有机固体废物处理与资源化

出版发行	冶金工业出版社	**电　话**	(010)64027926
地　址	北京市东城区嵩祝院北巷 39 号	**邮　编**	100009
网　址	www.mip1953.com	**电子信箱**	service@ mip1953.com

责任编辑　杨盈园　美术编辑　燕展疆　版式设计　孙跃红
责任校对　梁江凤　责任印制　禹　蕊
北京捷迅佳彩印刷有限公司印刷
2023 年 9 月第 1 版，2023 年 9 月第 1 次印刷
710mm×1000mm　1/16；14.75 印张；286 千字；224 页
定价 86.00 元

投稿电话　(010)64027932　投稿信箱　tougao@cnmip.com.cn
营销中心电话　(010)64044283
冶金工业出版社天猫旗舰店　yjgycbs.tmall.com
（本书如有印装质量问题，本社营销中心负责退换）

前　言

易腐有机固体废物（以下简称"固废"）是人类社会发展的必然产物，产量大，组成杂，富含碳、氮、磷等资源，其污染控制与潜在资源、能源的高值利用，是推动固废处理行业由耗能向资源回收、能源自给型处理模式转变的基础和前提，也是国家重大民生工程和低碳发展的必由之路。特别是随着垃圾分类制度的全面推行，我国餐厨垃圾等有机固废年产量1.3亿吨，产生量急剧攀升，市政污泥年产量也达6000万~9000万吨。而以传统填埋、焚烧等为主的末端处置技术，碳资源化率低，逸散性温室气体排放量大，不符合碳中和发展理念。目前，有机固废处理模式正发生巨大变化，资源化高值化利用已成为最大限度减少填埋、降低其环境影响的重要途径。

本书结合作者在相关领域的最新研究成果，结合我国对无废城市建设的要求，系统阐述了城市易腐有机固废综合处理与资源化利用技术的发展现状、应用前景以及一些技术应用实例。本书共9章：第1章无废城市建设与发展，由甄广印、任璇编写；第2章生活垃圾分类历史与发展瓶颈，由甄广印、迪丽白尔克孜·库地斯编写；第3章有机固废处理处置原则，由陆雪琴、任璇、甄广印、赵由才编写；第4章餐厨垃圾处理处置技术，由甄广印、李万江、陆雪琴、刘兆斌编写；第5章污水污泥处理与资源化技术，由甄广印、张瑞良、陆雪琴、刘兆斌、宋玉、赵由才编写；第6章畜禽粪便污染控制与资源化技术，由甄广印、秦曦编写；第7章基于循环利用的园林绿化垃圾处理技术，由甄广印、戴金金、陆雪琴编写；第8章工业有机废物无害化处理与资源利用技术，由陆雪琴、蔡腾、朱学峰、张衷译编写；第9章有机固废固液分离与末端处理处置技术及案例分析，由宋玉、胡维杰、甄广印编写。全书由甄广印、刘兆斌、杨丽影负责统稿工作。本书是在2020年度华东师范大学精品教材建设专项基金资助项目的支持下完成的，在此表示感谢！

由于作者水平有限，且有机固废处理与资源化涉猎面较广，相关技术的研究还在不断更新和完善中，因此书中若有不足和疏漏之处，敬请读者批评指正。

作　者

2022年11月

目　　录

1 无废城市建设与发展

1.1 无废城市定义

无废城市在国际上尚无统一规范的定义，无废国际联盟（ZWIA，Zero Waste International Alliance）对"无废城市"的定义为："通过负责任地生产、消费、回收，使得所有废弃物被循环利用，没有废弃物焚烧、填埋、丢弃至露天垃圾场、海洋，从而不威胁生态环境和人类健康"。

根据我国《"无废城市"建设试点工作方案》，无废城市是以创新、协调、绿色、开放、共享的新发展理念为引领，通过推动形成绿色低碳循环的发展方式和生活方式，持续推进固体废弃物源头减量与资源化循环利用，最大限度减少固体废弃物填埋量，将固体废弃物环境影响降低到最低的城市治理可持续发展模式，是一种先进的城市管理理念（见表1.1）。借由此定义，可以准确把握"无废城市"建设的3个关键环节：固体废弃物源头减量化、固体废弃物资源化利用和城市运作管理模式创新。

表 1.1　无废城市的定义

无废国际联盟	中国
"通过负责任地生产、消费，回收，使得所有废弃物被重新利用，没有废弃物焚烧、填埋、丢弃至露天垃圾场、海洋，从而不威胁环境和人类健康"	以创新、协调、绿色、开放、共享的新发展理念为指导，通过推动形成绿色发展方式和生活方式，最大限度推进固体废物源头减量和资源化利用，将固体废物环境影响降至最低的城市发展模式
定义内涵比较科学，落脚到"不威胁环境和人类健康"，表述与实践比较容易形成统一。从全球来看，目前提出建设"无废城市"的多为发达国家，且由于政治愿景、技术基础、废弃物管理体系等不同，决定了纳入无废的废弃物种类也有所不同	定义将五大新发展理念融入其中，充分体现了当今发展中国家经济社会发展的实际需求。将固体废物环境影响降至最低的城市发展模式，无法进行比较与鉴别

中国和其他高收入国家或区域的"无废"推进政策侧重于不同的管理问题，因此对"无废"概念的阐述也不同。高收入国家或区域将废物减量作为"无废"

的首要任务，因此相关政策对"无废"概念的阐述，强调的是通过资源循环利用实现最终废物的减量或者最小化。例如，美国强调"无废"是通过全生命周期的资源管理实现环境影响最小、保护自然资源的目标；英格兰解释"无废经济"为填埋是废物管理的最终手段，只能用于没有丝毫回收利用价值的废物；威尔士政府认为"无废"是废物管理的理想终点，即所有废物都作为资源得到循环利用，不需要通过填埋或焚烧处理。我国则采纳了一种较为宽泛的定义，强调"无废"不是实现没有废物或者废物全量利用，而是将"无废城市"作为一种创新的城市管理思路，通过生产、生活方式的绿色转型，实现城市整体固废产量最小、资源化利用充分、处置安全的目标。

1.1.1 无废城市建设发展理念

城市是人口和产业活动高度集中的区域。传统城市的发展大多建立在资源大量消耗、污染无节制排放的不可持续的模式上。对于城镇化迅猛推进、经济快速发展但基础设施有待完善的中低收入国家来说，由此产生的固废污染防治挑战尤为艰巨。2019 年，我国的 196 个大中型城市产生了 2.35 亿吨城市生活垃圾、13.8 亿吨一般工业固废和 4498.9 万吨工业危险废物。到 2050 年，低收入国家的固废产生量预计将增加 3 倍以上。城市的固废污染是产生环境污染和健康安全事故等人为灾害的主要原因之一，如何实现城市固废的可持续管理已经成为一项全球性的挑战。在此情景下，欧盟、北美、日本等高收入国家或区域纷纷以"无废社会""无废城市"等理念为引领，在固体废物综合管理方面开展了积极探索；2018 年底，国务院办公厅印发《"无废城市"建设试点工作方案》（以下简称《工作方案》），正式启动"无废城市"建设试点工作。除此之外，土耳其、南非、印度、印度尼西亚等中低收入国家也在探索"无废"管理及无废设施建设的方法和路径。

"无废"理念强调通过负责任的生产、消费、再利用和回收产品、包装及其他材料的方法来尽量减少废物的焚烧或丢弃。目前，"无废"相关的实践和研究已在固废管理处置、生产制造和城市发展等领域中广泛开展。国际学者从不同角度对"无废城市"进行了研究，包括"无废城市"的核心原则和关键驱动因素、实施策略、政策框架城市案例研究和绩效评估方法等。我国"无废城市"建设试点工作启动以来，国内学者也对推进"无废城市"的国际经验、"无废城市"背景下我国固废管理实践和技术应用、城市生活垃圾分类回收等进行了研究。现有的"无废城市"成功案例主要集中在欧洲、北美、大洋洲和亚洲的高收入国家，且少有针对不同国家或区域的"无废城市"推进政策及措施的比较研究。

"无废城市"的推进策略应与城市面临的固废问题和管理目标相呼应，也面

临着特定的实施条件和限制因素。我国与高收入国家处于不同的经济和城镇化发
展阶段，面临不同的固体废弃物管理问题。

1.1.2 无废城市建设背景

1995 年，澳大利亚首都堪培拉成为第一个提出"无废"（zero waste）固废管
理目标的城市；到今天，在城市固废管理上朝着无废目标努力已然成为一项世界
性的运动（见表 1.2）。国际上"无废城市"的涌现和发展基本呈现出两种模式：
一种是在固废管理政策、社会环保共识等因素影响下的城市自发行动，称为"自
发涌现"模式；另一种是国家或区域自上而下地有计划推动相关示范项目实施，
称为"计划发展"模式。我国"无废城市"建设试点工作的推进模式即属于第
二种。欧洲、北美以及大洋洲的"无废城市"发展较为明显地呈现出"自发涌
现"的特征。从国际案例的发展历程来看，"无废城市"的自发涌现基本上有两
个阶段。

表 1.2　无废城市发展历程

年份	项　　目
1973	保罗·帕尔默首次使用"无废"（zero waste）一词
1987	促进危险废物以环境无害化方式处理，保护全球环境和人类健康（联合国环境规划署）
1989	美国加利福尼亚州通过了综合废物管理法案
1992	对危险废物和固体废物进行环境无害化管理，强化国家无害环境技术研究和设计能力（联合国环境与发展会议）
1994	日本制定《环境基本计划》，首次提出"实现以循环为基调的经济社会体制"
2002	提出 2020 目标，加强化学品和危险废物的健全管理能力（可持续发展问题世界首脑会议）
2004	无废国际联盟首次给出了"无废"的工作定义
2015	从水质、城市废物管理和可持续生产和消费角度提出了废物的管理目标（第七十届联合国发展大会）
2018	印发《"无废城市"建设试点工作方案》，首次提出在我国建设"无废城市"的目标（国务院）
2019	筛选了 11 个城市作为"无废城市"试点（生态环境部）
2020	在全国形成一批可复制推广的示范模式

　　第一阶段：先行城市的逐步涌现。澳大利亚、北美以及欧洲涌现出了最早一批 "无废城市" 试点，其大多是受到了当地减废目标及相关政策的驱动。例如，美国加利福尼亚州 1989 年的综合废物管理法案设置了 "到 1995 年废物填埋量减少 25%，到 2000 年废物填埋量减少 50%" 的目标，直接驱动了最早一批 "无废城市" 在美国西海岸出现。欧盟 2005 年的《废物纲要指令》提出了 "到 2020 年回收 50% 的城市垃圾和 70% 的建筑垃圾" 的目标，这为各成员国制定废物管理政策和管理目标提供了参考。

　　第二阶段："无废" 理念的传播扩散。先行城市的成功示范使得国际上对 "无废城市" 的倡议和推动日渐强化，促进了 "无废" 理念的传播。以 "无废" 为主旨的国际性非政府组织，如 "无废" 国际联盟、"无废" 欧洲等纷纷成立。联合国人居署也提出智慧减废城市运动的倡议。"无废" 理念也越来越多地被区域及国家在固废管理政策中采纳。例如，欧盟出台了 "面向循环经济的欧洲无废计划"；英国、瑞典等国制定了以 "无废" 为标的固废管理计划；美国市长会议通过决议，呼吁城市采纳 "无废" 原则推进固废可持续管理。国际上对 "无废" 理念的倡导以及宏观政策对 "无废" 原则的采纳，推动越来越多的 "无废城市" 实践出现。

　　计划发展模式是指国家或区域将 "无废" 理念纳入固废管理政策框架中，并由上至下有计划地推动 "无废城市" 示范试点或者其他相关示范项目的实施落地。日本和中国就采用了这种模式推动 "无废城市" 或其他相关示范项目的发展。日本的生态镇项目是日本建设 "循环型社会" 的重要工作内容之一，通过该项目的实施已建成一批世界著名的 "无废城市" "无废小镇"，如北九州市、川崎市、东京市等（见表 1.3）。

表 1.3　日本和新加坡关于 "无废" 理念的政策

国家	日本	新加坡
政策	2000 年公布《循环型社会形成推进基本法》，以此法为基础建立循环型社会的法律体系，通过促进生产、物流、消费以至废弃的过程中资源的有效使用与循环，将自然资源消耗和环境负担降到最低程度。 2003 年实施《循环型社会形成推进基本计划》，每 5 年为一个阶段，目前已完成第三阶段（2013—2018 年）。 2018 年发布第四个《推进循环型社会形成基本计划》	2015 年提出《新加坡可持续蓝图 2015》，其主要目标是：到 2030 年，新加坡的废物回收率达到 70%，生活垃圾回收率达到 30%，非生活垃圾回收率达到 81%。 《新加坡可持续蓝图 2015》提出了迈向 "无废" 国家的四项基本措施和五项具体计划。 2019 年定为 "迈向无废年"，并于同年发布其首个《无废总蓝图》，预计到 2030 年时整体社会的再循环率可达 70%

国家	日本	新加坡
计划	进一步遏制废物产生和开展循环利用来减少废物的土地填埋处理量,提高回收质量;进一步减少自然资源的利用和环境负担,通过回收金属、使用可再生资源和生物质作为能源来保障资源供应和安全等。 2020 年,资源生产率比 2000 年增加约 80%,循环利用率达 17%(比 2000 年增加约 70%),最终处置量比 2000 年减少约 70%。 在区域循环与生态圈建立方面,提出考虑区域特色与循环资源的性质,以最优规模实现多层次资源循环。在区域层面,具备粮食、能源供应优势的城市,可向周边城市输送食物和能源;具有废物处理设施的城市,可向周边城市提供废物处理服务	2014 年 11 月,发布《新加坡可持续蓝图 2015》,对废物管理系统提出大胆设想,提出"迈向无废"国家愿景,旨在为新加坡民众提供更加宜居和可持续发展的未来。"通过 3R"(减量、再利用和再循环),努力实现食物和原料无浪费,并尽可能将其再利用和回收,给所有材料第二次生命,生活垃圾回收率从 2013 年的 20%上升到 2030 年的 30%,非生活垃圾回收率从 2013 年的 77%上升到 2030 年的 81%。 《无废总蓝图》旨在将新加坡打造成为"无废国家",实现气候韧性、资源韧性、经济韧性目标。目前新加坡的建筑废料、铁和非铁类金属已达到近 100%的再循环率
措施	包括建设循环型社会,并重视废弃物减量化和再利用的质量、建立低碳和谐共存社会的综合努力、推进地方资源回收区建设、促进废物和生物质资源能源化利用、发展废物回收利用工业、合理处置废物、切实落实废物减量及循环处置等法律要求、推动环境教育及信息分享和提高公民意识	《新加坡可持续蓝图 2015》提出迈向"无废"国家的四项基本措施:一是在所有新组屋(HDB flats)中为可回收废物引入中央垃圾溜槽,并通过更好的基础设施支持促进私人住房垃圾的回收;二是在更多组屋中引入气动垃圾运输系统,为垃圾便利、卫生地处理提供支持;三是建立一个综合的废物管理设施将可回收物品从废物中进行分离;四是采取更多措施减少食品饮料行业的食品垃圾,并改善电子电器废物的回收利用。除上述基本措施外,还提出以下五项具体计划:一是新加坡包装协议,二是大型商业场所强制性废物报告,三是 3R 基金,四是食品垃圾回收策略,五是全国自愿回收电子垃圾伙伴关系计划

按《工作方案》的部署,我国的"无废城市"建设试点工作由生态环境部牵头,会同国家发展改革委等多个部门和单位组建"无废城市"建设试点部际

协调小组，共同推进 11 个地级市和 5 个特例区域试点开展"无废城市"建设。为指导试点编制实施方案，生态环境部印发了《"无废城市"建设试点实施方案编制指南》和《"无废城市"建设指标体系（试行）》；同时，成立了"无废城市"建设试点咨询专家委员会，组建了技术帮扶工作组，为各试点方案的实施提供包括管理政策、技术方案、资金等方面的建议和支持。相关方案和政策文件的发布、协调帮扶等工作机制的建立，对我国"无废城市"建设试点工作的推进起到了良好的引导和保障作用。

1.1.3 无废城市建设意义

"无废城市"并非是指城市废弃物零排放，而是要减少废弃物的排放量，倡导绿色的生产与生活方式。基于"无废城市"的基本内涵与关键环节可以设计"无废城市"建设的通用模式。可见，"无废城市"建设的实现是一项系统工程，涉及企业清洁生产、生态农业发展、绿色社区生活等领域，需要政府、社会组织、社区公众的广泛参与和协同共治，形成政府主导—社会组织配合—公众参与多元主体协同参与的"无废城市"建设创新模式。

1.2 无废城市建设路径

1.2.1 无废城市建设主要任务

"无废城市"的建设涉及社会生活的方方面面，在我国目前和今后的发展阶段中仍然面临着巨大挑战和不确定性。为此试点工作筛选了不同发展定位、不同发展阶段、不同发展基础、具有典型代表意义的城市，开展探索。根据试点要求，2020 年总体目标为通过在试点城市深化固体废物综合管理改革，总结试点经验做法，形成可复制、可推广的"无废城市"建设模式，为在我国全面推行"无废城市"建设，最终建成"无废社会"奠定坚实基础。系统构建"无废城市"建设指标体系；探索建立"无废城市"建设的综合管理制度和技术体系；试点城市在固体废物重点领域和关键环节取得突破性进展，全国形成一批可复制、可推广的示范模式；大宗工业固体废物贮存处置总量趋零增长；主要农业废物全量利用；生活垃圾分类体系全覆盖；建筑垃圾充分利用；处置危险废物全面安全管控；非法转移、倾倒、处置固体废物事件零发生；培育一批固体废物资源化利用骨干企业。

我国是世界上最大的发展中国家，"无废城市"和"无废社会"建设面临的挑战异常艰巨，也没有成熟经验可供借鉴。"无废城市"建设试点是"无废社会"建设的前期探索阶段，是为了研究符合我国基本国情的"无废社会"建设的战略目标和发展路径。

1.2.2 无废城市建设主要路径

无废城市的建设路径如图 1.1 所示。

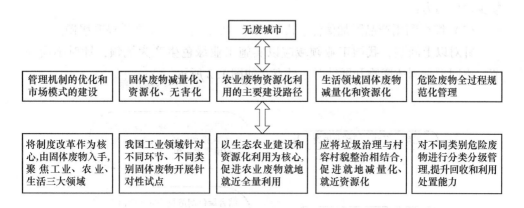

图 1.1 无废城市建设路径

1.2.2.1 管理体制机制的优化和市场模式的建设

无废城市建设首先要尊重物质在社会经济生活中从资源到固体废物的转变规律，核心是全面统筹管理体制机制的建设。无废城市建设试点，将制度改革作为核心，由固体废物入手，聚焦工业、农业、生活三大领域发展模式问题，围绕理顺各类固体废物全过程管理体制机制，开展路径探索。

一是根据国民经济活动中物质全生命周期资源化、能源化流动的客观规律，梳理各类固体废物管理环节和管理措施，强化源头减量优先原则和末端处置限制的倒逼机制，确保资源能够有序开发、有效利用，并在不得不废弃后得到无害化处置。

二是根据资源配置的市场规律，探索通过政府的激励和约束措施，建立能够促进固体废物快速、高效、有序配置的市场机制，促进固体废物产生者自觉落实最大限度降低固体废物产生量和危害性的义务，落实生产者责任延伸制；为固体废物资源利用企业提供可靠的外部政策环境保障，促进其市场化稳定运行，并不断提升技术水平；建立有效的不可利用固体废物无害化处置保障制度和第三方服务管理机制，确保固体废物无害化处置。

1.2.2.2 工业领域固体废物减量化、资源化和无害化的主要建设路径

导致我国工业固体废物大量产生、大量贮存处置、循环利用不畅等突出问题的主要原因有 3 个方面：

（1）自然资源禀赋条件特殊，尾矿、煤矸石等固体废物产生强度客观上难以下降；

（2）企业主体责任落实不足，工业固体废物减量化、资源化、无害化控制缺少内生动力；

（3）综合利用产品附加值低、市场认可不足，综合利用规模提升缓慢。

针对以上问题，我国工业领域应以实施工业绿色生产为统领，针对不同环节、不同类别固体废物开展针对性试点，如图1.2所示。

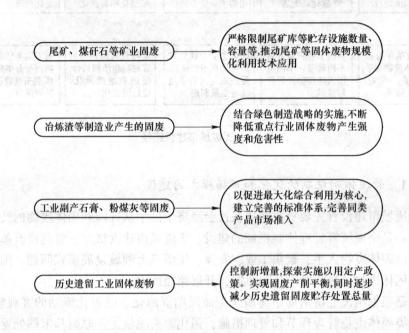

图1.2　不同废物处置特点

针对尾矿、煤矸石等矿业固体废物，以严格限制贮存处置总量增长、逐步消除历史堆存量为核心，深化绿色矿山战略，积极推广充填采矿等有效减少尾矿产生的绿色矿山技术，严格限制尾矿库等贮存设施数量、容量等，推动尾矿等固体废物规模化利用技术应用。

针对冶炼渣等制造业产生的工业固体废物，结合绿色制造战略的实施，以减少源头产生量、降低固体废物危害性等为核心，不断降低重点行业固体废物产生强度和危害性。以汽车、电子电器、机械等具有核心带动作用的重点行业重点企业为核心，推进产品绿色设计、绿色供应链设计等，落实生产者责任延伸制，逐步带动提升全产业链的资源生产率和循环利用率。

对于工业副产品如石膏、粉煤灰等产生量大、分布广泛、综合利用技术较为成熟的固体废物,以替代天然原料产品、促进最大化综合利用为核心,建立完善的标准体系,完善同类产品市场准入,为综合利用产品腾换市场空间。围绕重点产品,建立覆盖综合利用过程污染控制、综合利用产品质量控制、综合利用产品环境风险评估、副产品鉴别和质量控制等各环节的标准体系,推动和规范综合利用产业发展。同时,对于可替代的同类产品,严格限制天然矿产资源生产的产品市场准入。

对于历史遗留工业固体废物,一是控制新增量,对于堆存量大、利用处置难的重点类别,探索实施以用定产政策,实现固体废物产生和削减平衡。二是全面摸底调查和整治堆存场所,逐步减少历史遗留固体废物贮存处置总量。

1.2.2.3 农业废物资源化利用的主要建设路径

我国农业废物主要为畜禽粪污、秸秆、农膜、废弃包装物等。受我国农业生产需求和生产特点影响,农业废物产生量难以降低,且具有受影响大、收集难度大等问题。应以发展绿色农业为引领,以生态农业建设和资源化利用为核心,促进农业废物就地就近全量利用。

对于畜禽粪污,以规模化养殖场为核心,与周边农业种植特点相结合,构建种养结合的生态农业模式,推动畜禽粪污肥料化和能源化的多途径利用。

对于秸秆,推广秸秆还田、种养结合、能源化利用、基质利用、还田改土等多渠道利用技术,促进秸秆全量、及时利用。

对于农膜和农药包装废弃物,以建立有效回收体系,促进最大化回收为重点,建立起有效的回收机制。

1.2.2.4 生活领域固体废物源头减量和资源化利用的主要建设路径

生活领域固体废物主要是指来自非工业生产活动产生的各类固体废物,目前受到广泛关注的主要包括生活垃圾、餐厨垃圾、建筑垃圾、再生资源等。生活垃圾的产生和管理与公众生活方式、生活习惯息息相关。

在我国的城市和农村地区,以及不同地区的城市与城市、农村与农村,在经济条件、生活习惯、基础设施建设等方面差异很大,单一路径不能满足不同地区的管理需求。在城市建成区,应以简便易行、前后统筹为原则,充分考虑各地自然资源、经济条件、管理能力等基本条件,统筹生活垃圾投运、清运、收集、利用、处置全链条顺畅运行,突出投运、清运环节分类收集,强化末端利用处置能力配套;强化垃圾处置设施信息公开和公众开放,逐步化解"邻避效应"。在农村地区,应将垃圾治理与村容村貌整治相结合,促进就地减量化、就近资源化(见表1.4)。

表 1.4 不同地区无废城市建设

城市地区	农村地区
以简便易行、前后统筹为原则； 充分考虑各地自然资源、经济条件、管理能力等基本条件； 统筹生活垃圾投运、清运、收集、利用、处置全链条顺畅运行； 突出投运、清运环节分类收集； 强化末端利用处置能力配套； 强化垃圾处置设施信息公开和公众开放，逐步化解"邻避效应"	将垃圾治理与村容村貌整治相结合，促进就地减量化、就近资源化； 对于餐厨垃圾，应积极推广和引导绿色生活理念，强化餐厨垃圾的规范收集和利用处置； 对于建筑垃圾，应推广绿色建筑、全屋装修等产品和服务，强化建设施工过程中对各类固体废物综合利用产品的使用要求，强化规范化消纳场的建设和运营管理

对于餐厨垃圾，首先应积极推广和引导绿色生活理念，避免食物浪费；同时，以机关事业单位、餐饮服务业等为重点，开展"光盘行动"，强化餐厨垃圾的规范收集和利用处置，发挥示范效应。

对于建筑垃圾，在源头减量方面，应推广绿色建筑、全屋装修等产品和服务，强化建设施过程中对各类固体废物综合利用产品的使用要求，强化建筑垃圾流向管理，强化规范化消纳场的建设和运营管理。

对不同类别危险废物进行分类分级管理，提升回收和利用处置能力，是应对危险废物非法转移、非法倾倒等环境风险问题的主要措施。对于产生量大、产生源相对集中的工业危险废物，以源头减量和分类分级管理为主线。对于产生量大、综合利用价值较高、综合利用技术较成熟的危险废物，以梯级利用、高值化利用为重点。对于物质特性相对稳定，收集运输贮存等部分环节环境风险可控的危险废物，以规范流向为重点，优化豁免管理和转移联单管理机制。对于环境风险高、综合利用价值低的，一方面严格源头准入管理，逐步实行有毒有害原料、产品替代；另一方面强化最终处置管理，严控环境风险。零废物不等于没有废物，而是全社会的愿景和努力方向。我国是世界上最大的发展中国家，无废城市和无废社会建设面临的挑战异常艰巨。

1.2.3 无废城市建设技术体系

无废城市建设需要在绿色与低碳、生态与循环发展理念上不断摸索城市废弃物污染治理技术与运作管理经验，认真总结并凝练有价值的城市废弃物污染处置技术与值得推广应用的治理经验。在无废城市建设过程中需要多个参与主体之间的协作配合，其原因一是废弃物污染治理要系统集成政府机构、社会组织与社区公众等多元主体的力量，需要厘清城市废弃物污染治理多元主体关系，具体结构模型如图 1.3 所示；二是废弃物污染治理是一个复杂与长期、持续与动态的过程，需要务实与高效的运作模式来支撑无废城市建设体系。

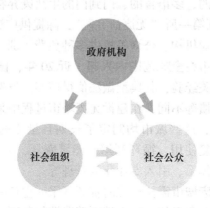

图 1.3　无废城市建设结构模型

从结构模型来看，无废城市建设要经历一个实践探索、规划设计、不断调整、改善提高与持续发展的复杂动态过程。无废城市建设是城市可持续发展的重要任务，也是中国生态文明工程建设的重要组成部分，无废城市建设就是研究如何通过多元主体之间持续有效的治理最终实现其善治目标。同时无废城市建设系统客观存在的公共属性与经济属性，表明其必将是一个长期持续的过程。加之无废城市建设的实现是一项系统工程，涉及企业清洁生产、产业绿色发展、绿色社区生活等领域，需要政府机构、社会组织、社区公众的广泛参与和协同共治，形成"政府宏观主导—社会组织配合—公众积极参与"多元主体协同参与的无废城市治理全新运作模式。

新技术的发展给废弃物管理带来了便利，为实现"无废"提供了更多可能。案例城市无一不是在探索、研究与应用废弃物相关的新技术。马斯达尔城作为阿联酋政府规划建立的新城，在设计废弃物运输体系时摒弃了传统的货车或卡车，而修建低能耗的地下平板货运系统，提升了运输效率，也减少了人工成本。卢布尔雅那市作为斯洛文尼亚首都，在 2015 年新建了针对有机废弃物的处理厂。此外，案例城市积极研究并引入可降解材料，采用提升废弃物堆肥效率、焚烧效率的技术及硬件等。

除了采用新技术，也应注重通过信息传播、培训等，提升公众的意识。充分的信息和公众意识培养是废弃物管理最基础但又最重要的部分。案例城市在这方面具有表率作用，均开发了废弃物相关网页以及开展广泛且持久的培训。悉尼市开发的网页提供全面的废弃物管理、社区活动等信息，这一页面也可供家庭填报申请或更换垃圾桶的请求；悉尼市从小学便开设环保课程，提供废弃物分类回收的知识。旧金山市开发专门的废弃物网页和 APP，展示废弃物分类及处理信息，并启动数据库供信息查询，如废弃物投放站点位置、预约上门收集服务等；为家庭和商业企业提供广泛的、多语言的、门到门的生活废弃物管理培训。卡潘诺里市在 2003 年成立了欧洲第一所"无废研究院"，除提供广泛的废弃物管理信息及研究外，还为学校、商业机构、公众等提供多种免费培训。

综上所述，无废城市在全球范围内兴起了近 20 年，国际社会在建设无废城市的过程中已积累了相关经验，其典型做法值得借鉴。虽然因资源禀赋、政治体制、管理制度、文化习惯等不同，在建设无废城市过程中采取的路径和措施存在较大差异，但相同的是，这些城市均制定了长期且量化的"无废"目标，遵循废弃物避免、减少、重复使用、循环利用、能量恢复、填埋的处理优先级顺序，并不断完善废弃物管理体系、引入专业化的管理等。

长远来看，建立无废城市需从传统的资源开采—生产—消费—处理的线性模式向循环经济模式转型，需促使从生产端到消费端的各利益相关方意识及行为改变，从而使建设无废城市成为城市治理、可持续发展、生态文明的一部分。

1.3　无废城市的运行

1.3.1　城市废弃物减量化

在取得低碳经济和循环经济实践的基础上，立足于大环保的时代背景，基于生态城市和低碳城市建设与发展经验，强化无废城市顶层设计与政府规划引领，将"无废"理念融入城市规划方案的设计、编制与实施等过程之中，运用规划技术实现"无废城市"功能升级与结构转型。

具体而言，按照无废城市建设目标要求的废弃物减量化优先原则，推进无废城市产业供给侧结构性改革，持续优化无废城市产业结构布局。基于工业生态学理论，推动无废城市产业生态系统上下游关联企业之间的余热余压利用，企业与企业之间通过建立生态工业共生网络实现固体废弃物交换利用以及水的循环高效利用。推进"无废城市"产业园区内相关企业污染治理专业化、市场化创新发展，实现园区基础设施绿色化、低碳化与标准化建设与运行。创新发展"无废城市"分布式低碳能源供应网络，以太阳能与风能、地热能与生物质能等多种清洁能源共生共存的方式实现能源结构优势互补的城市能源可持续利用格局。

1.3.2　城市废弃物再循环利用

基于低碳城市建设的废弃物管理经验与"静脉产业"发展的相关基础，面向智慧城市建设的信息化互联网系统，建构工业绿色化发展、农业绿色化发展与生活绿色化发展的"互联网+"废弃物综合管理信息系统。系统涵盖产品设计、中间生产、过程使用、售后回收与末端处置5个关键性拐点,进而提升城市废弃物分类、收集、回收、再利用等精细化管理与智能化运作水平,为废弃物源头减量化、资源化利用与无害化处置提供技术支撑。

可以通过物联网、人工智能、大数据、云计算等信息化技术辅助管理城市废弃物,完善城市废弃物数据收集体系。利用"智慧+"辅助管理城市废弃物,可以避免"无废城市"建设初始规划设计不足、相关废弃物数据信息积累不充分等问题,对城市各类废弃物产量与存量进行科学与健全的统计,建立全面的无废城市废弃物统计制度,促进无废城市建设稳步推动与落地实施。总之,"无废城市"建设要结合城市产业与能源结构布局不断优化的发展观念,秉持集成创新与协同发展的原则,统筹解决建设过程中物质流管理创新与废弃物管理变革,满足城市经济与社会的可持续发展。

1.3.3 无害化最终处置

从城市社区居民生活消费源头减少生活废弃物的产生也是无废城市建设的重要内容之一。可以通过公益广告及社区和住宅的公共媒介,时刻引导城市社区居民在日常消费过程中选用绿色低碳可回收可利用的物品,避免盲目攀比与过度消费。崇尚简约与适度的生活理念,创新建立无废城市治理新模式。明确界定多元主体(政府机构、社会组织与社区公众)在城市生活垃圾分类和生活废弃物减量中各自应当承担的责任与义务,不断完善相关的奖惩机制,重点在于引导社区居民追求一种既能满足日常生活需要,又不会破坏自然平衡发展的绿色低碳循环从容的幸福生活方式。

同时,基于"污染者付费"原理与"市场机制"原则,发挥第三方市场主体参与无废城市建设的主导作用。通过投融资手段,引进第三方社会资本参与无废城市建设并通过机制与政策引导建立废弃物上下游关联企业之间的废弃物交易市场。基于委托代理关系或特许经营方式,推广政府和第三方固体废物资源化专业服务企业的合作模式,推行无废城市建设的第三方委托代理服务模式,鼓励第三方专业服务公司参与无废城市建设,加快培育、壮大一批无废城市建设的废弃物资源化专业服务企业。对无废城市建设所涉及的废弃物资源化产业,按照政府政策引导、社会资金扶持、企业技术支撑的创新合作模式满足城市经济与社会的健康与永续发展。

2 生活垃圾分类历史与发展瓶颈

2.1 生活垃圾分类

2.1.1 分类定义与分类原则

2.1.1.1 生活垃圾分类的定义

生活垃圾分类（garbage classification）是指在充分考虑环境效益的基础上，根据垃圾的成分、属性、资源以及经济价值等规定和标准，对垃圾进行分类投放、分类存储、分类搬运以及分类处理，使垃圾最大程度资源化的一系列活动的总称。垃圾分类是垃圾减量化、资源化、无害化处理的最佳手段。循环经济遵循减量化、再利用、再循环3个原则，垃圾分类回收就是以这3个原则为核心而提出的一种新的制度。垃圾分类回收中垃圾减量化，要求减少废弃物的产生，强调从源头上预防和治理；垃圾再利用，使物品尽可能以多次、多种方式使用；垃圾再循环，使垃圾尽可能多地再投入生产并实现其资源化。垃圾的分类回收和管理是循环经济中非常重要的一个环节，通过垃圾分类可以提高垃圾的环境和经济双重价值，减少垃圾处理量，降低垃圾处理场所和设备成本，有效降低土地资源的消耗，具有社会、经济和生态等方面的效益。

经公众分类投放后垃圾从公众私有产品成为公众所在区域的公共资源。因各地气候、垃圾成分、产生量存在差异，国内外各城市应结合本地垃圾的资源利用、经济条件和处理方式等执行垃圾分类的相关制度。

2.1.1.2 分类原则

（1）分而用之：分类的目的就是为了将废弃物分流处理，利用现有生产制造能力，回收利用回收品，包括物质利用和能量利用，填埋处置暂时无法利用的无用垃圾。

（2）因地制宜：各地、各区、各社（区）、各小区地理、经济发展水平、企业回收利用废弃物的能力、居民来源、生活习惯、经济与心理承担能力等各不相同。

（3）自觉自治：社区和居民，包括企事业单位，逐步养成"减量、循环、自觉、自治"的行为规范，创新垃圾分类处理模式，成为垃圾减量、分类、回收和利用的主力军。

（4）减排补贴，超排惩罚：制定单位和居民垃圾排放量标准，低于这一排放量标准的给予补贴；超过这一排放量标准的则予以惩罚。减排越多补贴越多，超排越多惩罚越重，以此提高单位和居民实行源头减量和排放控制的积极性。

（5）捆绑服务，注重绩效：在居民还没有自愿和自觉行动而居（村）委和政府的资源又不足时，推动分类排放需要物业管理公司和其他企业介入。但是，仅仅承接分类排放难以获利，企业不可能介入，而推行捆绑服务就能解决这个问题。将推动分类排放服务与垃圾收运、干湿垃圾处理业务捆绑，可促进垃圾分类资本化，保障企业合理盈利。

2.1.2 生活垃圾产生原因与分类意义

2.1.2.1 生活垃圾产生和分类

A 生活垃圾的产生

生活垃圾是人类在满足自己的生命活动中产生的暂时失去其利用价值的副产物。在生活、生产和建设过程中的原材料无法实现其全部投入使用，未使用的部分就作为垃圾处理。人们大量地消耗资源，大规模生产，大量地消费，从而大量地生产垃圾。城市生活垃圾产生量随着城市人口的增长呈逐年增长趋势，人口越多，垃圾产生量越多。居民生活水平和消费结构的改变影响城市垃圾的产量和成分。近年来，居民收入不断增加，人民的生活水平不断提高，导致包装材料、一次性使用材料和用品的消耗越来越多，垃圾产生量剧增。

目前，我国城市生活垃圾的产生量已超过了 1.5 亿吨/a，并仍以 8%～10%的速度不断增加，我国已成为垃圾制造大国，每年因垃圾处理不当造成的经济损失在 250 亿～300 亿元之间。垃圾是放错位置的资源，是物质循环的重要环节，若能实现垃圾全程分类和全量资源化，既能防治环境污染又能变废为宝，推进可持续发展理念，创建资源节约型和环境友好型社会。

据统计，2019 年，196 个大、中城市生活垃圾产生量 23560.2 万吨，处置量 23487.2 万吨，处置率达 99.7%。各省（区、市）大、中城市发布的生活垃圾产生情况见表 2.1。城市生活垃圾产生量最大的是上海市，产生量为 1076.8 万吨，其次是北京、广州、重庆和深圳，产生量分别为 1011.2 万吨、808.8 万吨、738.1 万吨和 712.4 万吨。前 10 位城市产生的城市生活垃圾总量为 6987.1 万吨，占全部发布城市产生总量的 29.7%。

表 2.1 2019 年城市生活垃圾产生量排名前 10 的城市 　　（万吨）

序号	城市名称	城市生活垃圾产生量
1	上海	1076.8
2	北京	1011.2
3	广州	808.8
4	重庆	738.1
5	深圳	712.4
6	成都	685.9
7	苏州	595.0
8	杭州	473.7
9	东莞	449.0
10	佛山	436.2
合　计		6987.1

B　生活垃圾分类全过程

垃圾分类是一项从源头到末端，从生产到消费的系统工程。生活垃圾的分类包括了前端的分类、终端的收集、运输和末端的处置，末端的处置方式决定了前端的分类方式，而前端的分类结果又直接影响到末端的处置效果，需要建立分类、收集、运输和处置一体化的管理模式。

a　生活垃圾前端分类和终端收集

2019 年 11 月，我国出台了《生活垃圾分类标志》，根据国家规定的统一标准，生活垃圾被重新划分为可回收物、厨余垃圾、有害垃圾和其他垃圾四大类（见图 2.1）。2019 年 7 月起，上海市正式实施《上海市生活垃圾管理条例》，2019 版上海市生活垃圾分类投放指南，如图 2.2 所示。

图 2.1　全国生活垃圾分类

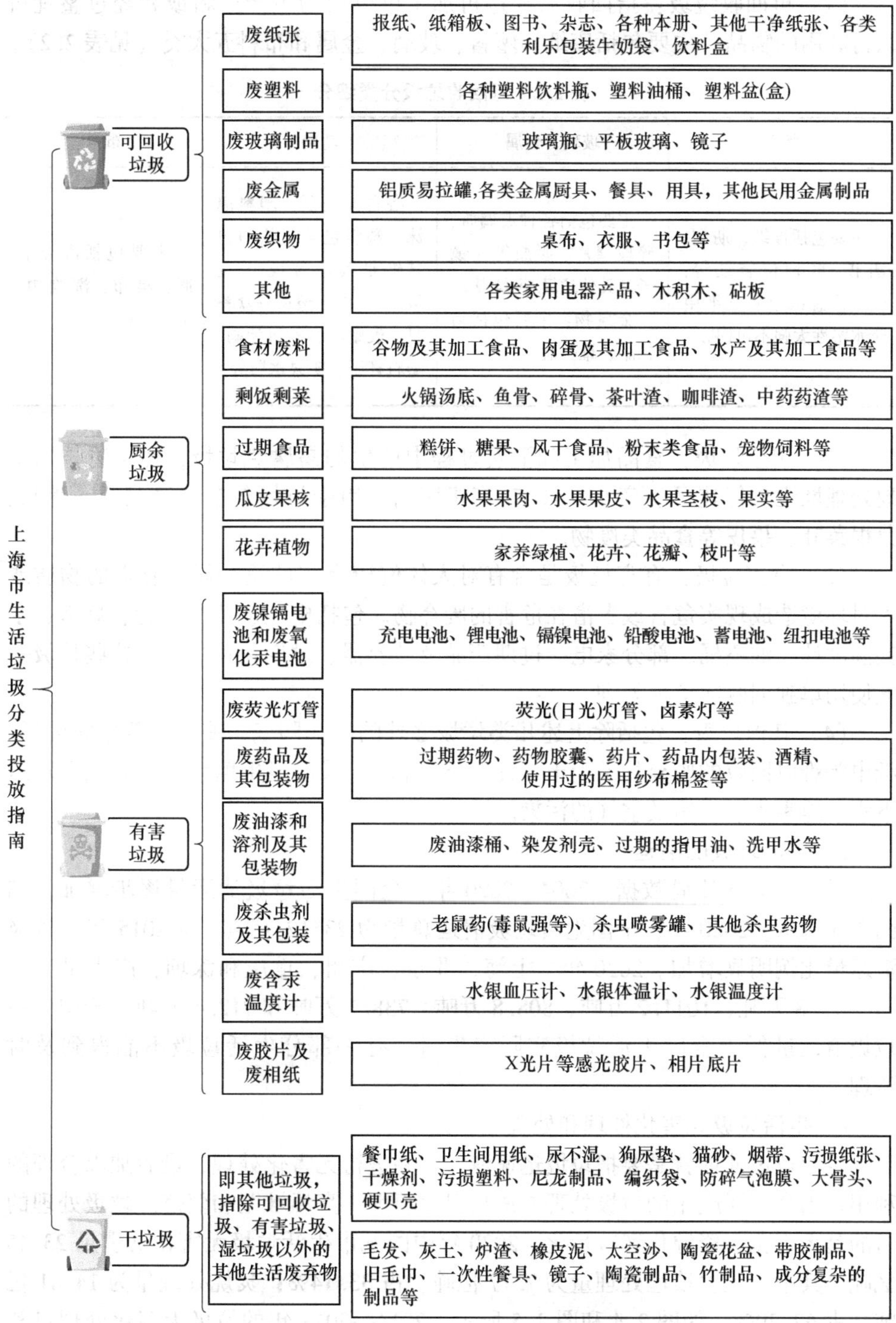

上海市生活垃圾分类投放指南

可回收垃圾

废纸张	报纸、纸箱板、图书、杂志、各种本册、其他干净纸张、各类利乐包装牛奶袋、饮料盒
废塑料	各种塑料饮料瓶、塑料油桶、塑料盆(盒)
废玻璃制品	玻璃瓶、平板玻璃、镜子
废金属	铝质易拉罐,各类金属厨具、餐具、用具,其他民用金属制品
废织物	桌布、衣服、书包等
其他	各类家用电器产品、木积木、砧板

厨余垃圾

食材废料	谷物及其加工食品、肉蛋及其加工食品、水产及其加工食品等
剩饭剩菜	火锅汤底、鱼骨、碎骨、茶叶渣、咖啡渣、中药药渣等
过期食品	糕饼、糖果、风干食品、粉末类食品、宠物饲料等
瓜皮果核	水果果肉、水果果皮、水果茎枝、果实等
花卉植物	家养绿植、花卉、花瓣、枝叶等

有害垃圾

废镍镉电池和废氧化汞电池	充电电池、锂电池、镉镍电池、铅酸电池、蓄电池、纽扣电池等
废荧光灯管	荧光(日光)灯管、卤素灯等
废药品及其包装物	过期药物、药物胶囊、药片、药品内包装、酒精、使用过的医用纱布棉签等
废油漆和溶剂及其包装物	废油漆桶、染发剂壳、过期的指甲油、洗甲水等
废杀虫剂及其包装	老鼠药(毒鼠强等)、杀虫喷雾罐、其他杀虫药物
废含汞温度计	水银血压计、水银体温计、水银温度计
废胶片及废相纸	X光片等感光胶片、相片底片

干垃圾（即其他垃圾，指除可回收垃圾、有害垃圾、湿垃圾以外的其他生活废弃物）

餐巾纸、卫生间用纸、尿不湿、狗尿垫、猫砂、烟蒂、污损纸张、干燥剂、污损塑料、尼龙制品、编织袋、防碎气泡膜、大骨头、硬贝壳
毛发、灰土、炉渣、橡皮泥、太空沙、陶瓷花盆、带胶制品、旧毛巾、一次性餐具、镜子、陶瓷制品、竹制品、成分复杂的制品等

图 2.2 上海市生活垃圾分类投放指南

（1）可回收垃圾：指回收后经过再加工可以成为生产原料或者经过整理可以再利用的物品，主要包括废纸、塑料、玻璃、金属和布料五大类（见表2.2）。

表2.2 可回收垃圾分类细分

废纸	玻璃、金属	塑料	布料
主要包括报纸、期刊、图书、各种包装纸等；但要注意纸巾和厕纸由于水溶性太强不可回收	主要包括各种玻璃瓶、碎玻璃片、暖瓶等（镜子是其他垃圾/干垃圾）金属物：主要包括易拉罐、罐头盒	各种塑料袋、塑料泡沫、塑料包装（快递包装纸是其他垃圾/干垃圾）、一次性塑料餐盒餐具、硬塑料、塑料牙刷、塑料杯子、矿泉水瓶等	主要包括废弃衣服、桌布、洗脸巾、书包、鞋

（2）厨余垃圾：食品加工和消费过程中产生的易腐烂垃圾，经生物技术就地处理堆肥，每吨可生产0.6~0.7t有机肥料。厨余垃圾包括剩菜剩饭、骨头、菜根菜叶、果皮等食品类废物。

（3）有害垃圾：有害垃圾是含有对人体健康有害的重金属、有毒的物质或者对环境造成现实危害或者潜在危害的废弃物。包括电池、荧光灯管、灯泡、水银温度计、油漆桶、部分家电、过期药品及其容器、过期化妆品等。这些垃圾一般使用单独回收或填埋处理。

（4）其他垃圾：包括除上述几类垃圾之外的砖瓦陶瓷、渣土、卫生间废纸、纸巾等难以回收的废弃物及尘土、食品袋（盒）。采取卫生填埋可有效减少对地下水、地表水、土壤及空气的污染。

b 生活垃圾的清运

根据国家统计局数据，2004—2020年，全国生活垃圾清运量逐步增加，如图2.3所示。2020年，全国生活垃圾清运总量为23512万吨，自2015年起垃圾清运量比例明显增加。2020年，上海、北京、广州、重庆和深圳，产生量分别为1076.8万吨、1011.2万吨、808.8万吨、738.1万吨和712.4万吨。全国生活垃圾清运量低于全国生活垃圾实际产生量，有一部分生活垃圾不能得到及时清理。

c 生活垃圾无害化处理和处置

生活垃圾处理就是要把垃圾迅速清除，并进行无害化处理，最后加以合理的利用。当今广泛应用的垃圾处理方法是卫生填埋、高温堆肥和焚烧。垃圾处理的目的是无害化、资源化和减量化。2020年中国城市生活垃圾无害化处理量23.45亿吨。其中，卫生填埋处理量为7.77亿吨，占33.14%；焚烧处理量为14.61亿吨，占62.29%，如图2.4和图2.5所示，2014—2018年的垃圾无害化处理量和焚烧处理方式的比例在逐年增加。为规范生活垃圾焚烧发电项目管理，引导生活

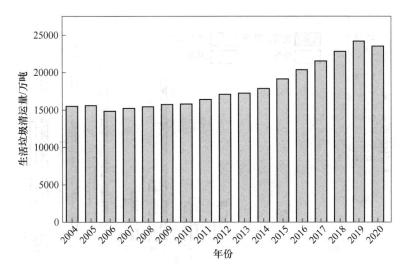

图 2.3 2004—2020 年全国生活垃圾清运量

垃圾发电行业健康有序发展，2018 年 3 月，生态环境部发布《关于印发〈生活垃圾焚烧发电建设项目环境准入条件（试行）〉的通知》，未来，垃圾焚烧技术将不断优化。2020 年，国家发展改革委等三部门联合出台了关于城镇生活垃圾补短板的实施方案，其中提出，到 2023 年基本实现原生生活垃圾"零填埋"。而随着生活垃圾进一步分为干湿垃圾的趋势，有机生活垃圾的厌氧发酵资源回收成为固废处理的研究热点。推进有机生活垃圾的厌氧发酵资源化利用，将最大限度地减少填埋量，使固体废弃物的环境影响降至最低，并逐渐成为垃圾无害化处理的健康模式。

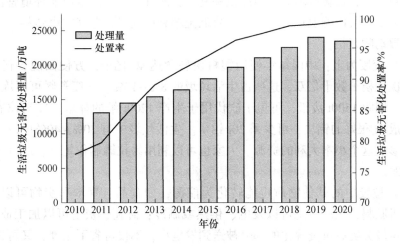

图 2.4 2010—2020 年生活垃圾处理量和处置率

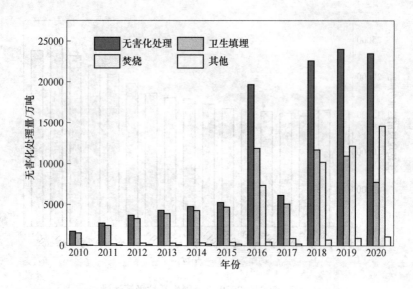

图 2.5 2010—2020 年不同方式的生活垃圾处理量

2.1.2.2 生活垃圾分类的意义

生活垃圾分类的意义如下。

（1）减少土地侵蚀：生活垃圾中有些物质不易降解，并且在长期堆放过程中产生的渗滤液使土地受到严重侵蚀。垃圾分类，去掉可以回收的、不易降解的物质，减少垃圾数量达 60% 以上。

（2）减少污染：中国的垃圾处理多采用卫生填埋甚至简易填埋的方式，占用上万亩土地；垃圾的堆放会引起虫蝇乱飞，恶气熏天，严重影响环境整洁。土壤中的废塑料会影响农作物的生长，降低土壤利用效果；抛弃的废塑料被动物误食，导致动物死亡。

（3）变废为宝：中国每年使用塑料快餐盒达 40 亿个，方便面碗 5 亿~7 亿个，一次性筷子数十亿双，这些占生活垃圾的 8%~15%。1t 废塑料可回炼 600kg 的柴油。回收 1500t 废纸，可免于砍伐用于生产 1200t 纸的林木。1t 易拉罐熔化后能结成 1t 很好的铝块，可少采 20t 铝矿。生活垃圾中有 30%~40% 可以回收利用，应珍惜这个小本大利的资源。大家也可以利用易拉罐制作笔盒，既环保，又节约资源。

（4）垃圾中的其他物质也能转化为能源，如食品、草木和织物可以堆肥，生产有机肥料；垃圾焚烧可以发电、供热或制冷；砖瓦、灰土可以加工成建材；等等。垃圾分类后可资源化的部分被送到发电厂，不仅可省下土地，又可以避免填埋或焚烧所产生的二次污染。

总体上，对垃圾进行分类收集可以减少垃圾处理量和处理设备，降低处理成本，减少土地资源的消耗，具有社会、经济、生态三方面的效益。

2.2 生活垃圾分类的历史进程

城市生活垃圾分类治理在我国的发展历程十分缓慢，主要经历了萌芽阶段、试点阶段和如今的强制阶段。作为排头兵，《上海市生活垃圾管理条例》自 2019 年 7 月 1 日正式开始实施，上海市率先进入垃圾分类"强制时代"。

2.2.1 生活垃圾分类萌芽阶段

20 世纪 50—60 年代，主要是通过对生活垃圾中的可回收资源进行统一收购、加工和二次销售，对废旧重点废物资源进行回收，如 1965 年北京建立的约 2000 多家国营废品收购厂，对回收的生活垃圾进行简单的分类；20 世纪 80 年代，我国开始研究生活垃圾管理与技术应用，虽然当时关注了垃圾的末端处置，但垃圾的前端处理并未得到很好的管理；20 世纪 90 年代，我国的研究视线才从末端处置拓展到对垃圾管理全过程的关注，垃圾分类理念才逐步形成，然而并没有明确提出垃圾分类的具体要求，直到 1992 年召开的联合国环境发展大会上才首次提出了城市生活垃圾要逐步做到分类处理的要求；1993 年《城市生活垃圾管理办法》与 1996 年《中华人民共和国固体废物污染环境防治法》陆续颁布，我国垃圾分类进入了发展阶段。

2.2.2 生活垃圾分类发展阶段

2000 年《关于公布生活垃圾分类收集试点城市的通知》的发布，确定北京、上海、广州、南京、深圳、桂林、厦门、杭州八个城市为首批垃圾分类治理的试点城市，这也正式标志着我国垃圾分类治理工作进入"试点"阶段。此后，各试点城市陆续落实垃圾分类治理，如北京自 2000 年起计划每年花费 2000 万元用于垃圾分类治理，上海制定了生活垃圾的分类标准，即将生活垃圾分为可燃垃圾、废玻璃、有害垃圾三大类。广州在 2002 年率先宣布建立生活垃圾处理的监管机构，随后几年时间，国家也陆续发布了一系列相关的政策文件来规范试点城市的垃圾分类工作。如 2004 年《城市生活垃圾分类及其评价标准》的颁布，制定了垃圾分类的行业标准和垃圾分类的评价指标；2007 年建设部制定的《城市生活垃圾管理办法》，对试点地区的单位与个人提出了垃圾分类的要求。2011 年国务院制定的《关于进一步加强城市生活垃圾处理工作的意见》，再次强调要推动垃圾分类治理工作。此后，我国开始陆续借鉴德国、日本等先进国家的垃圾分类治理经验，短短几年间垃圾回收的资源量已经明显上升，大大缓解了垃圾的终端处理压力。虽然"试点"阶段取得了一定的成效，但是我国的垃圾分类治理工作并未取得重大的突破性进展。

2.2.3 生活垃圾分类转折点

党和政府高度重视垃圾分类工作，2017年3月，《生活垃圾分类制度实施方案》发布，要求在46个试点城市先试行生活垃圾强制分类，在2020年底前建立垃圾分类法律法规及标准体系，形成可复制、可推广的生活垃圾分类模式，在实施生活垃圾强制分类的城市，生活垃圾回收利用率达到35%以上。2017年10月18日，国家机关事务管理局、住房城乡建设部、发展改革委、中宣部、中直管理局印发了《关于推进党政机关等公共机构生活垃圾分类工作的通知》。2019年6月《关于在全国地级及以上城市全面开展生活垃圾分类工作的通知》，要求重点城市正式落实垃圾分类要求。到2022年，各地级城市至少有1个区实现生活垃圾分类全覆盖；其他各区至少有1个街道基本建成生活垃圾分类示范片区。到2025年，全国地级及以上城市基本建成生活垃圾分类处理系统。随着中央有关垃圾分类的制度方案以及地方生活垃圾管理条例出台和落实，垃圾分类管理取得了新的突破。作为"排头兵"，《上海市生活垃圾管理条例》自2019年7月1日正式开始实施，标志着上海正式将垃圾分类纳入法治框架，率先进入垃圾分类"强制时代"。

2.2.4 生活垃圾分类现状和展望

从2018年垃圾分类"热潮"开始，我国环卫市场化率逐年提高，2018年环卫市场化率为57%，2020年增长到60%，2021年我国环卫市场化率已达66%，2025年有望能达到80%，继而迈入世界发达国家高环境市场化水平。新时期遇到新的机遇，环卫事业和企业有了更大的发展潜力和更广阔的发展空间。打造上下游一体化产业链方面，我国环卫行业的设施设备水平、科研技术水平、行业人员从业素质均处于国际先进水平，特别是以焚烧为代表的一大批生活垃圾处理技术和装备，已经发展到从"引进来"到"走出去"的阶段。目前，绝大多数焚烧发电厂都能够实现安全稳定运行，持续保持达标排放，特别是2014年以后投入运行的焚烧厂已经达到国际先进水平。垃圾处理的技术水平和设施改造正在发生深刻转变。在"双碳"战略背景下，发展绿色能源产业与低碳环保事业有了越来越多的交集。近阶段，垃圾焚烧发电产业迎来了新利好政策。2021年可再生能源发展再上新台阶，国家能源局认真贯彻落实生态文明思想和"四个革命、一个合作"能源安全新战略，锚定碳达峰碳中和目标任务，提出着力推动生物质焚烧发电，努力推动可再生能源高质量跃升发展。我国垃圾焚烧新增发电装机容量由2016年81万千瓦增至2020年311万千瓦，年均复合增长率率为39.98%。

2021 年，我国生物质发电新增装机 808 万千瓦，累计装机达 3798 万千瓦，生物质发电量 1637 亿千瓦·时。累计装机排名前五位的省份是山东、广东、浙江、江苏和安徽，分别为 395.6 万千瓦、376.6 万千瓦、291.7 万千瓦、288.0 万千瓦和 239.1 万千瓦；年发电量排名前六位的省份是广东、山东、浙江、江苏、安徽和黑龙江，分别为 206.6 亿千瓦·时、180.2 亿千瓦·时、143.8 亿千瓦·时、133.9 亿千瓦·时、117.4 亿千瓦·时和 79.7 亿千瓦·时。目前，我国生物质焚烧发电的占比相对较小，"十四五"期间将得到进一步发展。"十四五"期间，我国生物质能年发电量将突破 3600 亿千瓦·时。特别在 2030 年碳达峰、2060 碳中和的大背景下，结合当前经济发展环境及政策趋势，能源安全、清洁化转型将是"十四五"我国重要的能源战略，可再生能源也将在"十四五"迎来更大发展。

科技创新引领智能化升级，许多环卫设施已经开始云端化了，云端化的前提是智能化，通过技术的发展，数据已经到达云端，很多作业可以在云端指挥。智慧环卫就是设备的智能化，管理的智慧化。随着人工智能技术的发展，环卫不再依靠人工，行业与时俱进，依托技术的发展，特别是大数据、人工智能、物联网等平台，都为全行业发展提供了很好的保障。单一设备智能化可实现无人驾驶，智能识别，精准作业；设备间的智能化，可实现设备之间的功能互补，形成智能网络，管理更精准。智慧环卫时代已经来临，科技让城市环境卫生治理更简便有效。

2021 年是"十四五"规划的开局之年，垃圾分类将再上一个台阶，环卫行业将迎接更大的机遇和挑战。在生活垃圾分类工作的带动下，环卫行业顶层设计、体制机制日益完善，设施设备加快建设，管理水平持续提升，科技创新也在不断进步。从某种程度上讲，环卫行业将来到国民经济和社会发展的舞台中央。

2.3 生活垃圾分类的主要问题与解决途径

2.3.1 生活垃圾分类中存在的问题

生活垃圾分类中存在的问题如下。

（1）垃圾源头分类不彻底，轻视资源化与无害化。我国生活垃圾以填埋、焚烧、堆肥等粗放型的垃圾处理方式为主，特别容易忽视垃圾的资源化与无害化等根本性的目标。目前，垃圾处理中填埋仍然占据较大比例，填埋会占用一定的土地资源，而且混合垃圾中残留的有害物质会污染土地资源与水资源，使得垃圾治理无法实现无害化目标。另外，未经分类的混合垃圾焚烧后会产生二噁英气体等二次污染物，危害性巨大。垃圾堆肥资源化处理方式对垃圾的纯度要求较高。不经分类的混合垃圾不能进行堆肥处理。

(2) 城市居民在垃圾分类投放的持续性上参与度不高。垃圾分类治理是需要全体社会成员多方参与的一项全民性工作。居民的垃圾分类行为不仅可以实现垃圾资源的回收利用，还可以为垃圾分类体系中的分类收集、分类运输、分类处理等后续环节的顺利进行奠定基础。虽然市民的环保意识逐渐增强，也逐渐参与到城市垃圾分类回收处理事业中，但由于缺乏相应的垃圾分类专业知识，错误分类的现象较为普遍，导致垃圾分类效果不够理想。

(3) 垃圾分类治理的公共设施不完善且末端处理系统落后。由于我国的社区数量多且区域分布较分散，日常的垃圾数量和种类较多，垃圾桶的数量已不能满足居民的投放意愿。另外，我国垃圾的末端处理体系也比较落后，垃圾的处理大多采用粗放型的垃圾处理方式，很多城市出现严重的垃圾围城问题。

(4) 城市生活垃圾分类治理有关法律体系不完善，城市生活垃圾分类治理机制缺乏一套系统的法律法规。由于我国的垃圾分类治理正处于探索阶段，国家对于垃圾分类治理的各个环节的约束与监督还不够完备和细化，缺乏完整的法律法规体系来规范居民的垃圾投放行为。尽管我国已经出台了不少垃圾分类的地方性法规文件，但是这些政策缺乏系统设计。很多城市的垃圾分类工作仅注重源头分类，源头减量化政策较弱，中端收运环节措施存在缺失，末端垃圾处置方式单一，无害化处理缺乏监管。各部门都根据自身工作重点提出规划，缺乏协调机制。

2.3.2 生活垃圾分类技术多元化

研究当前城市生活垃圾的回收现状：城市生活垃圾分类回收过程非常复杂，需要投入大量的人力、财力等，针对这种现状，可以设计基于人工智能技术的垃圾分类回收系统，智能、高效地回收处理城市生活垃圾，降低城市生活垃圾分类回收的成本，进一步提升垃圾分类回收的效率，为中国绿色节能生活目标贡献力量。

垃圾分类设备性能优化：垃圾分类系统将根据垃圾中物质的种类、形状、尺寸、密度的不同，配套破袋机、滚筒筛分机、风选机、磁选机、人工分选等，以达到对不同物质的分类。应按照肥料的最终用途不同，设计合适的工艺流程。可回收物质进行回收处理，不可用物质做掩埋处理，以做到垃圾资源化、减量化、无害化。

在互联网与物联网技术结合下，构建了一套"城市生活垃圾分类智能服务平台"，从而实现对居民垃圾分类的有效引导，同时与奖励机制有机结合。基于大数据技术的垃圾分类管理模式，强化垃圾分类技术创新，落实云计算和大数据。可以借助大数据制定一个城市生活垃圾分类收集的信息管理系统，对于城市生活垃圾的产生数量还有分布的特点和居民投放习惯等都能够进行数据的采集和数据的分析，这样一来可以针对性地解决目前存在的问题，提出更好的处理生活垃圾的方法，优化城市生活垃圾分类相关政策。大数据技术在城市生活垃圾的分类管理方面占据着一定的优势，因此，必须要调用相关的技术人员进行进一步的探索和指导，争取提升目前垃圾分类管理的质量。

2.3.3 生活垃圾处理的发展瓶颈

究其原因是公众在生活垃圾分类管理中没有树立系统思维，系统机制的缺失成为垃圾分类的瓶颈。垃圾源头分类达不到末端处置的要求。垃圾不分类，是垃圾焚烧设备故障频发的主要原因。相较于其他工业化焚烧系统，垃圾焚烧在燃烧难度控制上是最高的。尤其在中国目前垃圾分类不够彻底的情况下，焚烧控制更难，焚烧过程中的焚烧产物对垃圾焚烧炉的损害可能更大。

2.3.4 生活垃圾分类持续管理途径

生活垃圾分类持续管理途径如下。

（1）构建和优化垃圾管理体系：垃圾治理是在政府引导下，政府与社会共同处理垃圾的所有方式与行动的综合。政府应时刻对市场失灵的区域，实施政府管制，避免因市场失灵和政府主体缺失而造成的城市污染，发挥政府的主导作用。垃圾具有物质性、污染性和社会性，垃圾治理不仅要妥善处理已经产生的垃圾，也要有效控制垃圾产量；不仅要回收利用垃圾的资源，也要妥善管控垃圾的污染；不仅要考虑垃圾处理者的利益，也要考虑垃圾产生者的利益和社会公益。因此，从生产，服务和社会层面共同入手，形成一体化的管理标准和体系。

（2）制定企业补贴政策，实现跨区域和部门的协作：有了大数据的支撑，完全可以借助信息技术手段制定出一个与垃圾相关的信息处理和管理系统。能够借助大数据技术对生活垃圾的产生源、数量、种类、居民投放习惯还有运输过程和最终垃圾处理的成效等实行全方位的管理。这样就可以有效地监测到城市对于生活垃圾日常运行管理的情况，也可以全面掌握城市生活垃圾变化的规律。除了建构一个监测系统之外，也可以推动监测信息的公开发展，让公共机构对居民的投放数量、分类投放的情况，垃圾分类之后的运输情况和最终处理的情况等进行信息公开，这样可以实现垃圾分类管理中社会公众的监督，能够让垃圾分类管理工作变得更加透明化，提高管理的质量和监测力度，为进一步落实好垃圾分类管理做好铺垫，提供有力的保障。

（3）借助大数据对垃圾分类管理系统进行改革创新：以往很多城市在对垃圾进行分类时缺乏一个直观的图示，而且垃圾运收没有有效的追踪和监督，导致各个区域收集的数据缺乏统一的标准，上报途径单一，缺乏一个强有力的整体的监督管理平台。为此，需要借助大数据对垃圾分类管理系统进行改革创新。通过对系统的再次创新，希望可以对各类垃圾分类管理的情况进行全面的掌控，实现对城市各个小区的垃圾分类管理，并且及时对运输的车辆进行跟踪。在运行中可以借助时空 GIS 平台和空间信息服务平台实现对垃圾分类投放前端到末端全过程落实的信息化监管。目前，我国物联网技术日趋成熟，在环境监测、物流仓储、智能家居等方面均有探索应用。加强基于物联网的城市垃圾分类回收系统研究，如系统运用传感器技术与射频无线网技术，基于 RFID 技术的智能垃圾回收。可以针对数据进行量化分析和研究，能够借助数学建模的方法对垃圾分类处理的过程、最终的处理成效等完成量化分析和描述，也可以对现有的一些政策做出科学的分析和评价，从而进一步实现垃圾分类管理的智能化和现代化，实现垃圾分类管理模式的进一步创新。

（4）落实生活垃圾分类积分制，调动居民参与热情：目前有一些城市出台了关于生活垃圾分类制度的一些方案，在方案中指出了整个城市需要构建具体的垃圾分类管理制度，提高生活垃圾的回收率。虽然目前居民思想觉悟有所提升，认识到了垃圾分类的重要性，但是想要真正地让他们做到垃圾分类是比较困难的。其实对于垃圾分类最为基础的单位是家庭，所以家庭成员是否可以参与到垃圾分类回收中是垃圾分类成败的直接因素。因此，提高公民垃圾分类义务意识与提高分类知识知晓率和准确率是必然的选择。要针对生活垃圾分类中存在的设施短板等突出问题，加强分类设施建设，强化前端、中端、末端各环节的有序衔接；以生活垃圾分类为载体，以城乡社区为基本单元，以建立和完善全覆盖的社区基层党组织为核心，以构建"纵向到底、横向到边、共建共治共享"的城乡治理体系为路径，发动群众共谋、共建、共管、共评、共享，深入推进生活垃圾分类工作，共同建设美好人居环境；按照产生者付费原则探索，建立健全生活垃圾处理收费制度。

2.3.5　国内外生活垃圾分类实践经验

2.3.5.1　国外生活垃圾分类的经验

日本的生活垃圾大体分为可燃垃圾、不可燃垃圾、资源垃圾和大型垃圾四大类。根据日本的《废弃物处理及清扫相关法律》，各个县市区得有计划地对垃圾进行分类和收集处理。而由于日本不同地区对垃圾的处理能力不同，日本不同地区生活垃圾的分类处理方式是很不一样的。有些地区的分类类别有七八种，而有些地方能有 20 多种垃圾类别。日本德岛县上胜町的垃圾分类类别是最多的，有45 类。而上胜町在 2013 年通过了"零浪费宣言"，提出在 2020 年之前实现零垃圾排放，建设不产生垃圾的社会。

德国的生活垃圾通常分为五大类（废纸、玻璃容器、包装材料、可降解的厨余垃圾和其他垃圾），分别装入不同颜色的垃圾桶。德国是最早实施垃圾分类的国家。在1965年，联邦德国各市便成立垃圾处理中心。在1972年，联邦德国就出台了《废物管理法》，关闭当时不合规范的填埋场。经过几十年的努力，目前德国的生活垃圾回收利用率高达65.6%，资源化利用率高达88.2%，是世界上垃圾分类水平最高的国家之一。

德国的饮料容器实行押金退还制度，这是非常具有特点的。目前在德国出售的塑料包装的饮料和易拉罐都有0.15~0.25欧元的押金，这些押金包含在消费者的购买价格中。该押金要在消费者将空瓶归还超市的自动回收机后才可退回。除饮料容器之外的包装垃圾，德国则实行了"绿点"回收制度。

此外，德国有着健全的环境保护法律体系，其中，有关垃圾处理的核心法律是1996年的《循环经济与废物法》，这是其垃圾分类制度的法律保障。如果垃圾分类不到位，根据2015年生效的《循环经济法案》，拒绝履行者将处以30~5000欧元的罚款，且信誉也会受到影响。

2.3.5.2　国内生活垃圾分类的经验

上海市于2019年7月1日起正式实施《上海市生活垃圾管理条例》，全面强制推动垃圾分类工作，条例施行一年来，上海深入推进生活垃圾分类工作，取得了实效，成为"引领低碳生活的新时尚"。"十三五"期间，在全市各部门、社会各方面，以及全体上海市民的共同推动、积极参与下，上海的生活垃圾分类实效明显提升，市民分类习惯初步养成，居住区和单位分类达标率双双达到95%。上海垃圾分类工作步入法治化、常态化、规范化轨道。

（1）垃圾分类实效显著提升。目前，通过对末端垃圾分出量的统计，湿垃圾分出量正在逐步提升，图2.6为2019年2月—2020年6月上海市日均湿垃圾分出量。2020年全市"四分类"垃圾量与2019年同期相比，实现"三增一减"目标：可回收物回收量达到6375t/d，同比增长57.5%；有害垃圾日收运量达到2.57t/d，同比增加3倍有余；湿垃圾日收运量9504t/d，同比增长27.5%；干垃圾处置量约1.42万吨/d，同比减少20%。

（2）全程分类体系基本建成。完成全市居住区（村）、单位垃圾分类现场实效检查，95%以上居住区（村）、单位实现垃圾分类实效达标，除个别街道和区因垃圾违规处理取消创评资格外，217个街镇创建成为示范街镇，15个区创建成为示范区。配合市人大完成《条例》执法检查和专题询问。居民投放条件不断改善，完成2.1万余个分类投放点规范化改造和4.1万余只道路废物箱标识更新。配置湿垃圾车1773辆、干垃圾车3287辆、有害垃圾车119辆、可回收物车364辆，车容车貌整洁率超过90%。完成20处非正规生活垃圾堆放点整治。

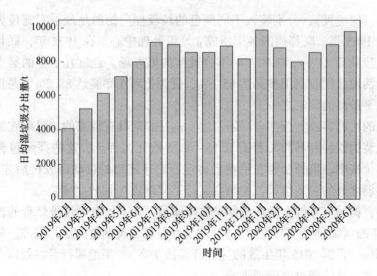

图2.6 2019年2月—2020年6月上海市日均湿垃圾分出量

(3) 源头分类质量稳步提升。进一步完善定时定点投放机制，开设"假日分类投放时段"，兼顾居民节假日投放需求。改善源头分类环境和加强清运管理。全市16个区沿街商铺上门分类收集工作实现全覆盖，落实第三方专业机构和管理部门对上门收集进行考核测评。

(4) 资源回收利用体系基本建成。建成可回收物回收服务点1.5万余个、中转站201个、集散场10个。各区陆续出台低值可回收物支持政策操作细则并进入实施。基本建成可回收物信息化平台，实现对可回收物主体回收企业日常运营数据的"可查、可溯"管理，目前，主体企业回收量达4000t/d。

(5) 源头减量工作取得进展。"光盘行动"工作逐步落实，印发《关于进一步落实生活垃圾源头减量推行光盘行动的实施方案》，明确奖惩措施。开展餐饮行业绿色账户激励试点，部分餐饮单位试行餐厨垃圾收费按量调节机制，调整细化餐厨垃圾收运服务。过度包装治理、菜场净菜上市、一次性用品减量等工作也成效显著。

(6) 处理能力稳步提升。建成湿垃圾集中处理设施3座，新增湿垃圾集中处理能力1450t/d；建成干垃圾焚烧设施2座，新增干垃圾焚烧能力2000t/d。全市干垃圾焚烧和湿垃圾资源化利用总能力达到2.81万吨/d，生活垃圾填埋比例从20%下降到10%以下，基本实现原生生活垃圾零填埋。建筑垃圾集中资源化能力达到450万吨/a。生活垃圾和建筑垃圾末端处理体系基本建成。

(7) 社会动员深入开展。联合市委宣传部制定下发《上海市生活垃圾全程分类新闻宣传与社会宣传工作方案》，组织开展"上海市生活垃圾分类小发明、好方法、金点子征集活动"等互动活动。聘请沪上知名人士为上海市垃圾分类形象大使，并配套设计分类形象大使卡通形象及文创产品。

（8）建筑垃圾管理进一步加强。积极推进建筑垃圾非法外运案件处置，联合相关部门印发《关于进一步加强建筑垃圾全程管理严厉打击违法违规处置行为的通知》，严厉打击违法违规行为。出台《关于推进本市工程渣土卸点计量及消纳结算管理的实施意见》，逐步推进消纳卸点、中转码头计量称重措施。

（9）积极推动长江经济带警示片披露问题、中央第二轮环保督察反馈问题的整改工作。

除了上海之外，我国大多数大中城市近几年来均已纷纷加强了垃圾分类工作强度，全面推进垃圾分类均取得了一定的经验和成绩。自2020年5月1日《北京市生活垃圾管理条例》（以下简称《条例》）实施半年多来，在市委市政府领导下，在市人大市政协有力监督指导下，全市上下将垃圾分类与疫情常态化防控相结合，以首善标准推动新修订的《条例》实施，实现了阶段性目标，取得了可喜的成绩。最新公开报道显示，2021年，北京市生活垃圾清运量为784.22万吨，无害化处理量784.22万吨，日均2.15万吨，全市、城六区及郊区生活垃圾无害化处理率100%。全市1.3万余个小区、3000余个村、11.7万个垃圾分类管理责任人认真贯彻《条例》规定，广大市民踊跃参与，积极行动。符合北京实际，适应新时代发展要求的生活垃圾分类治理体系基本建立，市民分类意识普遍增强，分类习惯初步形成，主要成效如下：

（1）居民"三率"大幅提升。根据抽样调查和现场检查结果，知晓率98%、参与率90%、准确投放率在85%左右。全市已创建形成了835个示范小区、村，约占小区、村总数的5%，发挥了很好的示范引领作用。

（2）分类效果超出预期。2021年4月份家庭厨余分出量3878t/d，比《条例》实施前增长了11.6倍。餐饮单位厨余垃圾分出量1795t/d，厨余垃圾总量达到5673t/d。可回收物分出量4382t/d，比《条例》实施前增长了46.1%。家庭厨余垃圾分出率从《条例》实施前的1.41%提高并稳定在20%左右，生活垃圾回收利用率达到37.5%。

（3）垃圾减量成效显著。2020年全市生活垃圾日均清运量2.2万吨，比2019年的2.77万吨下降20.42%。2021年前4个月日均清运量2.06万吨，比2020年进一步下降6.36%，比2019年下降25.6%，日减量7100余吨。减量效果相当于少建了2座日处理3000t量级的阿苏卫焚烧厂，仅拆迁、土建等一次性投资就节省200多亿元，既节约了土地资源，也从源头上减少了环境污染和碳排放，经济效益、环境效益、社会效益三本账实现"正"丰收。

（4）设施体系初步实现系统性重塑。适应分类需求的投放、收集、运输、处理设施体系基本建立，初步实现整体重塑和城乡覆盖。累计建成分类驿站1275座，达标改造固定桶站6.32万个，涂装垃圾运输车辆3945辆，改造提升密闭式清洁站 805 座。处理能力实现整体平衡，焚烧厂运行从连续多年的超负荷运行向相对从容转变。

（5）综合治理效果不断显现。通过推进垃圾分类，并与开展爱国卫生运动、城市文明创建紧密结合起来，形成了党建引领、社会协同、居民自治、共建共享的鲜明导向，促进了城市精细化治理走向深入，人居环境不断改善，文明水平持续提升。全民参与垃圾分类成为新时尚，"低碳、文明、简约、适度"的绿色生产生活方式蔚然成风。市民关于垃圾管理问题的诉求量从 2020 年高峰期日均值 693 件下降到 2021 年前四个月日均 243 件，群众认可度、满意度不断提升。

自 2020 年 9 月《深圳市生活垃圾分类管理条例》实施以来，深圳四类垃圾实现"三增一减"，即可回收垃圾、有害垃圾、厨余垃圾回收量显著提升，其他垃圾处置量有较大幅度的下降。生活垃圾回收利用率达 46.6%。

深圳在全国率先建立了垃圾分类的"大分流、细分类"体系，在 5800 多个住宅区设置了 2.1 万余个密闭化、标准化集中分类投放点，全面推行"集中分类投入+定时定点督导"模式。同时，深圳精心组织开展法规宣传解读和学习培训工作，深入小区、学校、机关单位，通过普法进社区、知识竞赛、在线答题等形式开展专题培训约 6 万场、组织近 200 万人次参加学习，市民垃圾分类意识不断提高。

厨余垃圾分类率是评估垃圾分类工作的关键指标。根据前不久深圳市城市管理和综合执法局首次发布的全市垃圾分类工作季度评估情况，2022 年 6 月深圳厨余垃圾分类率增长至 22.9%，超过住房和城乡建设部规定的 20%标准线。深圳加强厨余垃圾处理设施建设，日处理能力达到 5887t，较《条例》实施前翻了一番还多，对前端分类形成有力支撑。

2021 年，苏州市深入贯彻落实习近平总书记关于生活垃圾分类系列重要指示批示精神，全力构建"一领四动"组织体系，采取"抓两头强中间"工作策略，全面推进生活垃圾分类工作。2021 年，全市其他垃圾处理量 694.5 万吨（19027t/d），无害化处理率 100%。其中，焚烧 692.8 万吨，占比 99.8%；填埋 1.7 万吨，占比 0.2%。2021 年，全市餐厨垃圾集中收运处理量为 64.17 万吨，进入餐厨设施处理量为 39.80 万吨，其他方式处理量为 24.37 万吨。目前，深圳市生活垃圾回收利用率 46%，工业固体废物产生强度 32kg/万元，一般工业固体废物综合利用率 91%，工业危险废物综合利用率 59%，农膜回收率 93%，达到国内先进水平；同时，实现生活垃圾焚烧处理占比、绿色建筑占新建建筑的比例、秸秆与畜禽粪污综合利用率、城镇污水污泥无害化处置率、医疗废物收集处置体系覆盖率"5 个 100%"，拆除废弃物资源化利用率 99%，达到国际先进水平。

近三年来，宁波在全国重点城市生活垃圾分类工作进展评估中一直保持全国第三。今年住建部对全国地级以上城市生活垃圾分类工作均进行了评估，将城市按照规模分为超级城市、大城市、中等城市，并对工作成效分 3 个档次进行评价，宁波位列第一档第 2 名。截至 2021 年 11 月底，全市城乡生活垃圾产生量 384.7 万吨，无害化处置率 100%。收运处置其他垃圾 322.4 万吨，同比下降 2.94%；餐厨垃圾 33.12 万吨，同比增长 30.1%；厨余垃圾 29.18 万吨，同比增长 41.1%；可回收物 63 万吨，同比增长 16.67%。市级示范小区占比达到 77%，居住小区分类质量达标率超过 80%，示范党政机关、事业单位、国有企业率先实现知晓率、参与率、分类准确率全覆盖，均达到 100%。

宁波市在生活垃圾分类中的优异工作主要体现在，市政府不断探索和创新垃圾分类运作新模式，施行全品类垃圾分类智能回收箱落地试点、垃圾分类全链条智慧监管平台初步建成、旧物循环改造"0+"环保活动斩获国际固协沟通宣传大奖全球第一、垃圾分类精品研学线路全年超 4 万名师生参与、垃圾分类源头分类质量不断提高等，见证着宁波垃圾分类的蝶变和取得的实效。据悉，明年宁波将继续提升源头分类成效，加大全品类垃圾分类智能回收箱投放数量，增强市民源头分类投放的获得感、幸福感；继续加大生活垃圾分类数字化改革力度，完善宁波市生活垃圾分类智慧监管平台，实现对生活垃圾全链条的智能化管理；继续提升生活垃圾处置资源化利用水平，减少处置垃圾的能源消耗，让垃圾分类真正成为宁波实现双碳目标的重要力量，继续展现全国"模范生"风范。

3 有机固废处理处置原则

3.1 有机固体废弃物

随着社会发展和人类生活水平的提高，固体废弃物的产生量逐年增加，"垃圾包围城市"已经是现实的真实描述，大量固体废弃物的产生与堆置已经对人类生存环境形成了严重的环境威胁。有机固废大体分为农业有机废物、工业有机废物和市政有机废物。其中，市政有机废物主要包括餐厨垃圾、城市污泥、畜禽粪便、园林绿化垃圾和农业有机废物等，在环境卫生管理范畴，也可称作易腐垃圾。

3.1.1 餐厨垃圾

根据来源不同，餐厨垃圾主要分为餐饮垃圾和厨余垃圾。餐饮垃圾指的是餐厅、酒店和食堂等的剩菜剩饭以及厨房中的水果、蔬菜、油脂、肉类、糕点等的加工废弃物，具有产生量大、来源多、分布广的特点。厨余垃圾是指日常生活中随手丢弃的蔬菜、水果、残羹剩饭和瓜皮、果皮等易腐烂有机废物，数量不及餐饮垃圾庞大。餐厨垃圾易为微生物利用，含水率（65%~95%）高。其主要产生源包括以下4个方面：

(1) 城市居民家庭、城市公共场所和旅游景点的垃圾收集点等；

(2) 各类食品批发和零售市场；

(3) 宾馆、饭店和各类小吃店等；

(4) 政府机关、企事业单位和学校等单位的食堂等。

厨房垃圾占有生活垃圾的很大一部分，因为它含有大量的水、盐、油和繁杂的化学成分和少许的微量元素，极其容易发生腐败从而产生难闻的气味，还容易滋生病菌，引来的蚊蝇对周边空气和居民带来不良影响。餐厨垃圾含有丰富的有机质，直接堆放容易腐烂变质，引起恶臭，滋生和传播细菌，处理不当会对生活环境造成严重的影响，但其本身的特征决定着其具有一定的利用价值和回收价值。

3.1.2 污水污泥

污水污泥是城市生活污水处理过程中产生的剩余固体废物，主要含有大量有机物，其次是泥沙沉积物、细丝纤维、动植物残体以及各种微生物、病原菌、寄生虫（或虫卵）和絮凝体等。污水污泥的重要特性有以下几个方面：

（1）含碳化合物及其衍生物的持久性有机物多，有些成分的化学性质不稳定，易挥发、易变质、易腐化，伴有刺激性恶臭；

（2）有毒有害污染物的含量高，例如毒害性有机物 PCBs、PAHs 等；

（3）含水率高，呈胶状结构，或发生污泥膨胀，大颗粒物质难以降解，絮凝体及胶体物质不易脱水；

（4）含较多氮、磷、钾等植物营养元素，有促进植物生长的显著肥效；

（5）含病原菌及寄生虫卵，例如丝状菌、菌胶团细菌、蛔虫卵，还含有麦地那丝虫、血吸虫、肝吸虫病原体等。城市污泥的组成和性质对污泥资源化利用有着重要影响。

城市污水处理厂污泥含有大量难降解有机物、重金属（As、Zn、Cd、Cu 等）、盐类，以及病原微生物和寄生虫卵等。同时，污泥又具有丰富的营养物质（N、P、K）和较高的热值，是可再利用的资源。但其易腐化、有恶臭，含有重金属及致畸致癌致突变的有机污染物等，如果没有得到有效处理，相当于花费巨额资金分离出的污染物会通过大气、地下水、地表水和土壤等进入食物链，造成对环境的二次污染，直接影响人类健康。

3.1.3 畜禽粪便

畜禽粪便主要指畜禽养殖业中产生的一类农村固体废物，包括猪粪、牛粪、羊粪、鸡粪、鸭粪等。近年来我国畜牧业向集约化、规模化方向迅速发展，2020 年我国畜禽粪便总污染量约 2.98 亿吨。畜禽产生的大量畜禽粪便因未能有效处理，已经成为危害环境的主要污染源。畜禽粪便中含有抗生素、重金属，并携带有大量病原菌及寄生虫。此外，还有氨气、硫化氢等恶臭气体，对水体、土壤及大气环境等都造成了污染，严重影响人类生活。

由于畜禽粪便成分复杂，对环境的污染和危害是不容忽视的环境问题。畜禽粪便会引起水体污染、土壤污染、农业面源污染、臭气污染、重金属污染及温室效应。虽然畜禽粪便是环境污染的源头之一，但如果可以进行合理利用，就可以变废为宝，对畜禽粪便的利用方式主要包括有机肥化、饲料化和能源化（见表3.1）。根据估算，每年产生的畜禽粪便全部厌氧消化可产生 1300 亿立方米的沼气，其中猪粪、牛粪、鸡粪约可产生 1200 亿立方米的沼气，若将畜禽粪便中的氮、磷、钾全部转化为肥料共可提供氮量 3675 万吨、磷量 735 万吨和钾量 2272.5 万吨。猪粪、牛粪、鸡粪约可提供氮量 3418 万吨、磷量 683 万吨和钾量 2113.4 万吨。畜禽粪便主要理化特性见表 3.1。

表 3.1 畜禽粪便主要理化特性

参数	pH 值	碳氮比 ρ	w（总固）/%	产气潜力/$m^3 \cdot t^{-1}$
猪粪	8.0~8.5	13	18	93
鸡粪	6.0~6.5	9.65	30	152
牛粪	7.0~8.0	25	17	65

3.1.4 园林绿化垃圾

园林绿化废弃物（garden waste，也称 yard waste 或 yard trimming）是指园林植物自然凋落或人工修剪所产生的枯枝、落叶、草屑、花败、树木与灌木剪枝及其他植物残体等，也有人称之为园林垃圾或绿色垃圾。

随着我国城市化进程的加快推进，城市园林绿地面积增幅迅猛，园林垃圾随之急剧增多，已成为巨大的城市污染源。据统计，园林垃圾占城市全部市政垃圾总量的 15%~30%，与园林绿地面积增幅成正比。截至 2021 年底，全国城市建成区绿地面积为 230 余万公顷（1 公顷＝1 万平方米），较 2017 年的 209.91 万公顷增长 9.57%。

目前，我国大多数城市主要采取两种方法处理城市园林绿化废弃物，即大部分运至郊外垃圾场填埋，小部分随生活垃圾一起焚烧。这两种办法既不符合环保要求，又浪费资金。因此，寻求园林绿化废弃物无害化处理及资源化利用，解决园林绿化栽培基质大量依赖泥炭资源的问题，对节约自然资源、防止环境污染、实现生态经济良性循环具有重要意义。

3.1.5 农业有机废物

在农业生产过程中，每天都会产生大量的农业有机废弃物，若未能对这些物质进行很好的处理，将会造成严重的环境污染，对人类的生存环境造成严重的威胁。

农业有机废物主要指的是农村居民各种生活废物、畜禽养殖业废物、农产品加工废物以及农业生产废物排放的总称。根据相关的数据资料统计，我国每年大约有农作物秸秆废物 7 亿多吨，有机废弃物以及畜禽粪便类废物大约为 40 亿吨。能否妥善、合理地对这些有机废物处理，不仅对生态环境有着直接的影响，而且还在一定程度上影响社会的和谐，同时一旦对农业有机废物采取不合理的处理方式，还会在一定程度上造成资源浪费。

由于秸秆碳氮比较高，难以降解，在堆肥还田时由于氮元素的缺乏容易导致作物停止生长；秸秆富含纤维素、半纤维素和木质素等，水解缓慢，在厌氧条件下难以被酶和微生物降解，导致发酵产气效率低（见表3.2）；采用空气煤气制气法进行秸秆气化时，所制得的气体热值较低，同时存在严重的焦油问题；秸秆工业造纸产生的大量废弃黑液对环境造成严重污染。

表 3.2 秸秆主要理化特性

样品	$w_{工业分析}$/%				$w_{元素分析}$/%					产气潜力 /m³·t⁻¹
	水分	灰分	挥发分	固定碳	$w(C)$	$w(H)$	$w(O)$	$w(N)$	$w(S)$	
水稻秸秆	5.52	12.38	74.61	7.49	39.77	5.53	46.16	0.82	0.24	283
小麦秸秆	7.57	9.70	66.56	16.17	47.26	6.30	45.05	1.28	0.11	290
玉米秸秆	5.99	15.84	71.55	6.62	41.44	5.31	48.23	0.84	0.14	255

对于我国大多数农村而言，在实际农业发展的过程中，有机废物的来源主要有以下四类：

（1）植物性来源有机废物。在实际农业种植的过程中，会发现各种各样的农作物所产生的秸秆以及稻草等都能够产生有机废物，而一些花草树木等也会产生有机废物。可以说这类有机废物是我国农业发展过程中的主要废物来源，每年的产量也是极其高的，因此对此类农业有机废物进行一定的探索是具有重要实际意义的。

（2）动物性来源有机废物。这类农业有机废物主要存在于一些仍然依靠传统牲畜种植的地区，或者是在内蒙古草原地区所产生的动物性粪便，主要包括牛粪、猪粪、羊粪等。而对于一些机械化水平较高的地区，这类有机废物产量是比较少的，这也是我国目前农业发展过程中有机废物的主要来源。

（3）农副加工业产生的有机废物。主要是指农副产品加工过程中所产生的一系列有机废物，这类有机废物是比较复杂的，需根据当地的农副产品生产情况进行分析才能够得到有效的数据。

（4）农民日常生活废物。主要是指居民日常生活过程中所产生的一些垃圾，这些是生活废物随意丢弃或者是未能够更好地进行处理所导致的，产生的环境污染的情况也是比较严重的。在农业现代化发展的过程中，对以上四类有机废物进行处理是重中之重，这也是改善农村环境，进一步推动农业发展，促进能源循环的一种重要方式。

3.2 有机固废生态环境危害性

3.2.1 餐厨垃圾对有机固废生态环境危害性

餐厨垃圾具有显著的危害和资源的二重性，其特点可归纳为：

(1) 含水率高,可达80%~95%;

(2) 盐分含量高,部分地区含辣椒、醋酸高;

(3) 有机物含量高,如蛋白质、纤维素、淀粉、脂肪等;

(4) 富含氮、磷、钾、钙及各种微量元素;

(5) 存在病原菌、病原微生物;

(6) 易腐烂、变质、发臭,滋生蚊子。

餐厨垃圾影响城市市容和人居环境。从感观性状来说,餐厨垃圾表现为油腻、湿淋淋,影响人的视觉和嗅觉的舒适感和生活卫生。由于餐厨垃圾具有很高的含水率和有机组分,使得其成为微生物存在的"天然乐园",同时高含水率带来的垃圾运输与处理难度增大。另外,餐厨垃圾会增加填埋场的产气和渗滤液的析出,使得地表水和地下水受到污染。

3.2.2 污水污泥对有机固废生态环境危害性

污水污泥是城市生活污水处理过程中产生的剩余固体废物,含有大量有机物,其次是泥沙沉积物、细丝纤维、动植物残体以及各种微生物、病原菌、寄生虫(或虫卵)和絮凝体等。例如,含有氮、磷、钾等植物性营养元素,同时含有铜、锌、铬等重金属元素,还有多氯联苯、多环芳烃、抗生素等有机污染物。未经处理的污泥会造成下列危害:

(1) 未经有效处理的污泥会污染地下水和地表水。污泥经过雨水的侵蚀和渗透作用,极易对地下水造成二次污染,其所含丰富的氮、磷等进入周边水体或土壤中,多余释放的氮、磷等随着水循环系统进入地表水,造成地表水的富营养化。

(2) 未经有效处理的污泥会造成土壤污染。由于污泥中含有大量病原菌、寄生虫卵,对环境和人类以及动物健康有可能造成危害。

(3) 污泥中富含的铜、锌、铬、汞等重金属以及多种有毒有害物,使土地不再适宜耕作。

(4) 污泥带来的食物链危害和臭气污染也不容忽视。部分污泥中的重金属渗入地下水后可能通过鱼、虾等进入食物链,重新回到餐桌上。同时,臭气污染是污泥处理处置过程中极易产生的一种污染。污泥隐患的长期存在,不仅污染了环境,威胁着群众身体健康,也消解了污水处理的环保效果。

城市污水处理厂污泥对环境造成危害的主要因素包括以下几个部分:

(1) 盐分。污泥中的盐分会直接影响土壤的电导率,破坏植物养分平衡,抑制植物对养分的吸收,甚至对植物的根系造成直接伤害,导致植物死亡,而且盐分离子间的拮抗作用会使土壤中的有效养分加速淋失,破坏土壤养分平衡,使土壤板结而贫瘠。

（2）病原微生物。未经中（高）温消化或其他消毒方法处理的城市污水处理厂污泥中含有大量的细菌、病毒、寄生虫卵等，每克污泥中含有数以亿计的大肠菌、痢疾菌属、噬菌体、寄生虫卵、蛔虫或肠道病毒等微生物。介水传染病菌和病毒的生长环境与大肠菌群基本相同，但比一般细菌生命力更强，由于介水传染病菌、病毒检测比较困难，故流行病学上常用大肠菌群数作为它的间接检测指标。介水传染病菌如沙门菌、痢疾菌、结核杆菌等和肠道病毒如脊髓灰质炎病毒、柯萨奇病毒、肝炎病毒、轮状病毒等都会影响人类健康，若这些微生物污染水体、土壤则会造成相应传染病的发生，痢疾志贺菌污染水源或食品极易造成痢疾流行；沙门菌会使人类产生伤寒、急性肠胃炎、菌血症和败血症等病症。沙门菌和绦虫卵是污泥农用引起潜在疾病流行的主要因素。因此，污泥中存在的有毒有害微生物不容忽视，在污泥处置时要经过无害化处理，防止其进入食物链，对人类和动物健康造成危害。

（3）氮、磷等营养物质。污泥中含有丰富的氮、磷等元素。氮、磷等元素是植物生长所必需的营养物质，若大量的氮、磷元素进入湖泊、水库和海湾等封闭或者半封闭的水体，以及某些滞留（流速<1m/min）河流的水体，会造成其富营养化，使某些藻类及其他浮游生物迅速繁殖，降低水体透明度，降低水体溶解氧含量，使大量水生生物死亡，水质变差，造成环境污染。赤潮（海域的水体富营养化）和水华（淡水域的水体富营养化）就是由于水体中氮、磷等营养物质含量过多而造成的。因此，在处置污泥时应当考虑污泥中所富含的氮、磷等元素可能带来的水体污染问题。

（4）有机污染物。污泥中的有机物包含蛋白质、苯、氯酚，以及多氯代二苯并二英（PCDDs）和多氯代二苯并呋喃（PCDFs）（统称二噁英），其中二噁英/呋喃（PCDD/Fs）是一类多氯代三环芳香化合物，存在210种异构体，目前已经成为全球最为关注的、毒性最高的、《斯德哥尔摩国际公约》中提出需要消除的持久性有机污染物（POPs）。PCDD/Fs的大部分化合物不仅具有致癌性，而且具有生殖毒性、免疫毒性和内分泌毒性，其中以2，3，7，8位氯取代的异构体毒性最大。国外一些国家和地区对城市污水处理厂污泥中有机污染物的特征及其在农业环境中的行为、生态效益和调控措施等方面进行了研究，并分析了污泥农用可能带来的问题，对农用污泥中所含有机污染物的质量浓度做了一定的限制，尤其对PCDD/Fs、PCDFs等提出了一些限定建议。因此，污泥农田利用时需考虑有机污染物，特别是二噁英类物质对环境以及人类造成的危害。

（5）重金属。污泥中的重金属包括Cr、Cu、Zn、Mn、Hg、Cd、Ni等原子量较大的金属物质以及Pb、Al、Sb等对人体有严重危害的物质。污水处理过程中，通过吸附或者沉淀等方式转移到污泥中的重金属占污水所含重金属总量的

70%～90%。一方面重金属会对动植物造成危害，并能改变土壤微生物种群结构以及影响土壤酶的活性；另一方面重金属的性质较稳定，溶解度很小，难去除，且易于在土壤、动植物中积累，很难评估重金属所造成的长期危害。阮辰旼研究发现，污泥中重金属的危害性与其形态有关，且不同重金属的不同形态对于不同植物和土壤的危害程度也不可一概而论。当前对污泥中重金属的预处理，能暂时降低其对环境的危害，但不能排除外界环境中的物质与其再发生反应恢复其毒性而带来二次污染的可能性。

3.2.3 畜禽粪便对有机固废生态环境危害性

畜禽粪便一直被人们当作土壤肥料的重要来源，而畜禽粪便多是就地施用。据1976年统计显示，那时我国农业生产1/3以上的肥料是由动物粪便提供的。动物排泄物中含有丰富的有机物和氮、磷、钾等养分，同时也能供给作物所需的钙、镁、硫等多种矿物质及微量元素，满足作物生长过程中对多种养分的需要。过于集中的畜牧养殖导致畜禽粪便在部分地区产量过大，传统施肥处理方式无法消纳，而大量堆放对大气、土壤和水环境造成严重的污染。另外，由于化肥工业的迅速发展，人们大量使用化肥，使有机粪肥大量闲置，土壤基础养分在局部地区出现逐渐下降趋势，畜禽粪便不能及时还田，形成了畜禽粪便对环境的污染。

(1) 粪便对水体的污染。畜禽粪便中含有大量的氮、磷等元素以及有机质，进入水体后会导致水生物大量繁殖，水溶氧量下降，导致水体富营养化。粪便不经处理排放还会对地下水造成影响。Evans等人早在1984年就提出不适当的粪便还田利用可能会导致水中硝酸盐含量上升，Adams等人证实地下水中无机盐含量与粪便排放量呈现函数关系。此外，粪便中还含有大量病原菌、寄生虫卵等，污染水体。

(2) 粪便对土壤的污染。畜禽在饲养过程中食用含有重金属（如铜、锌等）的饲料以促进生长发育，但部分金属元素会随着粪便排出体外，若不经处理还田就会污染土壤。孟祥海等认为，不断施用不经处理的粪便会造成土壤中重金属的累积。李林海分析得出猪、鸡等动物粪便重金属含量明显超标。抗生素等药物残留会对土壤造成污染。Tien等人指出，未经处理的粪便中种植的蔬菜有可能受到由人工产生的抗生素耐药性细菌的污染。此外，病原菌等对土壤的污染也需警惕。Ouazzani等人指出，细菌多样性是粪便污染的重要标志，并用实验证实了含有家禽粪便污染的土壤中存在梭菌目及假单胞菌目的病原体菌株。

(3) 粪便对大气的污染。畜禽粪便中含有含氮、硫化合物等挥发性恶臭气体，能引起嗅觉器官臭感。大量研究表明，粪便产生的恶臭气体会严重损害人的呼吸、循环等系统，危害人类健康。此外，恶臭气体也会导致畜禽动物产生应激反应，使其采食量下降、患病率上升，严重影响畜禽生长发育及生产性能的发挥。粪便不仅给环境带来了难以估量的污染，还给人们的生产生活带来危害，影响畜牧业发展，甚至严重影响人类健康，污染问题亟待解决。

3.2.4 园林绿化垃圾对有机固废生态环境危害性

园林绿化垃圾危害性如下。

(1) 土地资源浪费和环境污染。2017 年我国人均耕地面积仅为世界平均水平的三分之一，约 933m^2，加拿大的人均耕地是我国的 18 倍，印度是我国的 1.2 倍。城市化加快和地块污染使我国人均耕地面积在原有不足的基础上再降低，据国家统计局数据计算，2009—2017 年我国耕地面积减少了 50 万公顷。我国填埋和传统堆肥方法需占用大量土地面积，造成严重的土地资源浪费。且大面积填埋和露天堆肥产生大量渗滤液会污染土地和地下水。加上我国乡村作物秸秆、果树修枝剪叶后采取的焚烧还田方法，造成了环境污染甚至极易引发火灾，是得不偿失的园林废弃物处理方法。

(2) 有机资源浪费。园林废弃物主要成分基本以有机物为主，相比生活垃圾等其他城市一般固体废弃物，进行无害化处理、资源化利用的基础较好，且处理过程中产生臭气少，对居民正常生活影响较小。但目前我国园林废弃物的收集方式是与生活垃圾一起收集、转运和处理，这种混合收集处理，一方面导致生活垃圾处理成本过高，增加了后期处理技术难度和对设备升级的硬性要求，另一方面造成了园林废弃物的资源浪费。尤其当遇到大量修剪枝叶及落叶季节，生活垃圾处理厂处于饱和状态下，园林废弃物堆弃的现象很普遍，极易产生新的环境污染和大量废弃物资源的浪费，造成二次污染。

3.2.5 植物纤维性废弃物

在我国，特别是农村地区，植物纤维性废弃物种类较多。按照种类的不同，一般可以分为以下几个类别：

(1) 秸秆类：棉秆、麻秆、玉米秆、稻草、芦苇、小杂竹、油菜秆、黄豆秆、豌豆秆等；

(2) 壳类：稻壳、花生壳、椰子壳、葵花子壳、茶壳、果壳、菜籽壳等；

(3) 渣屑类：甘蔗渣、麻渣、甜菜渣、麻黄渣、竹屑等。

秸秆是成熟农作物茎叶（穗）部分的总称。通常指小麦、水稻、玉米、薯类、油菜、棉花、甘蔗和其他农作物（通常为粗粮）在收获籽实后的剩余部分。农作物光合作用的产物有一半以上存在于秸秆中，秸秆富含氮、磷、钾、钙、镁和有机质等，是一种具有多用途的可再生的生物资源，秸秆也是一种粗饲料。特点是粗纤维含量高（30%~40%），并含有木质素等。木质素纤维素虽不能为猪、鸡所利用，但却能被反刍动物牛、羊等牲畜吸收和利用。

植物纤维性废弃物作为生物质能的重要组成部分，具有可再生、再生周期短、可生物降解、环境友好等优点。但农业废弃物处理不当时，同样会造成环境污染、资源浪费等问题。如直接焚烧秸秆容易造成大气中气溶胶颗粒物的增加；如果灌溉用水受到农业废弃物的严重污染，会使水中的氨氮和蛋白氮含量过高，从而造成水稻徒长、倒伏、晚熟或不熟；此外，还可能使地下蓄水层中有过量的硝酸盐，或者使周围环境滋生大量苍蝇和其他害虫。

3.2.6 煤泥

浮选精煤、尾煤泥的脱水是煤炭行业耗时、耗力、耗资的一大难题，也是制约洁净煤技术发展的瓶颈之一。目前，我国细粒精煤产品水分普遍在22%~30%，甚至更高。此外，现有洗煤厂生产的尾煤泥含水量普遍在30%~35%，过高的含水量导致了低效率、低热值、高能耗和高污染的问题。煤泥泛指煤粉含水形成的半固体物，是煤炭生产过程中的一种产品，根据品种的不同和形成机理的不同，其性质差别非常大，可利用性也有较大差别，其种类众多，用途广泛。

煤泥置于露天，处理不善时会侵占场地，影响生产；吹干后随风扬起形成二次污染；直接外排至尾煤，其中含有的杂醇、松油等有害的杂极性有机分子的浮选药剂渗入地层或随雨水流失，造成大面积土壤污染，危害植物生长；排入江河湖泊，会淤塞河道，污染水质。

3.2.6.1 煤泥特性

（1）黏性大。由于煤泥中一般含有较多的黏土类矿物，加之水分含量较高，粒度组成细，所以大多数煤泥黏性大，有的还具有一定的流动性。由于这些特性，煤泥的堆放、贮存和运输都比较困难。尤其在堆存时，其形态极不稳定，遇水即流失，风干即飞扬。结果不但浪费了宝贵的煤炭资源，而且造成了严重的环境污染。

（2）水分高。煤泥有很大的含水量，湿度大。经带式过滤机脱水的煤泥含水在26%~40%；压滤机脱水的煤泥含水在15%~30%。

（3）粒度细。煤泥的粒度比较细，尤其是小于74μm（200目）的微粒占70%~90%。

（4）热值低。按灰分及热值的高低可以把煤泥分成三类：低灰煤泥灰分为20%~32%，热值为3000~4800kcal（1kcal=4.1868kJ）；中灰煤泥灰分为30%~55%，热值为2000~3000kcal；高灰煤泥灰分>55%，热值为1500kcal以下。

3.2.6.2 现有煤泥处理技术

（1）户外晾晒。

1）占用产地面积大；

2）干燥时间长；受季节影响大；

3）不能连续生产；

4）易产生二次扬尘及水环境污染。

（2）传统脱水设备。

1）采用板框压滤机、离心脱水机、带式脱水机等传统脱水设备；

2）出泥含水率在30%左右或远高于30%含水率，热值提高太低；

3）后续还需干燥脱水才能真正资源化利用。

（3）煤泥烘干。

1）高温烟气干燥技术安全性差、热风使用环评评审困难，目前已被市场淘汰；

2）低温干燥技术则要求热电厂额外配套设备，成本高、易受节能环保政策牵制。

3.3 有机固废处理处置原则

固体废弃物处理处置应遵循"四化"原则，即减量化、稳定化、无害化、资源化。减量化是指通过适当的技术，减少固体废物的产生量；一方面减少固体的容量，如焚烧、浓缩、脱水等均可有效减少固体废物的容量。稳定化是将有毒有害污染物转变为低溶解性、低迁移性及低毒性的物质，一般可分为化学稳定化和物理稳定化。无害化是指通过适当的技术对废物进行处理，使其不对环境产生污染，不至对人体健康产生影响；如对城市污水处理厂污泥进行焚烧、热解等均是无害化处理。资源化是指采取各种管理和技术措施，从固体废物中回收具有使用价值物质和能源，作为新的原料或能源投入使用；如农田林地利用，生产复合肥，利用污泥生产沼气，通过焚烧回收热量，低温热解，污泥制砖，生产水泥，制生化纤维材料，生产陶粒等均可实现污泥的资源化利用。

有机固废的产生、收集、贮存、运输、利用、处置过程，关系生产者、消费者、回收者、利用者、处置者等利益方，需要政府、企业、公众协同共治。统筹推进固体废物"减量化、资源化、无害化"，既是改善生态环境质量的客观要求，又是深化生态环境工作的重要内容，更是建设生态文明的现实需要。由于易腐有机固体废弃物的种类繁多，在实际的应用当中应当遵循以下原则：

（1）应当区别对待，分类处置原则。固体废物的种类繁多，危害特性和方式，处置要求及安全处置年限各不同。根据所处置固体废物对环境影响程度的大小和危害时间的长短分为六大类。因此，在处置固体废物时应根据不同废物的危害程度与特性，区别对待、分类管理。对具有特别严重危害性质的危险废物，处置上比一般废物的污染防治更为严格和实行特殊控制。这样，既能有效地控制主要的污染危害，又能降低处置费用。

（2）要遵循安全处置的原则。处置场所应当安全可靠，通过天然屏障或者人工屏障使得固体废物，特别是危险废物和放射性废物最大限度地与自然界和人类环境隔离，处置场所要有完善的环保监测设施。处置过程要严格执行管理措施和维护，使其在长期处置过程中对环境和人类的影响减至最低限度。

（3）集中处置原则。对易腐废物实行集中处置，是有效地控制乃至消除易腐废物污染危害的重要形式和主要的技术手段。

（4）经济效益和社会效益并重的原则。在选择处置方法时，既要简便经济又要确保目前以及将来的环境效益，最终处置的固体废物其有害组分的含量要尽可能少，体积应尽量压缩。

4 餐厨垃圾处理处置技术

由于人们生活水平的提高和人口的迅速增长，餐厨垃圾的排放量日趋增长，尤其是在大中城市。由于餐厨垃圾含水量高、易腐败，排放的餐厨垃圾给城市的环保带来巨大的压力。因此，餐厨垃圾的处理越来越受到各地政府的重视。

4.1 餐厨垃圾产生过程

4.1.1 餐厨垃圾来源及特点

餐厨垃圾是食物垃圾中最主要的一种，包括家庭、学校、食堂及餐饮行业等产生的食物加工下脚料（厨余）和食用残余（泔脚）。其成分复杂，是油、水、果皮、蔬菜、米面，鱼、肉、骨头以及废餐具、塑料、纸巾等多种物质的混合物。我国餐厨垃圾数量十分巨大，并呈快速上升趋势。餐厨垃圾具有显著的危害和资源的二重性，其特点可归纳为具有显著的废物和资源的二重性。

（1）富含淀粉、脂肪、蛋白、纤维素等有机物，氮、磷、钾、钙以及各种微量元素，有毒有害化学物质（如重金属等）含量少，营养丰富，是制作动物饲料和有机肥的丰富资源。

（2）腐烂变质速度快，易携带滋生病菌：口蹄疫、沙门氏菌、弓形虫、猪瘟病菌等。直接利用和不适当的处理会造成病原菌的传播和感染。

（3）潲水油、地沟油被加工为食物油，直接危害人类健康。

（4）在温度较高的条件下，腐烂变质速度快，从产生到处理的时间长会使其回收利用价值降低。

（5）含水率（70%~90%）、油脂含量（1%~5%）和盐分含量（1%~3%）远比国外高。

餐饮垃圾随地点、场所以及季节的变化有所不同。韩国典型的餐饮垃圾成分含有碳48.4%、氮6.9%，碳氮比均值7.0，含水率80.3%。从化学组成上看，有淀粉、纤维素、蛋白质、脂类和无机盐等，其中以有机组分为主。上海某高校为研究餐饮垃圾处理方法，曾对餐饮垃圾进行抽样分析检测，结果见表4.1。

表 4.1　餐厨垃圾成分抽样检测结果　　　　　　　　（%）

编号	水分	总固体	挥发性固体	灰分	$w(C)$	$w(N)$	$w(P)$	$w(K)$	$w(Ca)$	$w(Na)$
1	85.6	14.4	90.4	9.6	42.5	1.95	0.21	1.61	0.73	1.2
2	83.2	16.8	88.4	11.6	41.5	1.83	0.2	1.84	1.8	0.89
3	83.8	16.2	87.5	12.5	41.4	1.91	0.31	1.2	1.2	0.76
4	88.5	11.5	86.7	13.3	40.8	2.15	0.22	1.07	0.7	1.8
5	85.6	14.6	90.8	9.6	42.7	1.92	0.29	1.2	0.88	1.2

4.1.2　生活垃圾收集

随着城市居民生活水平的提高，社会经济的发展，生活节奏的加快，对生活垃圾收集方式的要求也越来越高，既要求收集设施与环境协调，又要求收集方式方便、清洁、高效。对生活垃圾的短途运输要求做到封闭化、无污水渗漏运输、低噪声作业、外形清洁、美观，提高车辆的装载量，以实现满载、清洁、无污染的垃圾收集运输。现行的生活垃圾收集方式主要分为混合收集和分类收集两种类型。

（1）混合收集。混合收集指收集未经任何处理的原生生活垃圾混杂在一起的收集方式，应用广泛，历史悠久。它的优点是比较简单易行，运行费用低。但这种收集方式将全部生活垃圾混合在一起收集运输，增大了生活垃圾资源化、无害化的难度。

（2）分类收集。分类收集是指按城市生活垃圾的组成成分进行分类的收集方式。这种方式可以提高回收物资的纯度和数量，减少需要处理的垃圾量，有利于生活垃圾的资源化和减量化，并能够较大幅度地降低废物的运输及处理费用。

在现阶段，各国采用的废物分类收集方法主要是将可直接回收的有用物质和其他废物分类存放（产生源分类收集法）。分类回收的废金属、废纸、废塑料、废玻璃等可以直接出售给有关厂家作为二次利用的原料，然后再把其他有机垃圾和无机垃圾分类收集，使其经过不同的工艺处理后得到综合利用。除分类收集有用废物之外，还要单独收集电池、废药品、废漆、染料等特殊废物，严禁这类废物进入混合收集过程。

推行分类收集是一个相当复杂艰难的工作，要在具有一定经济实力的前提下，依靠有效的宣传教育、立法以及提供必要的垃圾分类收集的条件，在实行有用物质分类存放、回收和利用的基础上，积极鼓励城市居民主动将垃圾分类存放，仔细有效地组织分类收集工作，才能使垃圾分类收集的推广能坚持发展下去。

为了满足建设现代化城市和社会可持续发展的需要，城市生活垃圾收运系统应在资源化能源化、收运过程密闭化、作业机械化自动化三方面进行发展。我国垃圾收集模式的发展也应该遵循这一方向，城市生活垃圾的收集因其产生的源头和种类比较复杂，产生量也比较大，不管是混合收集方式还是分类收集方式都要通过不同的收集方法来实现。

4.1.3　生活垃圾搬运

在生活垃圾收集运输前，垃圾制造者必须将产生的生活垃圾进行短距离搬运和暂时贮存，这是整个垃圾收运管理工作的第一步。从改善垃圾收运管理系统的整体效益考虑，有必要对垃圾搬运和贮存进行科学的管理，这不仅有利于居民的健康，还能改善城市环境卫生及城市容貌，也为后续阶段操作打下好的基础。

4.1.3.1　生活垃圾收集方法

不管是混合收集方式还是分类收集方式都要通过不同的收集方法来实现。

（1）按包装方式，生活垃圾的收集方法分为散装收集和封闭化收集，由于散装收集过程带来撒、漏、扬尘等严重污染问题，因此，散装收集方式逐步被淘汰，取而代之的是封闭化收集，其中封闭化收集方式中尤以袋装收集最为普遍。

（2）按收集过程，生活垃圾的收集方法又可分为上门收集、定点收集和定时收集方式等。

1）上门收集。上门收集分居民家上门收集和管道收集两种。

2）定点收集。定点收集包括垃圾房收集、集装箱垃圾收集站收集。

3）定时收集。定时收集这是一种以垃圾定时收集为基本特征的垃圾收集方式。这种方式主要存在于早期建成的住宅区。其特点是取消固定式垃圾箱，在一定程度上消除了垃圾收集过程中的二次污染。

4.1.3.2　居民住宅区垃圾搬运

（1）低层居民住宅区垃圾搬运。低层居民住宅区垃圾一般有两种搬运方式。

1）由居民自行负责将产生的生活垃圾存放在自备容器中搬运至公共贮存容器、垃圾集装点或垃圾收集车内。

2）由收集工人负责从家门口或后院搬运垃圾至集装点或收集车。

（2）中高层公寓垃圾搬运。一些老式中层公寓或无垃圾通道的公寓楼房的垃圾搬运方式类似于低层住宅区，对于居民来说搬运垃圾很是不便。

为方便中高层建筑居民搬运生活垃圾，这些建筑内常设垃圾通道。垃圾通道由投入口（倒口）、通道（圆形或矩形截面）、垃圾间（或大型接受容器）等组成。

4.1.3.3 商业区与企业单位垃圾搬运

商业区与企业单位垃圾一般由产生者自行负责搬运，环境卫生管理部门进行监督管理。当委托环卫部门收运时，各垃圾产生单位使用的搬运容器应与环卫部门的收运车辆相配套，搬运地点和时间也应和环卫部门协商而定。不同垃圾的收集方法见表 4.2。

表 4.2 不同垃圾的收集方法

垃圾产生方式和种类	收集方法	垃圾产生方式和种类	收集方法
家庭、单位、行人产生的垃圾	容器收集	水面漂浮垃圾	打捞收集
抛弃在路面的垃圾	清扫收集	建筑垃圾、粗大垃圾、危险垃圾	单独容器或车辆收集
低层建筑居民区产生的垃圾	小型收集车收集或容器收集	家庭厨房垃圾和可裂解垃圾	水送系统收集或容器收集
中高层建筑产生的垃圾	垃圾通道收集或容器收集		

这些废物收集方法是根据生活垃圾的产生方式和种类制定的。它们既可以单独使用，又可以串联或并联使用，有的收集方法需与特定的清运和处理方法配备使用。

4.1.4 生活垃圾贮存

由于生活垃圾产生量的不均性及随意性，以及对环境部门收集清除的适应性，需要配备生活垃圾贮存容器。垃圾产生者或收集者应根据垃圾的数量、特性及环卫主管部门要求，确定贮存方式，选择合适的垃圾贮存容器，规划容器的放置地点和足够的数目。生活垃圾的贮存方式大致可分为家庭贮存、街道贮存、单位贮存和公共贮存。

4.1.4.1 贮存容器及设施

（1）贮存容器。垃圾收集容器可分成垃圾箱（桶）和垃圾集装箱两类。表 4.3 列出了一些设想的颜色分类塑料收集箱，表 4.4 和表 4.5 为我国和国内外部分垃圾收集容器的主要参数。

表 4.3 分类收集容器设置

垃圾种类	颜色	垃圾组成	垃圾种类	颜色	垃圾组成
厨余垃圾	黄色	厨余垃圾等有机易腐物	无机垃圾	绿色	金属、玻璃
有机垃圾	黑色	纸张、橡胶、塑料	有害和危险垃圾	红色	废灯管、过期药品、有机溶剂

表 4.4 国产部分垃圾桶的主要参数

材质	规格/L	长度/mm	上部宽度/mm	底部宽度/mm	高度/mm	深度/mm	自重/kg	载重/kg	形状
塑料	90	550	485	417	855	770	7.8	35	倒梯形
	120	550	485	420	985	905	11	50	
	140	550	485	420	1090	1010	12.1	60	
	180	720	480	425	1100	1010	13.1	75	
	240	752	610	620	940	900	16.8	100	
钢	300		690	600	910	800	45	120	圆形长方形方形
	280	960	460	460	885	685	79	110	
	340	760	760	620	1000	800	63	130	

表 4.5 国内外部分垃圾集装箱主要参数

类型	容积/m³	最大外形尺寸（长×宽×高）/m×m×m	备 注	应用场合
开口式集装箱	9.0~38.0	6.0×2.5×1.8	与车厢可卸式运输车配合	国外
压缩式集装箱	15.0~30.0	6.0×2.5×1.8	集装箱自备压缩装置，用车箱可卸式运输车运输	
拖车式集装箱	15.0~30.0	6.0×2.3×2.3	与牵引车配合	
地坑式集装箱	7.7	3.3×2.2×1.4	与5t级载货车配合	
专用集装箱	7.5	3.4×2.3×1.66	与5t级车厢可卸式运输车配合	国内
	4.0	3.0×1.95×1.3	与2t级车厢可卸式运输车配合	
	7.0	3.4×2.0×1.57	用于上海城市生活垃圾水陆联运集装化运输系统	

(2) 贮存设施。垃圾收集设施可分为垃圾房和垃圾收集站两类。垃圾房设置多个垃圾桶，占地面积不小于 40m²，屋外设垃圾收集站标志，其服务半径一般不大于 70m，四周设置通向污水井的排水沟和绿化隔离带，与周围建筑物的距离不小于 5m。垃圾收集站的服务半径一般不超过 600m，直线距离不超过 1000m，一般是由清洁工上门收集居民生活垃圾，用人力车（手推车或三轮脚踏车）送到收集站，人力车应做到外形整洁、封闭、无污水滴漏、运动轻便安全。

(3) 一般废物贮存对容器的基本要求如下。

1) 容积适度：既要满足日常收集附近用户垃圾的需要，又不要超过 3 天的贮留期，以防止垃圾发酵、腐败、滋生蚊蝇、散发臭味。

2) 密封性好：要能防蝇防鼠、防恶臭和防风雪，既要配备带盖容器。又要加强宣传，使城市居民在倾倒垃圾后及时盖上收集容器，而且要防止收集过程中容器的满溢。

3) 内部光滑：易于保洁、便于倒空、易于冲刷、不残留黏附物质。

4) 操作方便，布点合理：住宅区贮存家庭垃圾的垃圾箱或大型容器应设置在固定位置，该处应靠近住宅、方便居民，又要靠近马路，便于分类收集和机械化装车，同时要注意隐蔽，不妨碍交通路线和影响市容观瞻。

5) 耐腐，防火，坚固耐用，外形美观，价格便宜。

(4) 贮存容器及设施设置地点。居民区、公共场所根据不同的居住类型设置投放点，见表 4.6。

表 4.6 生活垃圾投放点设置

场所分类	投放点设置	场所分类	投放点设置
居民高层和小高层	在每一楼层设置（分类）收集桶	商务楼	投放点设置根据情况在每一楼层或楼口设置（分类）收集桶
别墅区和多层小区	在单元门口设置（分类）收集桶		
老式公寓、平房区	在垃圾房内设置（分类）收集桶	较大区域	垃圾房设置（分类）收集桶，小型转运站设置（分类）收集桶
沿街商铺	根据商铺性质设置（分类）收集桶		

(5) 容器设置数量。容器设置数量对费用影响甚大，应事先进行规划和估

算。某地段需配置多少容器，主要考虑的因素为服务范围内居民人数、垃圾人均产量、垃圾容重、容器大小和收集次数等。

4.1.4.2 分类贮存

分类贮存是指根据对生活垃圾回收利用或处理工艺的要求，由垃圾产生者自行将垃圾分为不同种类进行贮存，即就地分类贮存。生活垃圾的分类贮存与收集很复杂，在国外有不同的分类方式。

（1）分两类：按可燃垃圾（主要是纸类）和不可燃垃圾分开贮存。其中，塑料通常作为不可燃垃圾，有时也作为可燃垃圾贮存。

（2）分三类：按塑料除外的可燃物，塑料，玻璃、陶瓷、金属等不燃物三类分开贮存。

（3）分四类：按塑料除外的可燃物，金属类，玻璃类、塑料、陶瓷及其他不燃物四类分开贮存。金属类和玻璃类作为有用物质分别加以回收利用。

（4）分五类：在上述四类基础上，再挑出含重金属的干电池、日光灯管、水银温度计等危险废物作为第五类单独贮存收集。

开展城市废物的就地分类不仅能减少投资，而且还能提高回收物料的纯度。生活垃圾中的纸、玻璃、铁、有色金属、塑料、纤维材料等成分适合于分类贮存收集。要做到就地分离贮存，需设置（或配给）不同容器（如不同颜色的纸袋、塑料袋或塑胶容器）以便存放不同废物。在美国大多数城市已规定住户必须放置两个垃圾容器，一个贮存厨房垃圾，另一个贮存其他废物。相应的垃圾收集车辆也有两分类或三分类车（同一收集车上将槽分为两格或三格，分别收集废纸、塑料及堆积空瓶）。

我国少数城市正在试行分类贮存的方法，我国生活垃圾在垃圾品质以及居民住宅条件等各方面与发达国家比较都有一定的差距，目前还处于摸索阶段，认识尚不统一。传统的生活垃圾分类主要在处理厂或转运站进行，家庭分类存放需增加容器数量、收集工人数及车辆。

就地分类贮存的推广工作是长期艰巨的系统工程，牵涉技术、社会以及居民意识等多方面的因素，这三者皆不可偏废。因此，在重视技术的同时，更需要统一思想，大力开展宣传，提高全民意识。另外环卫主管部门先行制定规章及其他社会性强制手段也是不可缺少的，并要有相应切实可行的技术措施，这才能使工程得以顺利开展。

除上述分类贮存中提到的各种垃圾外，对于集贸市场废物和医院垃圾等特种垃圾通常都不进行分类，前者可直接送到堆肥厂进行堆肥化处理，后者则必须立即送专用焚烧炉焚化。

4.1.5　生活垃圾清运

生活垃圾清运的主要目的是把城市内的生活垃圾及时清运出去以免其影响到市容卫生环境，是废物收运系统的主要环节。世界各国对生活垃圾收运环节都比较重视，一方面努力提高垃圾收运的机械化、卫生化水平，另一方面正在稳步实现垃圾清运管理的科学化。

现行的城市生活垃圾收运方法主要是车辆收运法和管道输送法两种类型，其中车辆收运法应用非常普遍，是指使用各种类型的专用垃圾收集车与容器配合，从居民住宅点或街道把废物和垃圾运到垃圾转运站或处理场的方法。采取这种收运方法必须配备适用的运输工具和停车场。车辆收运法在相当长的时间内仍然是废物运输的主要方法。因此，努力改进废物收运的组织、技术和管理体系，提高专用收集车辆和辅助机具的性能和效率是很有意义的。

管道输送法是指应用于多层和高层建筑中的垃圾排放管道。排放管道有两种类型：气动垃圾输送管道和普通排放通道。

垃圾清运阶段的操作，不仅是指对各产生源贮存的垃圾集中和集装，还包括清运车辆的往返运输和在终点的卸料等全过程。清运效率和费用高低主要取决于下列因素：

(1) 清运操作方式；

(2) 清运车辆的数量、装卸量及机械化装卸程度；

(3) 清运次数、时间及劳动定员；

(4) 清运路线。

4.1.5.1　清运操作方法

清运操作方法可分为拖曳式和固定式两种。

(1) 拖曳容器操作方法：是指将某集装点装满的垃圾连容器一起运往转运站或处理处置场，卸空后再将空容器送回原处或下一个集装点，其中前者称为一般操作法，后者称为修改工作法。其收集过程如图 4.1 所示。

(2) 固定容器收集操作法是指用垃圾车到各容器集装点装载垃圾，容器倒空后固定在原地不动，车装满后运往转运站或处理处置场。固定容器收集法的一次行程中，装车时间是关键因素，分机械操作和人工操作。固定容器收集过程如图 4.2 所示。

4.1.5.2　收集车辆

A　收集车类型

不同地域各城市可根据当地的经济、交通、垃圾组成特点、垃圾收运系统的

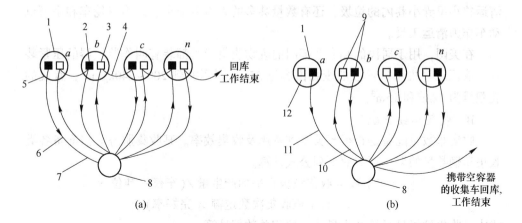

图 4.1　拖曳容器收集操作

（a）一般操作法；（b）修改工作法

a，b，c，n—四处垃圾集装点

1—容器点；2—容器装车；3，7—空容器放还原处；4—驶向下个容器；5—车库来的车行程开始；
6，11—满容器运往转运台；8—转运站、加工站或处置场；9—a 点的容器放在 b 点，b 点容器
运往转运站；10—空容器放在 b 点；12—携带空容器的收集车自车库来，行程开始

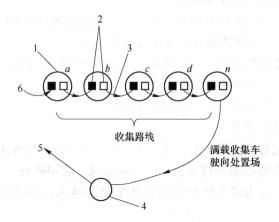

图 4.2　固定容器收集操作

a，b，c，d，n—垃圾集装点

1—垃圾集装点；2—将容器内的垃圾装入收集车；3—驶向下一个集装点；
4—中转站、加工站或处置场；5—卸空的收集车进行新的行程或回库；
6—车库中车的行程开始

构成等实际情况，开发使用与其相适应的垃圾收集车。按照装车形式大致可分为前装式、侧装式、后装式、顶装式、集装箱直接上车等形式。车身大小按载重量分，额定量 10~30t，装载垃圾有效容积为 6~25m³（有效载重量 4~15t）。为了

清运狭小里弄小巷内的垃圾，还有数量甚多的人力手推车、人力三轮车和小型机动车作为清运工具。

在美国，用于居民的和商业部门的废物收集卡车都装有叫作装填器的压紧装置，液压压紧机可把松散的废物由容重 $35kg/m^3$ 压实到 $200\sim240kg/m^3$，常规的装载量为 $12m^3$ 和 $15m^3$。

B　收集车数量配备

收集车数量配备是否得当关系到费用及收集效率。某收集服务区需配备各类收集车辆数量的多少可参照下列公式计算。

$$简易自卸车数 = 收集垃圾日平均产生量/(车额定吨位 \times$$
$$日单班收集次数定额 \times 完好率)$$

式中　收集垃圾日平均产生量——按相关数据计算；

日单班收集次数定额——按各省、自治区环卫定额计算；

完好率——按 85% 计。

$$多功能车数 = 收集垃圾日平均产生量/(车厢额定容量 \times 箱容积利用率 \times$$
$$日单班收集次数定额 \times 完好率)$$

式中　箱容积利用率——按 50%~70% 计；

完好率——按 80% 计。

$$侧装密封车数 = 收集垃圾日平均产生量/(桶额定容量 \times 桶容积利用率 \times$$
$$日单班收集次数定额 \times 完好率)$$

式中　日单班收集次数定额——按各省、自治区环卫定额计算；

完好率——按 80% 计；

桶容积利用率——按 50%~70% 计。

C　收集车劳力配备

每辆收集车配备的收集工人，需按车辆型号与大小、机械化作业程度、垃圾容器放置地点与容器类型等情况而定。一般情况，除司机外，人力装车的 3t 简易自卸车配 2 人；人力装车的 5t 简易自卸车配 3~4 人；多功能车配 1 人；侧装密封车配 2 人。

D　收集次数与作业时间

垃圾收集次数，我国各城市住宅区、商业区基本上要求及时收集，即日产日清。在欧美各国则划分较细，一般情形，对于住宅区厨房垃圾，冬季每周两三次，夏季至少三次；对旅馆酒家、食品工厂、商业区等，不论夏冬每日至少收集一次；煤灰夏季每月收集两次，冬季改为每周一次；如厨房垃圾与一般垃圾混合收集，其收集次数可采取二者之折中或酌情而定。国外对废旧家用电器、家具等庞大垃圾则定为一月两次，对分类贮存的废纸、玻璃等亦有规定的收集周期，以利于居民配合垃圾收集的时间大致可分昼间、晚间及黎明三种。

住宅区最好在昼间收集，晚间可能骚扰住户；商业区则宜在晚间收集，此时车辆行人稀少，可增快收集速度；黎明收集，可兼有白昼及晚间之利，但集装操作不便。

总之，收集次数与时间应视当地实际情况，如气候、垃圾产量与性质、收集方法、道路交通、居民生活习俗等而确定，不能一成不变，其原则是希望能在卫生、迅速、低价的情形下达到垃圾收集目的。

4.1.6　有机固废收运路线设计

生活垃圾收运模式的设计是在以下条件下进行的：

（1）已按照可持续发展要求确定了生活垃圾处理的方针、政策；

（2）对生活垃圾的产量及成分做了预测；

（3）已经确定了生活垃圾处理方法及选定了处理地点。

在生活垃圾收集操作方法、收集车辆类型、收集劳力、收集次数和作业时间确定以后，就可着手设计收运路线，以便有效使用车辆和劳力。收集清运工作安排的科学性、经济性关键就是合理的收运路线。

德国的生活垃圾收运系统比较完备，各清扫局都有垃圾车收运路线图和道路清扫图，把全市分成若干个收集区，明确规定扫路机的清扫路线以及这个地区的垃圾收集日、收集容器的数量和安放位置及其车辆行驶路线等。一般，收集线路的设计需要进行反复试算过程，没有能应用于所有情况的固定规则。一条完整的收集清运路线大致由"实际路线"和"区域路线"组成，前者指垃圾收集车在指定的收集区内所行驶经过的实际收集路线，又可称为微观路线；后者指装满垃圾后，收集车为运往转运站（或处理处置场）需走过的地区或街区。

4.1.6.1　实际路线的设计

收运路线设计的主要问题是运输车如何通过一系列的单行线或双行线街道行驶，以使得整个行驶距离最小。换句话说，其目的就是使空载行程最小。

在探索合理的实际路线时，需考虑以下几点：

（1）每个作业日及每条路线限制在一个地区，尽可能紧凑，没有断续或重复的线路；

（2）平衡工作量，使每个作业、每条路线的收集和运输时间都合理，大致相等；

（3）收集路线的出发点从车库开始，要考虑交通繁忙和单行街道的因素。

4.1.6.2　区域路线的设计

对于一个小型的独立的居民区，确定区域路线的问题就是去寻找一条从路线的终端到处置地点之间最直接的道路。而对于区域较大的城区，通常可以使用分配模型来拟制区域路线，从而获得最佳的处置与运输方案。所谓的分配模型，其基本概念是在一定的约束条件下，使目标函数达到最小。在区域路线设计工作中使用该模型可以将其优点极大地发挥出来。该技术中使用最多的是线性规划。

最简单的分配问题是对于有多个处置地点的固体废物的分配最优化。显然最常用的办法是将最近处的废物源首先分配，然后是下一个最靠近的，依次类推。而对于较复杂的系统，有必要应用最优化技术。运输规则系统是最适宜的最优化方案，它是一种线性规划。

4.1.6.3 设计收运路线的一般步骤

设计收集路线的一般步骤包括：准备适当比例的地域地形图，图上标明垃圾清运区域边界、道口、车库和通往各个垃圾集装点的位置、容器数、收集次数等，如果使用固定容器收集法，应标注各集装点垃圾量；资料分析，将资料数据概要列为表格；初步收集路线设计；对初步收集路线进行比较，通过反复试算进一步均衡收集路线，使每周各个工作日收集的垃圾量、行驶路程、收集时间等大致相等，最后将确定的收集路线画在收集区域图上。

4.1.6.4 垃圾收运系统的衡量标准

衡量一个垃圾收运系统的优劣应从以下几个方面进行。

(1) 与系统前后环节的配合：合理的收运系统应有利于垃圾由产生源向系统的转移，而且具有卫生、方便、省力的优点。收运系统与垃圾处理之间应协调，其中包括工艺协调、接合点协调。

(2) 对环境的影响：有对外部环境的影响和内部环境的影响之分。应严格避免系统对外部环境的影响，包括垃圾的二次污染、嗅觉污染、噪声污染和视觉污染等；对系统内部环境的影响是指作业环境的不良。

(3) 劳动条件的改善：一个合理的收运系统应最大限度地解放劳动力，降低操作工人的劳动强度，改善劳动条件，具有较高的机械化、自动化和智能化程度。

(4) 经济性：是衡量一个收运系统优劣的重要指标，其量化的综合评价指标是收运单位量垃圾的费用，简称单位收运费。影响单位收运费的因素很多，主要有收运方式、运输距离、收运系统设备的配置情况及管理体系等。

4.1.7　有机固废收集和运输应注意问题

城市生活垃圾收集和运输基本上都是在城市里进行，对城市的环境秩序影响较大，又会受到广大市民的监督，需要注意以下几个问题。

（1）垃圾收集运输的密闭性。生活垃圾容易腐烂变质，发出恶臭的气味，观感也差强人意，所以垃圾的收集和运输都应尽可能在密闭的状态下进行，以免给人们带来视觉、感觉、嗅觉等方面的不舒服。尤其是在垃圾装运的过程中，由于大量垃圾聚集在一起，对人们的感觉冲击更大，要提高城管（环卫）部门的工作水平，尽量在密闭的环境下进行作业，减少对市民生活的影响。垃圾运输车辆在运输过程中，要严禁垃圾"跑冒滴漏"的现象。

（2）作业机具的配备和保养。生活垃圾的收集和运输需要大量的各种类型作业机具，小到扫把、铲子，大到各种大型的环卫专业车辆。各城市由于自然条件和生活习惯等不同，垃圾成分有一定的区别，如南方城市气候温暖，树木较多，一年四季都有落叶，北方城市冬天下雪结冰，需要不同的作业机具。目前全国环卫作业机具尚没统一定型，各城市使用的环卫作业机具五花八门，要选择和配备充足的环卫作业机具，作业机具要适合本地的垃圾收集和运输，并保持作业机具的完好整洁，不要破破烂烂，脏兮兮的，使作业机具处于良好状态。

（3）作业人员的管理。环卫工人绝大部分都是从事垃圾（包括粪便等）的收集和运输工作，只有极少部分从事垃圾的终处理工作。垃圾的收集和运输与其作业人员有很大关系，我们一方面呼吁社会尊重环卫工人的劳动，另一方面也要加强作业人员的管理。环卫工人要着装整洁、文明作业，不要在作业过程中赤膊露背、吸烟嬉戏等；要按照规范作业，杜绝个别环卫工人将垃圾扫入下水道，在作业时要注意避让行人，避免与市民发生冲突，不要从事与作业无关的事情，不要因捡拾废品影响作业质量和效率等。城市生活垃圾的收集和运输是城市管理工作的重要环节，也是衡量城市管理水平的重要标志之一，随着城市生活垃圾量的不断增长，垃圾种类越来越复杂，管理部门要按照供给侧结构性改革的要求，深入研究垃圾收集和运输的特点和规律，积极采取有效措施，做好城市生活垃圾的收集和运输工作。

4.1.8 次氯酸钠发生器消毒

4.1.8.1 次氯酸钠发生器工作原理

次氯酸发生器以食盐水为原料，通过电解反应产生次氯酸钠溶液，其杀菌能力更强（次氯酸钠发生器的 80 倍），更环保。当然，次氯酸钠发生器的结构也更为复杂（见图 4.3）。次氯酸钠发生器原理如下：

（1）盐水溶液中含有 Na^+、Cl^-、H^+、OH^- 等几种离子，按照电解理论，当插入电极时，在一定的电压下，电解质溶液由于离子的移动和电极反应，发生导电作用，这时 Cl^-、OH^- 等负离子向阳极移动，而 Na^+、H^+ 等正离子向阴极移动，并在相应的电极上发生放电，从而进行氧化还原反应，生产相应的物质。

软水器　软水罐　稀盐水输送装置　发生器主机　酸洗装置　PLC控制器

上盐机　溶盐罐　溶盐泵　排氢风机　次氯酸钠溶液储罐　次氯酸钠投加系统

—— 软化水管路　—— 浓盐水管路　⋯⋯稀盐水管路　----次氯酸钠溶液管路

图4.3　次氯酸钠发生器消毒流程

扫一扫看更清楚

盐水溶液电解过程可用下列反应方程式表示:

$$NaCl \Longrightarrow Na^+ + Cl^- \qquad (4.1)$$

$$H_2O \Longrightarrow H^+ + OH^- \qquad (4.2)$$

阳极电解作用:

$$2Cl^- - 2e \longrightarrow Cl_2 \uparrow$$

阴极电解作用:

$$2H^+ + 2e \longrightarrow H_2 \uparrow$$

(2) 在无隔膜电解装置中,除电解质和电解生成物氢气从溶液里向外逸出之外,其他物质均在一个电解槽内,由于氢气在外溢过程中对溶液起到一定的搅拌作用,使两极间的电解生成物发生一系列的化学反应,反应方程式如下:

$$2NaCl + 2H_2O \longrightarrow 2NaOH + H_2 \uparrow + Cl_2 \qquad (4.3)$$

$$2NaOH + Cl_2 \longrightarrow NaClO + NaCl + H_2O \qquad (4.4)$$

在无隔膜电解盐水时,溶液的总方程式即为上列两个反应式相加。

$$NaCl + H_2O + 2F \longrightarrow NaClO + H_2 \uparrow \qquad (4.5)$$

式中　F——法拉第电解常数,其值为26.8A·h/mol 或 96487C/moL。

(3) 次氯酸钠发生器由电解槽、硅整流电控柜、盐溶解槽、冷却系统及配套 PUVC 管道、阀门、水射器、流量计等组成。将 3%~4% 稀盐液加入电解槽内,接通 12V 直流电源,通过调节电解电流电解产生次氯酸钠,由水射器吸收混合送出消毒液,或用计量泵计量通过混合器送出消毒液。

（4）次氯酸钠发生器为组合形式，盐的溶解，稀盐水的调配，投加计量及次氯酸钠循环发生在一只槽体内，投资少、占地省、设置灵活。

（5）发生器为管状、内冷、单极、串开相接的组合形式，发生器阳极以钛为基体，涂二氧化钌，电位低、寿命长。在正常操作情况下，每支发生器每次连续发生 200~300h。次氯酸钠发生过程为隔膜式自然循环形式，因此，盐利用率高，电解过程电流效率高，次氯酸钠产率大，能耗小，运行费用低。

4.1.8.2 技术特点

（1）集成化：机组配有过滤、软化、自动清洗等系统，占地面积小；

（2）自动化：根据液位智能控制生产，配有断水断电自动恢复运行功能；

（3）智能化：配有预警、报警系统，故障时判断故障原因，准确显示故障位置；

（4）安装便捷：安装调试仅需要 1 天时间；

（5）安全性：电解原料只有盐和水，即使泄漏仍还原成盐和水，不会对环境产生任何危害。

4.2 餐厨垃圾预处理技术

由于餐厨垃圾成分复杂，分离难度较大，性状和气味差，造成其不适合采用人工分选，因此应采用合适的自动化预处理设备和工艺对餐厨垃圾进行预处理，以满足后续处理的工艺条件。根据不同的处理工艺选择不同的预处理方式。总体而言，餐厨垃圾中的杂质会影响后续的处理工艺，如其中的塑料袋会降低好氧堆肥工艺的氧通透性。餐厨垃圾含有的部分无机杂质，如金属、废纸等，具有资源回收利用价值。因此，要对餐厨垃圾进行有效的分选，确保后续工艺正常运行，并做到资源的有效回收利用。现有预处理技术主要有预分选和生化预处理等措施。

4.2.1 预分选处理

垃圾预分选是指根据物质的密度、粒度、磁性、弹性、光电性、摩擦性以及表面润湿性的差异，采用相应的手段将其分离的过程。对餐饮垃圾和厨余垃圾进行预分选，其目的是将餐厨垃圾中的塑料袋、木块、玻璃和金属等不可降解物或对后续处理工艺产生不良影响的物质预先分离出来。

4.2.1.1 破袋

破袋的主要作用是将袋装的厨余垃圾破碎，使垃圾散落出来，便于后续的分选处理，同时对尺寸较大的餐厨垃圾进行破碎。其具体工作过程是：垃圾由带式输送机输送进入破袋筛分机内，在旋转筛筒刮板和螺旋刮板差动转动下对物料进行剪切，同样在刮板作用下对塑料、编织袋等软性物料进行撕裂。

4.2.1.2 人工分选

人工分选是利用人力把尺寸较大的皮革、织物和无机废物从垃圾中挑选出来，以防止进入后续分选设备，造成堵塞、缠绕现象的发生。人工分选的位置一般集中在垃圾输送带两旁，可对一些无须进一步加工即可回用的物品进行直接回收，同时还可消除可能对后续处理系统产生事故的固体废物。对于餐厨垃圾来说，需要人工分选出来的物品主要是塑料瓶、酒瓶、易拉罐、抹布等易与塑料袋分离的物品。

4.2.1.3 滚筒筛分

滚筒筛是利用做回转运动的筒形筛体将固体废物按粒度进行分级，其筛面一般为编织网或打孔薄板，工作时筒形筛体倾斜安装。进入滚筒筛内的固体废物随筛体的转动做螺旋状的翻动，且向出料口方向移动，在重力作用下，粒度小于筛孔的固体废物透过筛孔被筛下，大于筛孔的固体废物则在筛体底端排出。滚筒筛能将砂石等黏附在瓜果皮壳、塑料和包装物中的细小杂质去除。

4.2.1.4 弹跳分选

弹跳分选是根据垃圾中各组分摩擦和碰撞系数的差异，在斜面上运动或与斜面碰撞弹跳时产生不同的运动速度和弹跳轨迹而实现组分分离的一种处理方法。弹跳分选机主要是利用垃圾的粒径大小与密度差别对垃圾进行分选处理，通过调整筛板倾斜角度、孔径以及主轴的转速以适应不同成分的物料分选。可将生活垃圾分为筛上轻质物、筛上重质物和筛下物 3 个部分，具体筛分程度见表 4.7。

表 4.7 弹跳分选的筛分程度

种类	粒径/mm	主 要 物 质
筛上重质物	>80	较大体积的有机物、有形状的塑料、硬质纸板制品、玻璃、铁质瓶子等
筛上轻质物	>80	轻质薄膜塑料、薄纸类、织物有机质
筛下物	<80	渣土石、有机质

4.2.1.5 风力分选

风力分选是以空气为分选介质的一种垃圾分选方式，其作用是将轻物料从较重物料中分离出来。风选的原理是气流将较轻的物料向上带走或从水平方向带向较远的地方，而重物料则由于上升气流不能支承而沉降，或由于惯性在水平方向抛出较近的距离。由于气流的作用，风力分选容易带走物料表面的水分，有利于物料烘干。

4.2.1.6 红外分选

在餐厨垃圾分离出的硬质无机物中含有一定数量的碎玻璃，可通过红外鉴别分选的工艺回收。该工艺技术是一种利用物质表面光反射特性的不同而分离物料的方法。在红外分选机内，扫描系统对每块进入的物料进行鉴别，并通过分配器将玻璃分出。

4.2.1.7 微波辐射溶解预处理

微波是指波长在 1mm~1m 之间的电磁波，其频率范围为 300MHz~300GHz，日常生活中所用的微波炉多用于食品加热，其频率一般在 2.45GHz 左右，这是因为，物质中的水分在该频率下能够更好地吸收微波能量，而吸收的微波能量可在物体内部转化为热量，从而实现对物体的加热。在微波加热过程中，由于微波的波长较长，其穿透性较强，物质表面和内部的偶极子同时受高频震荡的微波场的作用发生剧烈的取向转动，不断进行场能—动能—热能的转化，因此能够实现对物质的均匀瞬时加热，进而提高加热效率、缩短加热时间。

4.2.1.8 基于气穴现象的超声波预处理

声波按照频率可分为三类，即 20~100kHz 的超声波，100kHz~1MHz 的高频超声波，和 1~500MHz 的诊断超声波，受介质性质影响，超声波在气体和液体介质内传播时以纵波形式传递，而在固体介质中常以横波的形式传递。当超声波在不同介质中传播时，受纵波的影响，会产生正压的压缩区域和负压的拉伸区域，在负压的拉伸区域会产生空化气泡，不断膨胀直至爆裂，发生空化作用，当空化气泡爆裂时会产生强烈的流体剪切力，同时会在爆裂点附近有 5000K 高温和 50MPa 的高压点，即"热点"，热点周围的水分子容易分解形成 ·OH 和 ·H 自由基。有研究中发现超声波破解污泥餐厨垃圾时，破解机制主要是空化作用的流体剪切力，而不是热点和自由基机制。19 世纪 90 年代超声波首次应用于污泥的破解研究，近年来成为世界各地科学家在污泥餐厨领域的研究热点，目前德国在超声波技术的研究和工业化应用上已经位于世界前列，而在我国，超声波技术还处于实验室研究阶段。低功率、短停留时间条件下超声对污泥脱水和厌氧消化能力有提高效果，也是一种目前较为常见的预处理方式。

4.2.1.9 酶催化预处理

酶作为一种高效的催化剂，将一些大分子物质水解成小分子物质，有助于提高厌氧消化过程中微生物的转化效率，提高基质的利用率。并且酶水解反应条件温和、水解效率高。但是酶作为一种水溶性的制剂，会与酶水解产物混合，造成产物纯度降低。同时酶对温度和 pH 值等条件敏感。因此酶的循环多次利用和提高其稳定性是主要解决的两个问题。

4.2.1.10 物理破碎

物理破碎作为预处理步骤，目的是减小餐厨垃圾的粒径，方便后续处理。餐厨垃圾破碎的粒径可根据后续处理工艺的不同有所不同，如采用湿法厌氧消化，则需将餐厨垃圾破碎至较小粒径，以利于提高物料的流动性。如采用干式厌氧工艺或者好氧生物处理工艺，则无须将餐厨垃圾破碎至太小粒径，以节省运行费用。

4.2.2 生化预处理

4.2.2.1 湿热处理

湿热处理主要以湿热水解为主，是指基于热水解反应，在适当的含水环境中，利用热能对餐饮垃圾进行处理，并改变垃圾后续加工性能的餐饮垃圾预处理过程。湿热水解处理一般是利用高温蒸汽对餐饮垃圾进行加热蒸煮，主要目的是将以固体形式存在的油脂，通过加热"溶析"出来，以提高整体工艺的"提油率"。湿热水解可将其中的大分子难降解有机物水解为易于被动植物吸收的小分子易溶物质，便于后续厌氧消化降解，也可彻底杀灭垃圾中的病原体和细菌。根据《餐厨垃圾处理技术规范》（CJJ 184—2012），湿热水解处理温度宜为 120～160℃，处理时间不应小于 20min。

4.2.2.2 干热处理

干热处理主要是对餐厨垃圾进行干燥脱水、加热灭菌，由于干热处理为间接加热，物料温度的上升需要一定时间，干热设备在设计和运行中应满足物料的温度和停留时间。根据《餐厨垃圾处理技术规范》（CJJ 184—2012），干热处理温度宜为 95～120℃，处理时间不应小于 25min。

4.2.2.3　生物干化

生物干化预处理技术是采取过程控制手段，利用微生物高温好氧发酵过程中有机物降解所产生的热能，配合强制通风促进水分的蒸发去除，从而实现垃圾快速干化的预处理工艺。其特点在于无须外加热源，干化所需能量来源于微生物的好氧发酵活动，属于物料本身的生物能。国外研究成果表明，在 7~15d 的生物干化后，水和 CO_2（有机物降解过程中产生的 CO_2）降低了 25%~30%，导致垃圾的含水率小于 20%，垃圾低位热值升高 30%~40%。生物干化处理后的垃圾具有比较好的可分选性，经分选后，有机废物部分可被压缩成垃圾衍生燃料（RDF）。

4.2.2.4　生物淋滤

生物淋滤是指利用特定微生物或其代谢产物的氧化、还原、络合、吸附或溶解作用，将固相中某些难溶性或不溶性物质如重金属分离浸提的一种技术。生物淋滤技术原来主要应用于难浸提矿石或贫矿中金属的溶出与回收，如 20 世纪 50 年代美国就开始利用生物淋滤法浸出铜矿。20 世纪 80 年代，环境技术专家将生物淋滤技术的研究和应用扩展到环境污染治理领域，例如，污水污泥中重金属去除，重金属污染土壤、河流底泥的生物修复等。近年来，生物淋滤技术也被引入到餐厨垃圾处理领域，主要是把固体垃圾中的有机物经水解酸化转化入液相中，再对液相进行厌氧消化处理。液相的厌氧反应相对于固相厌氧反应具有技术成熟稳定、停留时间短、效率高、占地面积小等优势。

4.3　餐厨垃圾处理技术

目前餐厨垃圾处理的主要技术包括填埋、焚烧、厌氧消化、好氧堆肥、直接烘干作饲料和微生物处理，下面对以上几种技术介绍如下。

4.3.1　卫生填埋

餐厨垃圾填埋处理技术在国内尚无成功应用的先例，其优点是处理量大，运行费用低，工艺相对较简单。其缺点是占用大量土地，耗用大量征地等费用；填埋场占地面积大，处理能力有限，服务期满后仍需新建填埋场，进一步占用土地资源；餐厨垃圾的渗出液会污染地下水及土壤，垃圾堆放产生的臭气严重影响空气质量，对周围大范围的大气及水土形成不可逆的二次污染；没有对垃圾进行资源化处理。

在当前土地资源紧缺、人们对环境影响的关注度越来越高的大前提下，填埋处理技术明显不适合我国餐厨垃圾的实际情况，因此不做详细介绍。但作为餐厨垃圾分选处理后不适宜生化处理的物料一种最终处理手段，是餐厨垃圾处理的一个必要环节。

4.3.2　焚烧处理

焚烧是垃圾中的可燃物在焚烧炉中与氧进行燃烧过程，焚烧处理量大，减容性好，焚烧过程产生的热量用来发电可以实现垃圾的能源化。但由于餐厨垃圾70%以上为液体部分，热值较低，不适合用来发电；同时燃烧会产生烟气等大量有害气和有害烧结渣等固体残渣，从一种污染转化为另一种更为严重、更为广泛的污染。与填埋技术一样，餐厨垃圾焚烧处理技术在国内也没有成功应用的先例，其主要优缺点如下：

（1）其优点是：焚烧处理量大，减容性好；热量用来发电可以实现垃圾的能源化。

（2）其缺点是：对垃圾低位热值有一定要求；餐厨垃圾水分含量高会增加焚烧燃料的消耗，增加处理成本；焚烧厂垃圾过度储存，会增加坑内的浸出水量。

由于生活习惯不同及餐厨垃圾收集分类程度的不同，我国餐厨垃圾与国外餐厨垃圾差异较大，其特点是热值低、含水量高，很难进行焚烧处理。另外，焚烧处理投资过高，国内外应用经验较少，不是餐厨垃圾处理的主流技术。

4.3.3　厌氧消化

厌氧消化是无氧环境下有机质的自然降解过程。在此过程中微生物分解有机物，最后产生甲烷和二氧化碳。影响反应的环境因素主要有温度、pH值、厌氧条件、C/N比、微量元素（如Ni、Co、Mo等）以及有毒物质的允许浓度等。

厌氧消化是在厌氧微生物作用下的一个复杂的生物学过程，在自然界内广泛存在，主要由水解、酸化、乙酸生产和甲烷化等四步组成；而执行每一步反应的微生物种类也各不相同，在各种微生物的协作和共同作用下，实现了固体有机物由溶解、水解，到酸化和最终的甲烷生产。在一个厌氧反应器内，有各种厌氧微生物存在，形成一个与环境条件、营养条件相对应的微生物群体。这些微生物通过其生命活动完成有机物厌氧代谢过程。利用有机废物生产沼气已有一百多年的历史，但其发现是在300多年前（见图4.4）。

图4.5为厌氧消化代谢理论发展历程。餐厨垃圾厌氧消化应用代表工艺为Biomax厌氧消化工艺，其主体工艺流程与质量平衡如图4.6所示。餐厨垃圾处理系统主要包括进料与预处理单元、厌氧消化单元、残渣脱水单元和生物气利用单元。工艺过程如下。

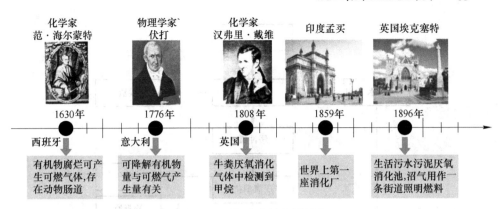

图 4.4　厌氧消化的发展历史

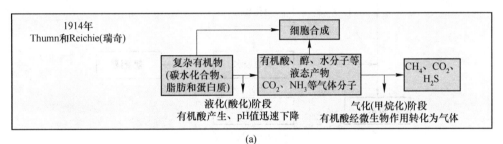

(a)

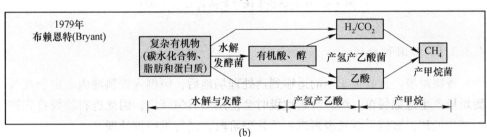

(b)

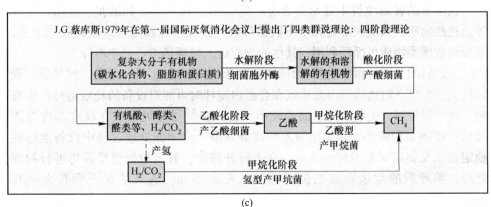

(c)

图 4.5　厌氧消化代谢理论发展历程

（a）两阶段理论；（b）三阶段理论；（c）四阶段理论

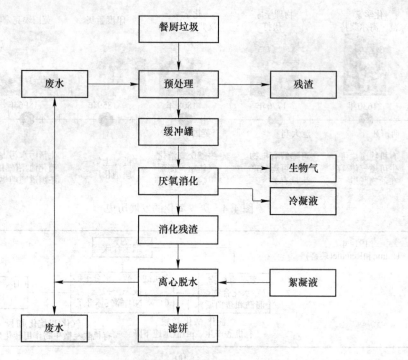

图 4.6 厌氧消化主体工艺流程与质量平衡

4.3.3.1 溶解预处理

餐厨垃圾经过收运车辆的运输到达处理场地后，倾倒入进料池内。由于在餐厨垃圾产生地如餐馆、饭店收集垃圾时会使用塑料包装袋，因此进料垃圾首先进行破袋处理，破袋后的垃圾再进入预处理阶段，进行机械预处理。

收运来的餐厨垃圾中通常会含有一定量的干扰物质，如纸张、金属、骨头等。这些物质在厌氧发酵过程中不能被降解，因此应在预处理阶段被分选出去。纸张和金属类物质可循环利用，其他的物质进入填埋场进行卫生填埋。

分选后的餐厨垃圾中仍然含有颗粒较大的物质，如水果、蔬菜、肉块等。颗粒较大的垃圾在输送管道内输送或在容器内搅拌时可能对设备的稳定运行产生影响，同时颗粒较大的物质比表面积较小，这样会使得垃圾颗粒在反应器内与厌氧菌的接触面积减小，降低厌氧发酵降解效果。为增强处理过程中设备运行的稳定性以及提高厌氧发酵的效果，在进行分拣后，餐厨垃圾通常需再进行粉碎处理，粉碎后的垃圾颗粒根据不同工艺要求不同，通常情况下颗粒大小在10mm左右。

粉碎后的垃圾可进行固液分离。餐厨垃圾在经过了分选、粉碎后仍然含有一些颗粒较小，但是在厌氧反应器中不能够被降解掉的固体物质，如细砂等。这些固体物质进入反应器后通过内部搅拌，会磨损反应器和搅拌器，降低设备使用寿命。长时间运行时，还会在反应器底部形成堆积，降低反应器的有效使用体积。通过固液分离可使得这部分固体物质从垃圾中分离出去，只剩下可降解物质进入反应器，从而提高厌氧发酵罐的工作效率，保证产气稳定，进而保证整个厌氧装置的高效稳定运行。

当餐厨垃圾的干物质含量（TS）高于反应器设计进料 TS 时，通常会在垃圾进入反应器前加入清水或循环回流水进行稀释，以降低 TS。此时可在预处理阶段设均浆工艺。经过均浆后的垃圾物料再通过管道输送入反应器内。

4.3.3.2 水解酸化

经过预处理的餐厨垃圾进入水解酸化罐内进行水解酸化。在此之前，可以设置热交换设备，使得垃圾在管道输送过程中实现升温，达到水解酸化所需温度，从而避免反应器内温度出现较大的起伏变化。

有机垃圾在反应器内经过水和水解酸化菌的作用下，由块状、大分子有机物，逐步转化成为小分子有机酸类，同时释放出二氧化碳、氢气、硫化氢等气体。水解酸化阶段产生的有机酸主要是乙酸、丙酸、丁酸等挥发性脂肪酸（VFAs）；酸化过程产生的 VFAs（丙酸、丁酸、戊酸等），在产乙酸菌作用下，通过 β 氧化转化为乙酸和 H_2（见表 4.8）；产乙酸菌作为严格产氢菌，代谢活性受底物 H_2、乙酸影响 [见公式（4.6）]，丙酸（propionate）β 氧化所需氢分压（p_{H_2}）一般为 $10^{-4} \sim 10^{-6} atm$（$1 atm = 101.325 kPa$）（见图 4.7）。

表 4.8 不同 VFAs 产乙酸过程的 $\Delta G^{\ominus}$（pH 7.0，25℃，101kPa）

项目	反　　应	$\Delta G^{\ominus}/kJ \cdot mol^{-1}$
乳酸（lactate）	$CH_3CHOHCOO^- + 2H_2O \longrightarrow CH_3COO^- + HCO_3^- + H^+ + 2H_2$	-4.2
乙醇（ethanol）	$CH_3CH_2OH + H_2O \longrightarrow CH_3COO^- + H^+ + 2H_2$	+9.6
丁酸（butyrate）	$CH_3CH_2CH_2COO^- + 2H_2O \longrightarrow 2CH_3COO^- + H^+ + 2H_2$	+48.1
丙酸（propionate）	$CH_3CH_2COO^- + 3H_2O \longrightarrow CH_3COO^- + HCO_3^- + H^+ + 3H_2$	+76.1
甲醇（methanol）	$4CH_3OH + 2CO_2 \longrightarrow 3CH_3COOH + 2H_2O$	-2.9
$H_2 - CO_2$	$2HCO_3^- + 4H_2 + H^+ \longrightarrow CH_3COO^- + 4H_2O$	-70.3
棕榈酸（palmitate）	$CH_3 - (CH_2)_{14} - COO^- + 14H_2O \longrightarrow 8CH_3COO^- + 7H^+ + 14H_2$	+345.6

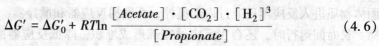

$$\Delta G' = \Delta G'_0 + RT\ln \frac{[Acetate] \cdot [CO_2] \cdot [H_2]^3}{[Propionate]} \tag{4.6}$$

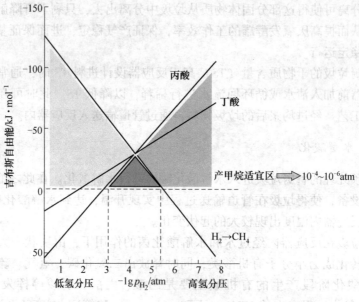

图 4.7 $\Delta G^\ominus$ 与氢分压(p_{H_2})关系

由于水解酸化过程进行得很快，反应器内很快形成酸性环境，也就是说 pH 值在降低。尽管水解酸化菌的耐酸性很好，当 pH 值过低时，菌类仍然会受到抑制，导致降解效果低下。为解决这一问题，可向反应器内加入碱性物质进行中和，但碱性物质的加入会增加盐度，对厌氧发酵和沼液处理产生负面影响。此外，为解决 pH 值过低的问题，也可使用 pH 值较高（约 8）的循环回流水进行中和。回流水的使用可部分解决发酵后沼液处理问题，实现厌氧发酵厂内的物质循环利用。同时使用回流水也可补充部分养料及稀有金属供给厌氧菌使用，避免菌类因营养缺乏引起的活性下降甚至死亡。如 Li 等构建以 CSTR 为产酸相、AnMBR 为产甲烷相的两相厌氧反应器（见图 4.8），并引入了消化污泥再循环（R）策略，构建了新型 R-TPAD 系统。通过提出消化污泥再循环方法，成功分离产酸相和产甲烷相，并在最佳回流比 R=0.2 的条件下得到最大的 H_2 与 CH_4 产量。适宜的再循环操作不仅促进相关功能微生物的增殖，也强化了共生脂肪酸氧化菌群之间的协同作用和有机物的降解与利用。

水解酸化阶段产生的气体中含有硫化氢，不能直接排放进入空气，经过脱硫处理后气体可直接排放或作其他用途。水解酸化阶段的温度通常控制在 25 ~ 35℃，并且不会随着产甲烷阶段的温度变化而改变。维持反应器内温度可使用沼气热点联产后产生的热量实现。

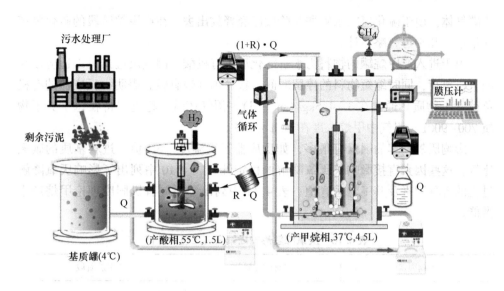

图 4.8 新型两相外循环厌氧反应器(R-TPAD)

4.3.3.3 产甲烷

产甲烷阶段也可称为产气阶段,这一阶段是厌氧发酵的核心阶段,厌氧发酵的主要产品都来自这一阶段,因此,控制好这一阶段是控制好整个厌氧处理的关键。甲烷产生有两种形式,即乙酸营养型产甲烷和氢营养型产甲烷(见表 4.9)。

表 4.9 产甲烷反应及 $\Delta G^{\ominus}$ 和动态参数

厌氧代谢步骤	反应方程式	$\Delta G^{\ominus}$ /kJ·mol^{-1}	μ_{max} /d^{-1}	T_d /d	K_s /mgCOD·L^{-1}
乙酸型产甲烷[1] (acetotrophic methanogenesis)	$CH_3COO^- + H_2O \longrightarrow CH_4 + HCO_3^-$	-31	0.12[2]	5.8[2]	30[2]
			0.71[3]	1.0[3]	300[3]
氢营养型产甲烷 (hydrogenotrophic methanogenesis)	$CO_2 + 4H_2 \longrightarrow CH_4 + 2H_2O$	-131	2.85	0.2	0.06

①分别属于两种不同的产甲烷菌过程;②甲烷杆菌属;③鬃毛甲烷菌科属。

水解酸化阶段的产物如有机酸类和溶解在液体中氢气、二氧化碳等通过管道运输进入产甲烷罐中,有机酸和气体在反应器内被进一步转化为甲烷气体和二氧化碳气体，由于硫化氢在水解酸化阶段已经释放出去，在产甲烷阶段的硫化氢产量很小，几乎可忽略不计。

由于进入产甲烷罐的物料为水解酸化后的有机酸，因此反应器可以适应较高的有机负荷，同时缩短物料的停留时间。根据国外现有经验表明，反应器的有机负荷（干物质）通常在 $3\sim4.5kg/(m^3\cdot d)$。沼气产量可稳定保持在每千克干物质 $700\sim900L$，沼气中甲烷浓度在 $60\%\sim75\%$。

影响厌氧发酵的因素有很多，如反应器运行温度、pH 值、进料基质的碳氮比等，这些因素直接影响着厌氧降解的稳定性。表 4.10 中列出了影响厌氧降解过程的各种因素及其工艺适宜值；表 4.11 中列出了不同有机固废理论甲烷产生潜能。

表 4.10 厌氧降解影响因素及其工艺适宜值

影响因素	水解酸化阶段	产甲烷阶段
温度/℃	$25\sim35$	中温：$35\sim38$ 高温：$55\sim60$
酸碱值（pH 值）	$5.2\sim6.3$	$6.8\sim7.5$
碳氮比（C/N）	$10\sim45$	$20\sim30$
固废含量/%	<40	<30
养料（C:N:P:S）	500:15:5:3	600:15:5:3
微量元素	无要求	镍，铬，锰，硒

表 4.11 不同有机固废理论甲烷产生潜能

有机固废	反应方程式	生物气产量 （按挥发性 固体计） $/L\cdot g^{-1}$	甲烷含量 /%	甲烷产量 （按挥发性 固体计） $/L\cdot g^{-1}$
多糖 （carbohydrate）	$(C_6H_{10}O_5)_m+mH_2O\longrightarrow$ $3mCH_4+3mCO_2$	0.830	50	0.415
蛋白质 （protein）	$C_{16}H_{24}O_5N_4+14.5H_2O\longrightarrow$ $8.25CH_4+3.75CO_2+4NH_4HCO_3$	0.764	69	0.527
脂类 （lipid）	$C_{50}H_{90}O_6+24.5H_2O\longrightarrow$ $34.75CH_4+15.25CO_2$	1.425	70	0.98

有机固废	反应方程式	生物气产量（按挥发性固体计）/L·g⁻¹	甲烷含量/%	甲烷产量（按挥发性固体计）/L·g⁻¹
木质素（lignin）	$(—CH_2—)_m + 0.5mH_2O \longrightarrow$ $0.75mCH_4 + 0.25mCO_2$	1.600	75	1.200
厨余垃圾（kitchen waste）	$C_{17}H_{29}O_{10}N + 6.5H_2O \longrightarrow$ $9.25CH_4 + 6.75CO_2 + NH_4HCO_3$	0.880	58	0.510
牛粪（cow waste）	$C_{22}H_{31}O_{11}N + 10.5H_2O \longrightarrow$ $11.75CH_4 + 9.25CO_2 + NH_4HCO_3$	0.970	56	0.543
餐厨废物（food waste）	$C_{46}H_{73}O_{31}N + 14H_2O \longrightarrow$ $24CH_4 + 21CO_2 + NH_4HCO_3$	0.887	53	0.470
废纸（waste paper）	$C_{266}H_{433}O_{210}N + 54.25H_2O \longrightarrow$ $134.375CH_4 + 130.625CO_2 + NH_4HCO_3$	0.832	51	0.424
污水污泥混合物（sewage and sludge mixture）	$C_{10}H_{19}O_3N + 5.5H_2O \longrightarrow$ $6.25CH_4 + 2.75CO_2 + NH_4HCO_3$	1.003	69	0.690
剩余污泥（excessive sludge）	$C_5H_7O_2N + 4H_2O \longrightarrow$ $2,5CH_4 + 1.5CO_2 + NH_4HCO_3$	0.793	63	0.500
初沉污泥（sludge of primary sedimentation）	$C_{22}H_{39}O_{10}N + 9H_2O \longrightarrow$ $13CH_4 + 8CO_2 + NH_4HCO_3$	0.986	62	0.611
粪便污泥（fecal sludge）	$C_7H_{12}O_4N + 3.75H_2O \longrightarrow$ $3.625CH_4 + 2.375CO_2 + NH_4HCO_3$	0.772	60	0.463

4.3.3.4 沼气利用

沼气自生物反应器产生后，会先行通过化学脱硫系统将其中的硫化氢去除，由于硫化氢具有非常强的腐蚀性，为了保护热电联产系统，因此需要去除生物气体中的硫化氢。净化的生物气体会先送到沼气储罐，储罐设有高压保护系统，同时还设有冷凝水的收集系统。

在沼气储罐内的生物气体，部分会通过风机输送到热电联产系统，部分会经过压缩后回流到生物反应器内作为搅拌气体使用。除了直接燃烧发电之外，厌氧发酵后产生的沼气还可以在经过脱碳净化后进入城市煤气生产企业，经过加压后进入管网，供给居民日常生活使用。随着技术的不断进步，新能源汽车逐渐出现在市场之上，欧洲国家，如瑞典、德国等已经出现了利用沼气作为燃料的新能源汽车。如果能够普及加注站点，沼气也是十分优越的新能源汽车燃料。

厌氧消化处理技术优点是具有高的有机负荷承担能力；能回收生物质能。其缺点是工程投资大，占地较大；设备安装调试相对困难，工艺较复杂；产生的沼液量较大，处理难度大，无害化程度不高，产品销路不好；运营成本高。

4.3.4 高温好氧堆肥

高温堆肥是在有氧的条件下，依靠好氧微生物（主要是好氧细菌）的作用来进行的。在堆肥过程中，有机废物中的可溶性有机物质可透过微生物的细胞壁被微生物直接吸收，而不溶的胶体有机物质，先被吸附在微生物体外，依靠微生物分泌的胞外酶分解为可溶性的物质，再深入细胞。微生物通过自身的生命代谢活动，进行分解代谢（氧化还原过程）和合成代谢（生物合成过程），把一部分被吸收的有机物氧化成简单的无机物，并放出生物生长、活动所需要的能量，把另一部分有机物转换合成新的细胞物质，使微生物生长繁殖，产生更多的生物体。

利用堆肥处理技术来处理餐厨垃圾是餐厨垃圾处理的方式之一，其工艺流程如图 4.9 所示。

4.3.4.1 工艺流程说明

A 卸料

城市餐厨垃圾收集系统的收集车将餐厨垃圾运至处理厂，经地磅称重后进入接收与存储车间进行卸料。接收与存储车间分为卸料区和存储区。在卸料区内，收集车将餐厨垃圾卸入接料斗内，料斗装满后，移入存储区。料斗在卸料区和储存区的倒运由车间内桥式起重机完成。

B 垃圾预处理系统

装满餐厨垃圾的集装箱由桥式起重机吊起，转移到卸料装置上，将餐厨垃圾给入复合式筛分机内，该筛分机按粒径大小，将餐厨垃圾分为筛上部分和筛下部分，筛上部分主要为一次性筷子、塑料袋、骨头等，该部分物料给入人工

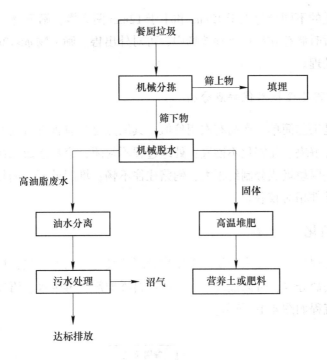

图 4.9　堆肥处理工艺流程图

拣选的带式输送机上，人工拣选的带式输送机上配置有磁选机，通过磁选机选出铁质金属回收利用，其他不可回收的物料送填埋场填埋。筛下部分进入下一道工序。

C　机械脱水

物料经脱水机进行固液分离，固含量较高的物料进入下一工序进行堆肥处理。高油脂废水经过除油后进入污水处理设施，达标后排放。

D　发酵和堆肥

原生垃圾经过预处理后，首先送发酵隧道内发酵。发酵隧道为密闭厂房式构筑物，下设通风排水道。发酵隧道由装载机进出料。

卸入隧道内的垃圾由装载机堆高，保持隧道内垃圾平均高度达到一定高度，保证适宜的湿度。发酵采用鼓风机强制通风供氧。鼓风机采用变频调速，根据发酵仓内料堆的温度调节鼓风机的转速，以保证料堆内氧浓度不低于10%。垃圾在发酵仓停留时间为25~30d，然后用装载机将其送到后处理系统。

翻堆机进行定时翻堆，每隔两天翻堆一次，并进行通风和引风，增加发酵的含氧量，及时抽走产生的废气。

E　堆肥后处理系统

粗堆肥料再被运往弹跳筛进行筛分处理，通过弹跳筛筛分后，粗堆肥物料可按粒径及比重的不同分为大于 12mm 和小于 12mm 两大类，筛下物 φ<12mm 的即为成品肥，暂时储存在精堆肥存放场中，可对外出售。筛上物 φ>12mm 的物料送填埋场填埋处理。

4.3.4.2 堆肥处理技术优缺点分析

其优点是工艺简单，产品有农用价值。其缺点是对有害有机物及重金属等的污染无法很好解决、无害化不彻底；处理过程不封闭，容易造成二次污染；有机肥料质量受餐厨垃圾成分制约很大，销路往往不畅；堆肥处理周期较长，占地面积大，卫生条件相对较差。

4.3.5 饲料化

饲料化处理技术主要采用物理手段将餐厨垃圾经过高温加热，烘干处理，杀毒灭菌，除去盐分等，可以最终生成蛋白饲料添加剂、再生水、沼气等可利用物质。其工艺流程如图 4.10 所示。

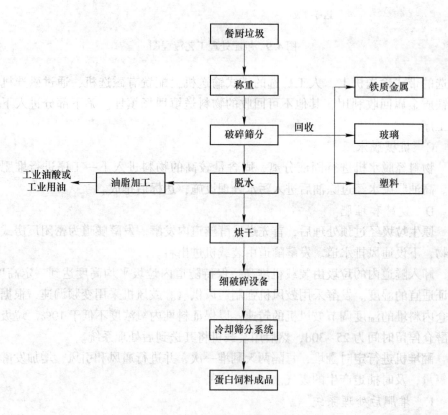

图 4.10 饲料化处理技术

4.3.5.1 破碎筛选系统

由于泔水中异物过多，需要在处理之前系统进行破碎并自动筛选，将垃圾中不能被资源化利用的成分如筷子、塑料袋、瓶盖等异物质自动分拣出来，同时将经过分选后的餐厨垃圾均匀破碎成小颗粒。

4.3.5.2 固液分离系统

破碎后的餐厨垃圾，通过螺旋挤压压缩去除其中水分和盐分，脱水后的含水率低于75%，投放的垃圾减量60%，可去除75%以上的盐分。分离后的固体餐厨垃圾进入饲料原料生成系统，液体除油后将进入污水处理系统。油脂可进一步加工为油酸，作为工业用油的原料。

4.3.5.3 饲料原料生成系统

经过破碎筛选和脱水处理后的餐厨垃圾进入饲料原料生成系统。该设备采取间接加热的方式，确保原料营养成分不被破坏并有效杀灭有害菌。加热温度控制在90~120℃之间。处理后的原料经冷却筛选机进行冷却和二次筛选，并再次粉碎，生成含水量低于13%的蛋白饲料添加剂。核心设备单机日处理量为100~125t，可根据来料和空间资源灵活安装和配置。

4.3.5.4 冷却筛选系统

干燥工序后的高温产出品输送到冷却筛选系统进行冷却处理和二次筛选，分离出破碎筛选中遗漏的金属、骨头等细小异物质，经常温冷却处理，确保生成的饲料原料质量。

4.3.5.5 细破碎系统

将生成的饲料原料从大颗粒粉碎成均匀的粉末状，压缩成型后采用统一规格的包装打包，作为饲料原料供给饲料加工厂。

饲料化处理技术优点是机械化程度高，资源化程度高，占地较小。其缺点是无法避免蛋白同源性问题，产品质量没有保障，用作饲料存在一定隐患。

4.3.6 高温复合微生物菌种生化处理

高温复合微生物菌种生化法也被称作餐厨垃圾生化处理机，其核心技术在于微生物菌种的培育与扩大再生产。由于餐厨垃圾容易腐烂变质，产生刺激性恶臭的特殊性，因此，餐厨垃圾生化处理机必须满足当日的餐厨垃圾当日处理的基本要求，即要求餐厨垃圾的生化时间不能超过24h；同时，餐厨垃圾的源头化减量处理，要求微生物菌种对餐厨垃圾的减量率越高越好。

处理餐厨垃圾目前在国内外均有应用，它利用微生物发酵技术，培养出高温好氧性微生物复合菌种，经过对餐厨垃圾生化处理 10~12h 后降解发酵，80% 以上成为水蒸气和无害气体，少量的残渣成为有机肥料。该方法能从源头上对餐厨垃圾进行减量化处理，有效地对资源进行二次利用，环境污染少，而且可实现资源的再生循环利用。

餐厨垃圾生化处理机是一种全新的产品，是由各种属的近种环境微生物组成的微生物复合菌群。在应用过程中只需要在废水生化处理系统的启动初期提供一个高效微生物复合菌种源，系统接种的高效微生物菌种量与废水的水质没有直接关系，与废水生化处理系统容积成正比，针对废水中不同的污染物种类，高效微生物菌种的组配种类会有所不同。在高效微生物菌种驯化和污泥培养初期，必须使高效微生物菌浓度占到优势，成为生化处理系统中的优势菌种，只有活性污泥保证是高效微生物污泥，这样才不会被其他菌种所代取。

餐厨垃圾减量化、无害化、资源化是今后餐厨垃圾处理的发展方向。目前，国内外餐厨垃圾资源化技术很多，比较成熟且较适用于我国的处理技术主要有堆肥、生物发酵制蛋白饲料和厌氧消化-生物制气技术。

但若使这些技术真正发挥作用，还需制定垃圾分类政策及资源化产品的安全标准并采取措施加以落实。此外，还应加强餐厨垃圾的预处理，不断总结各种餐厨垃圾资源化工程的实际运行经验，研究和开发新的处理技术，使真正经济、有效的餐厨垃圾资源化处理技术在我国得到推广。如何收集处理与资源再利用餐厨垃圾，寻找更清洁绿色、高效循环的餐厨垃圾处理方法让它变废为宝，已成为当务之急。

5 污水污泥处理与资源化技术

5.1 污水污泥产生

5.1.1 污水污泥来源及组成

在污水生物处理过程中，去除的部分化学需氧量（COD）转化为生物固体，构成污泥。污水污泥是一种由残留有机物、细菌菌体、无机颗粒、胶体和病毒等组成的极其复杂的非均质体，通常占处理后污水量的 1%~2%。在污水处理过程中，根据来源不同，一般可分为初沉污泥、剩余污泥、消化污泥和化学污泥。

污泥组成复杂，呈胶体状的絮体结构，具有高度的亲水性和持水性，脱水性能极差，含水率一般在 95%~99.5%。胞外聚合物（EPS，extracellular polymeric substances）和水是污泥的主要组成部分。此外，还含有丰富的氮、磷、钾等营养元素，同时也赋存大量病原菌体、寄生虫卵、铬（Cd）、镉（Cr）、铅（Pb）、汞（Hg）等重金属和多种有毒有害的有机污染物。污水污泥的组成因原始废水的类型和原始成分的不同而不同。

胞外聚合物（EPS）来源于微生物活动（分泌物和细胞裂解）或来自废水本身（纤维素、腐殖酸等有机物的吸附），是污泥有机组分的主要成分。其化学成分主要是蛋白质、多糖、核酸、腐殖质、脂质等。按照 EPS 与污泥絮体结合的空间分布，可将其分为溶解型 EPS（S-EPS）、松散结合型 EPS（LB-EPS）和紧密结合型 EPS（TB-EPS）。这些三维的、凝胶状的、带负电荷的生物聚合物的存在支配着污泥基质的表面物理化学性质。EPS 为细胞提供了防护屏障，防止细胞破裂和裂解，从而影响污泥的功能完整性、强度、絮凝性、脱水性，甚至生物降解性。

根据污泥与水分结合方式的不同，污泥中水分可以分为自由水、毛细结合水、表面吸附水和内部结合水等四种形态。自由水主要存在于污泥颗粒间隙，占污泥总水分的 65%~85%。毛细结合水存在于污泥颗粒、微生物细胞间的裂纹和毛细管中，占污泥总水分的 15%~25%。表面吸附水存在于污泥颗粒表面，通过表面张力作用吸附的水分，占污泥总水分的 7% 左右。内部结合水约占污泥总水分的 3%，主要存在于污泥颗粒内部或者微生物细胞体内。

5.1.2 污水污泥产量

随着全球卫生需求的不断攀升以及经济的快速发展，污水处理厂出水标准不断提高。相应的污水处理设施与污泥产生量也快速增长。通过统计近年来（2010—2021年）住房和城乡建设部公布的《城市建设统计年鉴》发现，我国污水排放总量已从 $3.78×10^6$ 万立方米增长至 $6.25×10^6$ 万立方米，与此同时，全国范围内 WWTPs 数量从1444座增加至2827座 [见图5.1（a）]。污水污泥作为污水处理过程中不可避免的副产物，全国干污泥产量已经从2010年的103.7万吨增长至2021年的1422.9万吨 [见图5.1（b）]。据统计，美国年

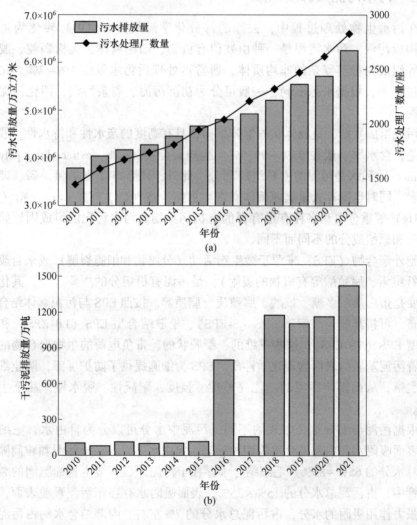

图 5.1　我国2010—2021年污水排放量、污水厂数量(a)和干污泥排放量(b)

均干污泥产生量约 1780 万吨，日本和澳大利亚干污泥年产生量分别为 200 万吨和 220 万吨，欧盟地区则为年均 900 万吨左右。考虑到发展中国家污水处理厂的日益增长以及污水产生量的连年攀升，全球污泥产生量将继续呈现增长趋势。

在污水处理厂运营过程中，不同污水处理设施产生的污泥量有所差异。初沉池污泥产生量可由式（5.1）计算：

$$V = \frac{100 C_0 \eta Q_{平均}}{10^3 (100 - p) \rho} \tag{5.1}$$

式中　V——初沉池污泥产生量，m^3/d；

　　　C_0——初沉池进水悬浮物浓度，mg/L；

　　　η——悬浮物去除率，%，依运行情况而定，一般为 40%～80%；

　　$Q_{平均}$——污水日平均流量，m^3/d；

　　　p——污泥含水率，%；

　　　ρ——沉淀污泥密度，平均密度为 $1000kg/m^3$。

剩余污泥量可由式（5.2）计算：

$$\Delta X_2 = YQ(S_{进} - S_{出}) + (C_0 - C_1) \times fQ - k_d V X_V \tag{5.2}$$

式中　ΔX_2——剩余污泥产生量，kg/d；

　　　Y——污泥产率，$kg/kg(VSS/BOD_5)$；

　　　Q——污水流量，m^3/d；

　$S_{进}$，$S_{出}$——生物反应池进、出水中 BOD_5 浓度，kg/m^3；

　　　C_0——生物反应池进水悬浮物浓度，mg/L；

　　　C_1——生物反应池出水悬浮物浓度，mg/L；

　　　f——悬浮物的污泥转换率，$g/g(MLSS/SS)$；

　　　k_d——衰减系数，d^{-1}；

　　　X_V——混合液挥发性污泥浓度，kg/m^3；

　　　V——曝气池容积，m^3。

近年来，我国污泥处理处置技术取得了一定的进展，污泥处理处置方面的政策和标准也在逐渐完善。但面对社会发展对生物质能源以及环境质量提出的更高要求，我国污泥处理处置应以无害化为目标，以资源化为手段，实现污泥的安全处理处置与资源化，以解决污泥的最终出路问题。2020 年 7 月，《城镇生活污水处理设施补短板强弱项实施方案》也明确将污泥无害化和资源化作为"补短板强弱项"的重点难点，对于处理处置方式也做出了方向引导。据 E20 研究院发布的《中国污泥处理处置市场分析报告（2020 版）》，预计到 2025 年，城镇污泥产生量将超过 6200 万吨，据此估算，"十四五"规划新增污泥无害化处理规模在 5 万~6.5 万吨/d，将会带来 225 亿~300 亿元的市场投资规模。

在国家政策上，2020 年 7 月 28 日国家发改委和住房和城乡建设部发布了《城镇生活污水处理设施补短板强弱项实施方案》，其中对脱水和厌氧的有关措施提出"限制未经脱水处理达标的污泥在垃圾填埋场填埋，东部地区地级及以上城市、中西部地区大中型城市加快压减污泥填埋规模。在土地资源紧缺的大中型城市鼓励采用"生物质利用+焚烧"处置模式。将垃圾焚烧发电厂、燃煤电厂、水泥窑等协同处置方式作为污泥处置的补充。推广将生活污泥焚烧灰渣作为建材原料加以利用。鼓励采用厌氧消化、好氧发酵等方式处理污泥，经无害化处理满足相关标准后，用于土地改良、荒地造林、苗木抚育、园林绿化和农业利用。

5.1.3 污水污泥污染特征

污泥作为污水处理的重要副产物，浓缩了污水中所含的有机物、重金属和病原体等有害物质。因此，对污泥的污染特征进行分析，可以加强研究污泥的处理与处置及其对生态环境、社会和经济的影响。污泥的污染特征按污染物的种类划分，可以分为重金属污染、有机物污染和病原体污染等三个方面。

5.1.3.1 重金属污染特征

污泥中重金属分布特征是选择污泥处置方式和土地利用时关注的首要因素之一。污泥中的重金属种类繁多且含量差别较大。镉（Cd）、铅（Pb）、铬（Cr）、铜（Cu）、锌（Zn）、砷（As）、汞（Hg）和镍（Ni）是污泥中 8 种主要重金属且对后续土地利用影响较大。杨军等在 2006 年对我国境内的 107 个城市污泥样品重金属含量进行分析表明，污泥中 Cd、Pb、Cr、Cu、Zn、As、Hg 和 Ni 的平均浓度分别为 2.01mg/kg、72.3mg/kg、93.1mg/kg、219mg/kg、1058mg/kg、20.2mg/kg、2.13mg/kg 和 48.7mg/kg。我国现行的《农用污泥中污染物控制标准》（GB 4284—2018）对污泥中重金属浓度做出了严格规定。在此规定下，我国城市污泥的 8 种典型重金属，均未超过标准限值。第二次全国土壤普查资料显示，我国有 $0.49×10^8 hm^2$ 耕地缺锌，占耕地总面积的 51.1%。这表明当前我国土地普遍缺锌，所以城市污泥经适当处理后土地利用不仅会改善土壤环境并且不会导致土壤锌污染。

此外，污泥的长时间土地施用可致使土壤中重金属总量逐步积累，农田土壤重金属积累会导致农产品中重金属含量增加。以 Cd 为例在 pH 值大于 7.5 的旱作土壤上，以《土壤环境质量标准》（GB 15618—1995）一级自然背景值（0.2mg/kg）为当前土壤重金属质量分数，以二级 pH 值大于 7.5 标准值（0.6mg/kg）为超标限值，假设污泥施用量为 $30t/(hm^2 \cdot a)$，以 2000—2010 年我国污泥中 Cd 含量的中位值 1.14mg/kg 计算，在不考虑施肥、灌水、大气沉降的带入及作物吸收移走的条件下，由计算可知，在施用污泥后，农田仅可以保证 26 年内土壤中 Cd 含量不超过 GB 15618—1995 中规定数值，但若以该时期污泥中 Cd 含量的 75%（2.52mg/kg）计算，则土壤安全年限仅为 12 年。因此，污泥的土地利用不能只考虑重金属质量分数是否超标，还应该关注污泥中重金属在土壤中长期积累带来的各种环境风险。污泥施用还应严格控制施用量，施用后应定期监测土壤中及周围水体中重金属及营养元素的质量分数等情况，以避免二次污染；此外，应增加长期施用污泥后对土壤重金属的影响及污泥中重金属的生物有效性研究，以期为制定全面、科学的污泥土地利用中污染物的控制标准，确定污泥安全施用量和安全使用年限提供依据。

5.1.3.2 有机物污染特征

现代社会的发展依赖于大量的有机化合物，这些有机物最终将成为环境污染物进入污水生物处理系统。但是，在污水生物处理过程中，相当一部分有机污染物具有亲脂性和难降解特性，污泥吸附成为其最主要的去除方式。吸附在污泥中的污染物通常具有较强毒害作用，严重影响着污泥安全的土地利用。因此，充分了解这些有机物在污泥中的污染现状及其在污泥处理处置过程中的迁移转化和降解情况对污泥安全合理的土地利用显得极为重要。污泥中常见的有机污染物既包含传统的持久性污染物（POPs），如多环芳烃、多氯联苯等，又包含新兴污染物，如抗生素、多溴联苯醚、全氟化合物等。与传统的有机污染物相比，新兴有机污染物不但具有更强的危害，而且人们对其在污泥中污染现状的认识更为肤浅。

持久性有机污染物具有致癌性、致突变和致畸变作用，可引发糖尿病、新生儿缺陷、男性雌性化和女性雄性化等疾病，且有机污染物大部分是低水溶性的化合物，难被生物降解，易被污泥吸附，故应妥善处置城市污泥以避免环境遭到有机污染。目前，新兴有机化合物仍在不断出现，应用范围仍在扩大，但对这些有机污染物在城市污泥中的分析、监测以及对环境影响危害等方面的研究较少，其环境风险仍不确定，含有这些污染物的污泥在土地利用时对生态环境的未知影响在一定程度上限制了污泥的土地利用。

5.1.3.3 病原体污染特征

生活及生产污水中含有的病原体（病原微生物及寄生虫）经过污水处理厂处理过后依旧会进入污泥。据检测显示，新鲜污泥中的病原体多达上千种，其中，以寄生虫危害最大。这些病原体进入动植物及人类体内的感染途径主要有以下 4 种：

（1）动植物和人类直接与污泥接触。污泥的排放难免部分裸露在地表，由于寄生虫等病原体极强的侵入能力导致动物与人类在日常活动期间不可避免地直接接触到病原体。

（2）各种病原体通过食物链使污泥与动植物及人类间接接触导致感染。

（3）污泥直接排放在水源附近，导致水流扩散感染。

（4）污泥中的病原体通过土壤，间接感染水体从而进入动植物及人体内。研究结果显示，由于污泥的不适当排放引起的流行性疾病大多与沙门氏菌和条虫卵有关。

5.2 污水污泥处理技术

5.2.1 浓缩

污泥处理系统产生的污泥，含水率高，体积大，对于输送、处理或处置都不方便。污泥浓缩可使污泥初步减容，减轻后续工艺的处理或处置压力。目前城市污水处理厂污泥浓缩的主流工艺是传统的重力浓缩、气浮浓缩和离心浓缩。浓缩工艺的选择主要取决于污水处理工艺、污泥性质、所需达到的浓缩效果和建设性质等。对于重力浓缩工艺，适用于单独处理初沉污泥，而对剩余污泥的浓缩效果不理想，由于占地面积大、操作维护简单，比较适用中小城市新建的污水处理厂；离心浓缩和气浮浓缩比较适合处理剩余污泥及剩余污泥与初沉污泥组成的混合污泥。这两种工艺占地面积小、易于改造，比较适合大中城市新建或改扩建的污水处理厂。

但上述三种主流工艺，在应用过程中还存在很多的问题，重力浓缩工艺对剩余污泥浓缩效果差，存在严重的释磷问题。同时，随着氧化沟、A^2/O 等污水处理新工艺的不断增多，产生的剩余污泥的含氮、磷量显著增加，重力浓缩的缺陷进一步放大，不能满足新型工艺的要求。机械浓缩将逐渐取代重力浓缩。气浮浓缩避免了重力浓缩的缺点，但是其工艺设备维护操作复杂，运行费用高。针对这些问题，目前国内外已经倾向于污泥处理组合工艺的研究，如浓缩脱水一体化设备、污泥浓缩消化一体化工艺。这些组合工艺具有占地面积小、自动化程度高、处理效率高、适应性强等优点。

5.2.2 干化脱水

目前，污泥干化脱水技术主要有污泥脱水和污泥热干化技术两种。物理化学调理联合机械脱水是目前主流的脱水技术，而热干化是最为成熟的干化技术。

污泥热干化技术的常见方法有如下三种。

（1）直接热干化。在操作过程中，加热介质（热空气、燃气或蒸汽等）与污泥直接接触，加热介质低速流过污泥层，污泥升温使水分蒸发，处理后的干污泥需要与热介质进行分离。

（2）间接热干化。热传导介质（如热气体、热油）对金属表面进行加热，热量从温度较高的金属表面传递到温度较低的物料颗粒上，热量也会在物料颗粒间传递而使水分蒸发。

（3）直接-间接联合热干化。直接-间接联合热干化是对流-传导热干化技术的结合。

污泥脱水是指用物理、化学和生物方法进一步降低浓缩后污泥的含水率，以便于污泥的运输、填埋或资源化利用。污泥脱水主要有自然脱水法和机械脱水法。自然脱水法一般将浓缩后的污泥在污泥干化床上铺成薄层，污泥中的水分一部分自然蒸发，一部分渗入土壤或滤水层。机械脱水是指对过滤介质两侧施加压力，强制污泥水分经过过滤介质形成滤液，固体颗粒在介质上形成滤饼的方式来实现污泥脱水。

传统污泥脱水技术的脱水效率较差（泥饼含水率一般高于80%），耗费大量的能量，且对设备要求较高，因此，需要在机械脱水前对污泥进行调理。污泥调理方法主要有物理调理法、化学调理法、微生物调理法和复合调理法。各种方法在实际中均有应用，但以化学调理法为主。

传统物理调理主要包括加热和冷冻调理。加热调理可以破坏污泥细胞结构，使污泥间隙水游离出来，改善污泥脱水性能。冷冻调理可以破坏污泥絮体结构，降低污泥中难以去除的结合水含量。但加热调理技术受经济条件的限制，冷冻调理技术受气候条件的限制，使得这两种技术难以推广使用。在物理调理方面，出现了其他调理技术，主要为超声波调理技术、微波调理技术和电渗透脱水技术。超声波能有效地破坏污泥细胞结构，释放内部结合水，从而改善污泥的脱水性能。微波调理污泥本质上是加热调理污泥，但是微波并非从物质的表面开始加热，而是各向均衡地穿透材料后加热。电渗透脱水过程中，水流方向和污泥絮体流动方向相反，水分可不经过泥饼的空隙通道而与污泥分离。此外，还有通过向机械脱水的污泥中加入物理调理剂的方法，物理调理剂主要包括矿物质材料和碳质材料。这些物质在污泥内部起到骨架的作用，可以增加泥饼内部的刚性和不可压缩结构，进而提供更多的水通道以达到增强污泥脱水的效果。

污泥化学调理主要包括添加惰性助滤剂、凝剂和高级氧化剂。添加助滤剂有助于污泥团聚，减小过滤比阻（SRF）。投加絮凝剂可将小颗粒聚集，形成大颗粒，实现污泥聚沉和泥水分离。高级氧化技术利用其强氧化性，氧化降解污泥EPS，破坏污泥结构，因此可有效强化污泥脱水性能和泥水分离效果。该技术以工艺简单、操作方便、剂量少、快速高效而著称，近几年在污泥处理领域的应用逐渐兴起。

臭氧氧化电位约为2.1V，其作为强氧化剂在污水污泥处理领域备受青睐。

剩余污泥经过臭氧处理之后，污泥絮体结构分解，可沉降性提高，污泥破解度明显增加，溶解性 COD（SCOD）、多糖和蛋白质浓度也显著提高。王琳等人研究发现当臭氧质量浓度为 100mg/g[①]时，COD 质量浓度从 256mg/L 升至 2126mg/L，污泥含水率由 76.6% 降至 70.6%，沉降速度由 0.19cm/min 升至 1.43cm/min，沉降性能明显提高，但污泥 SRF 增大，过滤性能变差。Zhang 等人研究发现，臭氧质量浓度为 37.8mg/g 时，其氧化效率最好，但污泥毛细吸水时间（CST）大幅增加，从（25.5±2.4）s 增至（289.0±25.9）s，过滤性能明显降低，滤液中多糖和蛋白质分别从（4.46±0.21）mg/L 增至（220.90±24.87）mg/L 和从（6.26±0.28）mg/L 到（38654±3215）mg/L。在 CHACANA 等人的研究中，用臭氧处理初沉和消化污泥，发现初沉污泥在臭氧氧化作用下，其 SCOD 和可生物降解 COD 并未增加，但部分有机物矿化转化为 CO_2；对于消化污泥，臭氧氧化处理后其 SCOD 和可生物降解 COD 均有所增加。DEMIR 等也证实，经过臭氧处理后，污泥泥饼含水率降低，沉降速度加快，可一定程度提高泥水分离效率。

近年来，有学者将 Fenton 氧化应用于污泥脱水预处理上，取得诸多成果。罗安然等人证实，在 H_2O_2 添加量 200mg/g、H_2O_2/Fe^{2+} 摩尔比 1∶1 时，污泥 CST 削减率达 97.6%。前期研究亦表明，当 pH 值为 2~3 时，Fenton 试剂用于污泥脱水的效果最佳，与其氧化性能最强的 pH 值区间相吻合。在该区间内，Fenton 预处理后污泥 CST 明显下降，而 pH 值呈中性或碱性时，CST 下降不明显。研究人员进一步发现在 Fenton 试剂浓度升高时，污泥 SCOD 明显升高，这是 EPS 的降解和可溶物质的溶出所致；Fenton 氧化作用诱发 TB-EPS 和细胞的破裂和降解，从而导致胞内物质的溶出和滤液溶解性有机物的大幅升高。Fenton 试剂强大的氧化性可降解 EPS 中的蛋白质和多糖，破坏 EPS 亲水性基团，从而释放 EPS 结合水；且 EPS 降解和细菌细胞溶裂，使得污泥絮体间和细胞内的水分释放到环境中，降低了污泥的含水量，强化了其脱水性能。但为有效激发·OH 的产生，Fenton 氧化通常需要在 pH 值为 3~6、温度 20~40℃下进行，这无疑导致了预处理工艺的复杂化和污泥处置成本的增加，因此一定程度上限制了该技术在污泥脱水领域的工程应用。

Fenton 试剂与其他方法耦合可进一步强化污泥脱水，去除污泥中微量金属等危害物质，降低污泥的环境危害性。如 Fenton 试剂与骨架构建体复合调理剂耦合，骨架构建体复合调理剂能在泥饼中形成高渗透性的刚性网格结构，降低泥饼可压缩性，进一步强化脱水效果。前期研究表明，污泥滤饼的含水率可降至55.8% 以下，脱水效果显著。在 Fenton 与光、超声波耦合作用下，污泥滤液中的多糖、S-EPS 均明显增加，污泥粒径较 Fenton 氧化单独作用下进一步变小，脱水性能明显加强。生物沥浸耦合类 Fenton 氧化能提高污泥脱水性能，去除污泥中的

[①] 以 1g 悬浮物 SS 投加臭氧的质量计，下同。

微量金属。如 Zeng 等人发现，当生物浸矿 5 天和 H_2O_2 投加量为 2g/L 时，各种微量金属的去除效果均明显提升，Cd 去除率从 90%提高到 99.5%；Cu 和 Zn 去除率从 60%提高 70%；Pb 去除率从 20%提升到 39%；经过 Fenton-生物浸矿耦合处理后，污泥 CST 从 982s 下降至 10.1s，下降了 89.8%；SRF 从 37×10^{13} cm/g 降到 62×10^{12} cm/g。

近年来，过硫酸盐作为一类常见的强氧化剂，在高浓度有机废水、土壤地下水原位修复等领域的应用逐渐兴起。Zhen 等人首次将激活过硫酸盐用于强化污泥脱水。其研究发现，在常温下，过硫酸盐在 pH 值为 3.0~8.5 中经过渡金属离子（Fe^{2+}）催化活化后作用于剩余污泥，可明显提高污泥脱水性能。当 $S_2O_8^{2-}$ 与 Fe^{2+} 分别为 1.2mmol/g❶ 和 1.5mmol/g 时，CST 急速下降，可在 1min 内降低 88.8%。自此之后，激活过硫酸盐用于污泥脱水受到国内外学者的快速关注。如 Kim 等人用高温来激活过一硫酸盐（PMS）和过二硫酸盐（PDS）探索两者对污泥脱水的作用，PDS 的效果更佳，更稳定，污泥脱水效果更好。Lee 等人探讨了热处理活化和碱激发过硫酸盐对污泥脱水性能的影响；Liu 等人探讨了 Fe-PMS 体系用于强化污泥脱水的技术可行性。Zhen 等人研究发现，$Fe^{2+}/S_2O_8^{2-}$ 能提高剩余污泥的脱水能力，并对提高污泥脱水的基本原理进行了系统剖析和阐述。他们认为，$Fe^{2+}/S_2O_8^{2-}$ 体系产生了大量的具有强氧化性的 $SO_4^- \cdot$，该自由基可将剩余污泥的絮体结构破坏，使絮体间隙水得以释放；同时，$SO_4^- \cdot$ 降解了污泥絮体 EPS，破坏了细胞结构，诱发 EPS 结合水和胞内结合水释放，从而大幅提高了污泥脱水性能。

Zhou 等人采用 Fe^0 替代 Fe^{2+} 作为 $S_2O_8^{2-}$ 诱发剂（见图 5.2），发现在 $K_2S_2O_8$ 为 4g/L、Fe^0 为 15g/L 时，污泥 CST 削减 50%以上；Fe^0 需首先溶解析出 Fe^{2+} 才可诱发 $S_2O_8^{2-}$ 形成 $SO_4^- \cdot$，且 Fe^0 表面容易钝化，导致内核 Fe^0 失效，故而脱水效率无法与 Fe^{2+} 媲美。Zhen 等人对比了催化剂 Fe^{2+} 和 Fe^0 对过硫酸盐的激发和脱水效率的影响，结果证实 Fe^{2+} 可诱发 $SO_4^- \cdot$ 的高效、瞬时释放；相比而言，Fe^0 由于表面的快速钝化，阻碍了 Fe^0 的溶解和 Fe^{2+} 释放，因此，激活过硫酸盐氧化用于强化污泥脱水时，Fe^{2+} 是较为理想的激发催化剂。但也正是由于 $Fe^{2+}/S_2O_8^{2-}$ 的强氧化性，EPS 被快速降解，微生物细胞失了 EPS 保护层，细胞溶裂，关键微生物活性受到抑制。因此，$Fe^{2+}/S_2O_8^{2-}$ 氧化预处理会对污泥厌氧消化处理产生抑制作用；尽管 $Fe^{2+}/S_2O_8^{2-}$ 氧化预处理可以降低厌氧发酵阶段的 H_2S 产量（削减 34.6%~60.5%），但其显著阻碍了 SS 的降解和去除。此外，$Fe^{2+}/S_2O_8^{2-}$ 氧化预处理可强化污泥的脱水性能，但在后期的厌氧消化过程，污泥脱水性能会被再次恶化。

❶　以 1g 挥发性悬浮物 VSS 中的投加量计，下同。

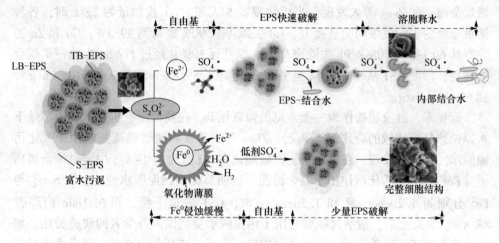

图 5.2 $Fe^{2+}-Fe^0/S_2O_8^{2-}$ 氧化调理污泥脱水机制

5.2.3   湿式空气氧化

湿式空气氧化（wet air oxidation，WAO）工艺是将待处理的物料置于密闭的容器中，在高温高压条件下通入空气或纯度较高的氧气作为氧化剂，按湿式燃烧原理使污水和污泥中有机物降解的处理方法。其影响因素主要包括反应温度、反应压力、溶液 pH 值、反应时间、处理对象性质及催化剂的投加情况。铜、镍等重金属可作为湿空气氧化的催化剂，即催化湿空气氧化（CWAO, catalytic wet air oxidation）。CWAO 是在 WAO 基础上发展起来的，反应速率快，运行成本低。大量研究表明：湿空气氧化可直接用于市政污泥处理，会影响污泥沉降/脱水性能、TSS 及 VSS 含量、TOC 分布及挥发性脂肪酸（volatile fatty acids，VFAs）产量等。同时，湿空气氧化过程中，不可溶有机物质首先通过溶解化作用转化为简单的可溶性有机物质，进而继续氧化为二氧化碳、水及易生物降解的中间产物。

5.2.4   蚯蚓堆肥

蚯蚓堆肥（vermicomposting），又称蚯蚓生物稳定化（vermistabilization），利用蚯蚓特殊的生态学功能及其与环境中微生物的协同作用，是一种有效的污泥和其他有机固体废弃物生物降解工艺。用蚯蚓处理污泥始于 20 世纪 70 年代末，Hartenstein 等人在纽约州立大学校园内将赤子爱胜蚓应用于污泥处理并加工成表层土壤。此后，这项研究相继在其他国家展开。陆续有研究表明，蚯蚓可以有效地富集污泥中的重金属，去除有毒有害物质，使污泥性质稳定、无臭、不生蛆。施用蚯蚓处理过的污泥可以增加土壤肥效和改良土壤结构，在减少污泥二次污染的同时实现资源化利用。

将蚯蚓用于不同种类有机废物处理,寻找新的蚯蚓品种,评价产物(蚓粪和固体残余物),是近年来研究的热点。目前,蚯蚓污泥处理技术的研究大多集中在蚯蚓在污泥中的生长条件(包括污泥与膨胀剂的配比、放养密度、含水率等)、蚯蚓品种的选择、蚓粪的评价以及蚯蚓在各种污泥环境中的生长和繁殖状况等方面。

5.3 污水污泥处置技术

5.3.1 卫生填埋

20世纪60年代,污泥卫生填埋成为在传统填埋的基础上,从环境保护和可持续发展理念出发,经过科学选址和必要的场地防护处理,具有严格管理制度的科学的方法。到目前为止,已发展成为一项较为成熟的污泥处置技术,具有不需要高度脱水(自然干化),投资较少、容量大、见效快等特点,利于推广。例如,希腊、德国、意大利等国主要采用填埋方式处理污泥。另外,对无法农用的高污染污泥、不利于堆肥的污泥以及污泥焚烧残渣的处理,卫生填埋方法也是一种不可或缺的处理手段。

在进行污泥的卫生填埋时必须注意:

(1)要对填埋场所处的地质、气象和水文情况做详细的调查,以防止渗沥液对地下水及周围土壤的污染;

(2)填埋场的卫生,以防鼠、蝇滋生和臭味扩散;

(3)对于规模较大的污泥填埋场要设置合理有效的填埋气导排装置,防止填埋气的不规则迁移对周边环境造成的危害,杜绝爆炸等危险情况的发生;

(4)填埋场压实机械工作难度加大;

(5)遵守有关的填埋标准和法律法规的要求。

5.3.2 干化焚烧

污泥干化是指利用热和压力破坏污泥的胶凝结构,并对污泥进行消毒灭菌。干化预处理能使污泥显著减容(体积可缩减75%~80%)。干化处理后的产品稳定无臭,且无病原生物,干化处理后的污泥产品用途多,可以用作肥料、土壤改良剂、替代能源等。目前,美国、英国、奥地利、西班牙和比利时拥有此项先进技术。污泥干化可分为直接干化和间接干化。直接干化其缺点为耗能大,一般生产1t干污泥(含水率10%),需要耗煤1t多,增加处理成本,并对周围环境影响大。该处理方法加热温度高,容易破坏污泥中的有机成分。

污泥焚烧是指将污泥置于焚烧炉中,在过量空气的条件下,进行完全焚烧,使有机物完全碳化,可以最大限度地减少污泥体积,也能使污泥中病原微生物、寄生虫卵、病毒等彻底被杀死，高温也能使污泥中的部分重金属固化。但是，在焚烧过程中，污泥中的一部分重金属能随燃烧产生的烟尘扩散到空气中；而且，不完全的焚烧过程中，也会有二噁英等剧毒空气污染物的产生。因此，为防止焚烧过程中产生二噁英等有毒气体，焚烧温度通常高于850℃。同时，污泥焚烧烟气还必须进行处理，处理后的烟气应满足《生活垃圾焚烧污染控制标准》（GB 18485）等有关规定。另外，污泥焚烧的处理对象主要是含水率较高的脱水泥饼（在45%~86%之间），需要大量的热能，其高能耗高成本（是其他工艺的2~4倍）也使之无法得到广泛应用。

5.4　污水污泥资源化利用技术

5.4.1　堆肥化处理

污泥堆肥处理实质上是利用污泥中的好氧微生物进行好氧发酵的过程。将污泥按一定比例与各种秸秆、稻草、锯末、树叶等植物残体，或者与草炭、粉煤灰、生活垃圾等混合，借助于混合微生物群落，在潮湿环境中对多种有机物进行氧化分解，使有机物转化为类腐殖质。薛澄泽等的研究表明经过堆肥化处理的污泥质地疏松，阳离子交换量（CEC）显著增加，容重减少，可被植物利用的营养成分增加，病原菌和寄生虫卵几乎全被杀灭。研究清除污泥中的优势菌对污泥的进一步处理是非常必要的，污水处理方法不同，其中的优势菌群可能有所不同。活性污泥中的优势菌主要是假单孢杆菌（*Pseudomonas*）、黄杆菌属（*Flavobacterium*）和产气气杆菌（*Aeromonas*）。在中温和高温堆肥化过程中，杆菌、球菌和放线菌是优势菌群。

由于堆肥过程是充分利用污泥中的好氧微生物菌群的作用，所以凡是能影响这些微生物菌群活性的因素（如营养、水分、空气、温度和pH值）就是决定污泥堆肥化质量的因素。由于污泥中含有足够的水分和有机、无机营养成分，所以影响污泥堆肥化的主要因素是空气（氧）的供应、温度控制和pH值。

污泥堆肥化最初是采用条垛式发酵，通过定期充气或翻垛达到供氧通气的目的。这种工艺简单易行，但是因占地面积大，周期长，易产生臭气等而逐渐被淘汰。近年来日本、韩国以及欧美一些国家相继研究开发出封闭仓式发酵系统。以机械方式进料、通风和排料，虽然设备投资较高，但是由于自动化程度高，周期短，日处理污泥量大，污泥处理后，质量稳定，容易有效利用，而且可以有效地控制臭气和其他污染环境的因素，所以综合效益好。日本神户、大阪等地已开发出卧式（污泥物料沿水平方向移动）和立式（污泥物料沿垂直方向移动）等多种好氧发酵仓工艺系统。

5.4.2 厌氧消化

根据国际能源署的最新估计，2022 年世界一次能源消费达到了 143.66 亿吨油当量，在过去 30 年里增长了 63.6%。化石燃料的过度使用加速了全球不可再生资源的消耗和气候变化。世界正面临着严重的能源短缺，以及前所未有的挑战。为了应对不断增长的能源需求，开发可持续的能源技术已成为最重要的事情。化石燃料的一种替代品是通过生物质的厌氧消化产生的富含甲烷的可再生生物燃料。厌氧消化在污水污泥处理方面富有前景，因为它可以去除异味和病原体，稳定污泥。除此之外，以甲烷的形式产生可再生能源。这既可以满足污水处理的部分能源需求，也可以在一定程度上减轻人类对化石燃料的依赖。城市有机固废厌氧消化过程，如图 5.3 所示。

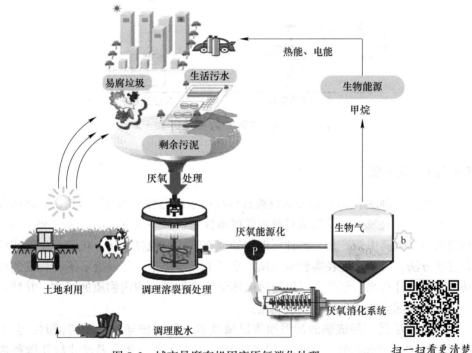

图 5.3 城市易腐有机固废厌氧消化处理

扫一扫看更清楚

厌氧消化主要包括以下几个连续的生化过程：水解、酸化、乙酰化和产甲烷化，不同阶段涉及不同的微生物种群。第一步，复杂的有机物如蛋白质、多糖、脂质在细胞外酶的帮助下被溶解和水解为简单的可溶性成分（如氨基酸、长链脂肪酸、糖、醇）。第二步，水解分子被产酸（或发酵）细菌转化为短链 VFAs 和其他次要副产物，如氨（NH_3）、H_2 和 CO_2。乙酰化过程，只有在反应产物（乙酸和 H_2）浓度较低的情况下发生；乙酰进一步分解成有机酸（如丙酸和丁酸），

通过 β-氧化主要生成乙酸和 H_2。最后，大量产甲烷古菌通过代谢乙酸、H_2 和 CO_2 产生甲烷。乙酸是产甲烷的首选底物，产生 60%～70% 的甲烷，剩余的 30%～40% 由 H_2 和 CO_2 的氧化还原反应产生。由于污泥复杂的微生物细胞结构，导致其甲烷产率远低于理论值（0.611L/g）（见图 5.4）。

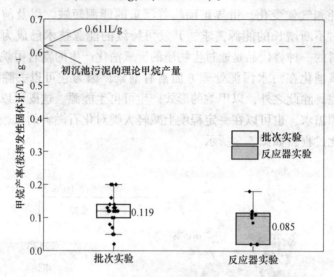

图 5.4 不同反应器规模的污泥甲烷产率

5.4.2.1 预处理

与微生物细胞和 EPS 相关的颗粒有机物的水解已被证明是厌氧系统启动的限速步骤，而甲烷发生被认为是对释放的可溶性底物进一步发酵的速率限制。为了加速水解和提高甲烷产量，各种污泥预处理方法，如机械、热、化学、生物或综合这些方法，目前已经在实验室或试点水平上开发出来，并取得了不同程度的成功。如果设计得当，预处理可以通过破坏细胞壁促进细胞内物质的释放，并使它们更容易被随后的微生物活动所利用。

超声波法是一种成熟的污泥崩解机械技术。超声波通过介质传播时，会引起周期性的压缩和振动。在此过程中形成的微气泡在达到临界尺寸后几微秒内剧烈坍塌，导致空化的发生。突然和猛烈的崩溃导致极端条件（局部温度可达 5000K 和压力 500bar，$1bar = 10^5 Pa$），发起强大的振动剪切力和高活性自由基（H· 和 ·OH）。振动剪切力和 H· 与 ·OH 的氧化效果导致污泥絮体的分裂和细胞间物质的解放。超声处理可使挥发性固体破坏增加 15%～35%，沼气产量增加 15%～35%。超声波除用于污水污泥厌氧消化外，还可用于提高污泥的脱水性能。

与超声波一样，微波辐射被认为是条件加热技术的一种流行的替代方法。在电磁波谱中，微波照射波长为 1mm～1m，振荡频率为 0.3～300GHz。在工业上，通常采用接近 900MHz 或 2450MHz 的较短频率。微波辐照对污泥细胞的破坏主要有两种方式：

（1）在振荡电磁场作用下，通过偶极子的旋转产生热效应，将细胞内液加热至沸点，导致细菌细胞裂解；

（2）极性分子偶极取向变化引起的非热效应，可能导致氢键断裂和复杂生物分子的展开和变性，从而在较低温度下杀死微生物。微波预处理可有效地溶解污泥中的有机组分，提高 50% 左右的沼气产量。

电动裂解（或脉冲电场）是高压电场方法中的一种。在解体过程中，高压场产生的电荷会突然破坏刚性污泥絮凝体和细胞膜，从而使发酵细菌更容易获得营养物质。电动裂解作为一种新兴的污泥预处理技术，在工业上得到了广泛的应用。例如，对 63% 的输入污泥进行电动预处理，可使沼气产量增加 40% 以上，并使污泥的生物固体量减少 30%。在另一项研究中，它同样证实了沼气的增加（60%）和生物固体处理的减少（40%）所带来的能源抵消所带来的净正面经济效益。此外，德国 Vogelsang 是电动裂解器件（称为 BioCrack 模块）的代表企业之一。BioCrack 模块由外加电压为 30～100kV 的电极管道系统组成。该公司声称，应用 BioCrack 模块对污泥进行预处理，在每个模块 35W 的平衡功率下，沼气产量可提高 20%，同时为下游节约大概 30% 的能源消耗（泵送、混合等）。

高压匀浆的主要原理是在高度压缩的污泥悬浮液（高达 900bar）的强降压作用下产生的巨大压力梯度、高湍流度、空化和强剪切力。在此过程中，污泥絮凝体破裂，细胞膜破裂，释放出细胞内物质。因此，高压匀浆可以改善污泥的分解和生物降解性能。目前，有许多实验室用规模调查或全面示范报道了 HPH 预处理对污泥增溶和沼气生产的影响。均质压力是最主要的影响因素（$p<0.05$），影响颗粒 COD 和生物聚合物在污泥中的增溶作用。在 12000psi 和 0.009g/g（氢氧化钠/TS）的系统中甲烷最大产生量高达 0.61～1.32L，VS 去除率最高可达 64%，并且去除了大量病原体。高压匀浆法具有操作简单、投资少、能源效率高的特点，因此在过去几年中得到了大规模的普及。

热水解是一种成熟的、商业应用的预处理技术，最初用于提高污泥的脱水能力，现在已被广泛研究以提高污泥的消化率。该工艺的性能在很大程度上取决于所使用的处理温度和时间。污泥增溶率随温度升高而升高，其对碳水化合物和蛋白质的影响大于对脂质的影响。在利用热水解预处理的厌氧污泥系统中，在 170℃ 的温度下处理 30～60min，可减少固体停留时间 5d 且提高沼气产量。在所研究的温度下未出现抑制作用。此后，污泥预处理越来越受到广大环境研究者的关注。将污水污泥在 6 个不同的温度（60～210℃）下进行热水解，并应用于厌氧预处理，发现污泥溶解液温度可增加到 190℃；在所研究的温度范围内，热水解对生物降解性的增强或甲烷产量的增加归因于污泥 COD 的增溶效应。但进一步增加热水解温度（210℃）会削弱生物降解性。因此，使用热水解处理技术提高污泥厌氧生物甲烷转化性能，需要合理考虑水解温度与处理时间。

化学预处理采用强试剂使细胞壁和细胞膜变形，促进有机质溶出与释放。通常采用的试剂主要有酸、碱和氧化剂（臭氧和过氧化氢等）。酸碱预处理具有装置简单、操作方便、甲烷转化效率高、成本低等优点，在生物质增溶中具有广阔的应用前景。酸预处理使用 HCl、H_2SO_4、H_3PO_4、HNO_3 等，而碱预处理通常使用 NaOH、KOH、$Ca(OH)_2$、$Mg(OH)_2$、CaO 和氨等碱性溶液。酸或碱的加入避免了高温的需要，因此可以在环境或中等温度下操作。由于所研究的底物对有机组分的亲和力不同，酸或碱预处理的效果可能会因其类型和特性而不同。酸性预处理对纤维素类生物质的预处理效果较好，而碱预处理比较适合木质素的分解。在文献中提到的氧化技术中，臭氧化是最广泛使用的过氧化过程。它能破坏细胞膜，分解胞体结构，已成功应用于活性污泥法中剩余污泥的增溶和氧化，以及高附加值产物的循环利用以改善生物氮化反应。另一个行之有效的是芬顿氧化技术，即过氧化氢（H_2O_2）与催化剂铁离子（Fe^{2+}）的反应，产生高度活跃的羟基自由基（·OH），·OH 的氧化电位较高为+2.80V。在酸性条件下，过氧化氢（+1.36V）和臭氧（+2.07V）具有有效的解体污泥 EPS 和微生物的细胞溶菌作用，可加速细胞内物质和束缚水的释放。

生物预处理包括但不限于酶解、消化以及真菌或生物表面活性剂的使用等方法。在中温型厌氧消化之前结合嗜热预处理单元的预消化是一种有效的方法。预消化中两种温度条件的结合促进了原料在嗜热范围内的水解和产酸，保证了在随后的中嗜热阶段更高的同营养乙酸和产甲烷。因此，与单级中温消化工艺相比，该工艺具有产甲烷量高、固相破坏强、利用低质量热能、能量输入少、病原体杀菌等优点。

5.4.2.2 厌氧发酵耦合微生物电解池

微生物电解池（MEC, microbial electrolysis cell）是由微生物燃料电池（MFC, microbial fuel cell）改造而成的一种新型的甲烷发酵技术。在 MEC 过程中，阳极电活性微生物将有机物氧化降解，同时将电子释放到阳极，将质子释放到溶液中。在小电压输入条件下，阴极的电活性微生物（电养生物）可以通过外部电路接受电子传递到阴极，或者利用阴极产生的 H_2 作为电子载体驱动甲烷的生成。此外，已经证明 MEC 与传统厌氧消化过程（生物电化学反应器，BER）耦合可显著提高甲烷产量和系统稳定性，甚至可以弥补厌氧消化系统出现的过程故障。最近，已经进行了几项技术尝试，如将 MEC 与厌氧消化系统结合用于甲烷生产，并已经取得了相对积极的成果。Wang 等用碱-微波-H_2O_2 氧化预处理耦合原位微生物电化学调控工艺能提高污泥的可生化性和甲烷产量；预处理的最佳条件为 pH 值为 10.0±0.1、微波功率 700W、H_2O_2（按 TS 计）0.4g/g；经过预处理后的污泥溶解性化学需氧量（SCOD）由起初的（330.9±10.0）mg/L 提高到（3328.8±49.6）mg/L。当阴极电极电势 vs. Ag/AgCl 为−0.8V 时，预处理污泥的累计甲烷产率最高，为 234.3mL/g，比原污泥和预处理污泥分别提高了 4.3 倍和 1.9 倍（见图 5.5）。

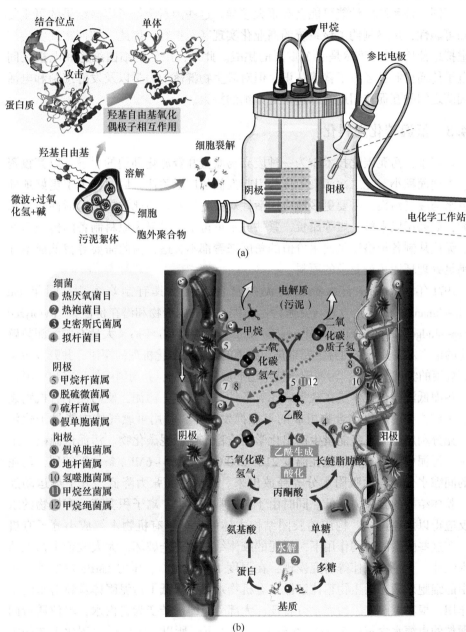

(a)

(b)

图 5.5 碱-微波-H₂O₂-氧化预处理与 MEC-AD 厌氧体系

（a）MEC-AD 体系构造；（b）强化功能微生物定向富集与代谢机制

尽管上述前景看好，但与其他形式的生物过程不同，微生物电解池系统仍有许多关键的问题需要解决，包括缓慢启动、pH 值问题、电极腐蚀/变质、高欧姆损耗和高过电位。此外，由于电池结构、电极材料、接种源、基质成分和操作条件的不同，该系统的性能可能会有很大差异。这些因素降低了实验结果的可重复性和可靠性，最终制约了该系统的商业化实现甚至扩容。因此，如何在现实应用中虚拟地使用 MEC 仍然是一个重要的挑战。此外，虽然对细菌细胞和电极之间的电子传递机制已经有了普遍认识，但对微生物群落动力学以及发酵细菌和电活性细菌之间的互促作用还有待进行更详细的探索。

5.4.3　低温碳化燃料化

近年来，污泥碳化技术作为一种废弃物减量和资源化利用的手段，以其投资少、占地面积小、无二次污染等优势引起人们的广泛关注。同时，为了更好地处理废水与废气污染，需要更多地应用活性炭吸附技术。但此类技术对活性炭需求量大，如采用以木材、煤等昂贵、紧缺或不可再生的材料为原料制备的传统活性炭，无论从制备价格还是使用价值的角度来看都不合适，为此需要寻找低成本并且满足处理环境污染要求的原料。

1971 年，Kemmer 首次提出污泥中富含碳元素具有制炭潜力；同年 Jan M. Beeckmans 在 EST 上发表《热解污水污泥：它的副产物和潜在价值》"Pyrolyzed sewage sludge- its production and possible utility"。在 1980 年后，大量有关污泥热解碳化的论文发表，研究内容主要聚焦于技术的改进，活化机理的探讨，并开展少量中试规模的尝试。至今，污泥碳化技术已形成一种趋势，并为国内外研究和应用。

污泥低温碳化技术是在缺氧或无氧条件下加热碳化污泥，使污泥中有机物裂解，生成主要由碳氢化合物组成的可燃挥发气体，利用可燃气体中能量干化污泥，充分利用污泥自身能量生产出化学性质稳定的污泥碳化物。污泥低温碳化工艺中，污泥中的生物质细胞在温度 210~260℃、压力 4~6MPa 条件下破裂，污泥中的间隙水分、表面吸附水分等释放出来。水的表面张力降低，分子热运动加剧，胶体结构的凝聚力降低。同时由于电离常数增大、离子积变高，有机物的水解反应得以加速进行，构成菌胶团结构主体的大分子有机物水解成小分子有机物。在这些因素的共同作用下，污泥的胶体结构被完全破坏，大大改善了污泥的脱水性能。苟锐、王伟等研究发现，在温度 170~190℃、压力 1MPa 左右下，污泥中的细胞破裂，微生物絮体解散，有机物水解，降低了污泥固体颗粒对水的束缚作用，根本上改变了污泥水分特征，大部分束缚水转变为自由水，单位质量固体颗粒的束缚水含量由 3.6g/g 降至 1.0g/g 以下。所以，污泥低温碳化工艺的本质是细胞裂解技术，使污泥中水的形态发生了根本变化，改善了脱水性能，经过常规的机械脱水，即可使污泥的含水率由 80% 降至 50% 左右，使污泥中 75% 的水分释放。根据污泥产物不同出路的要求,50%含水率的脱水泥饼可以直接外运填埋,而且由于没有了生物细胞,也大大改善了污泥的填埋性能。当需要进一步干化造粒时,由于污泥的胶黏相特征已经被完全破坏,水分极易蒸发,自然风干48h后,即可使污泥含水率降至20%以下。

碳化过程是对污泥加温和加压,使污泥细胞裂解,释放水分,同时最大限度地保留污泥中碳质的过程。其产物通过裂解方式将污泥中的水分脱出,能源消耗少,剩余产物中的碳含量高,发热量大。受碳化产出的污泥炭品质不稳定,市场认可度低,相关政策不明确等影响,发展并不顺利。但分析可知:

(1) 污泥是由真菌类、细菌类、原生动物等异种个体群所组成的混合培养体,剩余污泥中大部分物质是有机物,有机物中60%~70%是粗蛋白,25%左右是碳水化合物,无机灰分仅占5%左右;另外,剩余污泥含碳量较高,理论含碳量约为53%,因此具备了制备活性炭的客观条件。

(2) 已有研究表明,含碳吸附剂属于一种有机处理废水吸附剂,可有效去除金属离子和COD等,由于我国城市污泥中有机物较多,有充足的条件可被加工为吸附剂。

污泥活性炭可以利用其孔隙结构和表面化学基团对废水中的有害物质(如有机物、重金属等)进行物理吸附或化学吸附,因此可用于处理多种废水,如高浓度有机废水、印染废水、重金属废水、制药废水、焦化废水等。另外,污泥活性炭中除主要含炭外,还含有微量无机元素和重金属,可用于废气脱臭处理,污泥炭表面会附着大量微生物并形成生物膜,因此,在一定程度上污泥活性炭还兼具催化和生物作用。此外,由于污泥活性炭具有商品活性炭的性能,并且价格较商品活性炭便宜,所以可以在适当情况下取代商品活性炭。综上所述,污泥活性炭具有相当的实用价值和广阔的市场前景。

污泥生产活性炭技术不仅为活性炭生产提供廉价的原料,更重要的是解决了剩余污泥的处理问题及减轻了对环境的污染,使污泥得到了资源化利用,达到变废为宝的目的。

有研究表明通过化学活化/氧化,其污泥炭比表面积可以提高2~5倍,取决于泥质情况,但何时添加以及添加后热解程序的确定需要摸索;占位移除和共热解,能有效提高污泥碳的比表面积,但需要考虑添加物本身的特性,以及后续带来的焦油问题。典型的污泥碳化处理工艺,如图5.6所示。

污泥碳化处理所采用的设备为回转窑(见图5.7),其运转过程如下:

(1) 污泥经输送装置送入热解碳化炉内;

(2) 在热解碳化炉内发生热解碳化;

(3) 产物固态碳的混合物输出系统;

(4) 产物水蒸气、热解气进入分离提纯塔中进行分离、提纯;

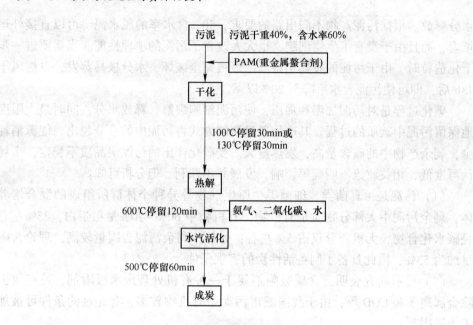

图 5.6 典型的污泥碳化处理工艺

（5）可燃气送入燃烧器中燃烧并提供热源；

（6）加热炉产生的烟气排出至热风炉内进行二次烧蚀；

（7）整个装置产生的尾气经过处理后达标排放。

图 5.7 污泥碳化处理所采用的回转窑

6　畜禽粪便污染控制与资源化技术

6.1　畜禽粪便污染控制与资源化技术概述

畜禽粪便主要指畜禽养殖业中产生的一类农村固体废物,是粮食、农作物、秸秆和牧草等形态生物质的转化形式,即畜禽排泄物的总称,包括猪粪、牛粪、羊粪、鸡粪、鸭粪等。在国家政策的扶植和养殖业技术的提高下,畜禽饲养不断增加,这必然伴随着畜禽粪便排放量的增加。人们生活水平的增加也需求更多的畜禽产品,集约型畜禽养殖场由此兴建。畜禽粪便不经处理就排放到环境中造成了严重的环境污染,且病原菌的扩散对畜禽及人类的健康同样构成威胁。以减量化,资源化和无害化为原则对畜禽粪便进行处理处置是势在必行的,同时将经济效益、环境效益和社会效益最大化是最终目标。

6.2　畜禽粪便产生与污染

一直以来,人们将畜禽粪便当作土壤肥料的重要来源,故大多就地施用。1976年统计显示我国农业生产1/3以上的肥料由动物粪便提供。动物粪便中不仅含有丰富的有机物和氮、磷、钾等养分,而且还含有作物生长所需的钙、镁、硫等多种矿物质以及微量元素,图6.1所示为5种常见畜禽粪便各种成分占比图。然而,畜牧养殖多过于集中,导致其在部分地区产量过大,传统施肥的处理方法已经无法负担,由此形成了大量堆放而对大气、土壤和水环境均造成了严重污染。此外,化肥工业的迅速发展使得人们倾向于大量使用化肥,有机粪肥则被大量闲置,土壤基础养分在局部地方也随之出现逐渐下降的趋势。畜禽粪便不能及时还田就形成了对环境的污染。

6.2.1　产生原因

早期的传统畜牧业生产以农家个体饲养为主,农家个体畜禽养殖头数并不多,产生的粪尿也相对较少,但是20世纪80年代中期,由于我国对自然资源的约束,畜禽产品生产的发展只能通过强化资源使用来实现,畜牧业生产随之出现集约化、集中化的趋势,一些地方为了调整产业结构和增加农民收入,鼓励畜禽养殖规模化,于是部分大城市和城郊出现了一批集约化或工厂化畜牧场。随着中

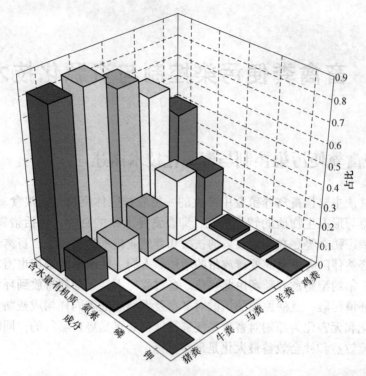

图6.1 五种常见畜禽粪便（猪粪、牛粪、马粪、羊粪、鸡粪）成分占比

国社会几十年的不断发展和人民生活水平的不断提高，同时伴随着人们对肉蛋奶类食品需求的不断增加，畜禽养殖业规模越来越大，集约化程度也越来越高，在带来社会效益与经济效益的同时，大量产生的畜禽粪便造成了严重的水、土壤和大气污染，根据2007年第一次全国污染源普查公报，畜禽养殖业粪便产生量2.43亿吨，尿液产生量1.63亿吨，其中包括1268.26万吨化学需氧量、102.48万吨总氮、16.04万吨总磷、2397.23t铜和4756.94t锌。伴随着全球人口和社会发展，畜禽养殖行业进入了快速发展的时期，畜禽废弃物逐年增加。2015年我国产生的畜禽粪污约38亿吨，综合利用率不到60%。其中，畜禽直接排泄的粪便约18亿吨，养殖过程产生的污水量约20亿吨。分畜种看，生猪粪污产量最大，年产量约18亿吨，占总量的47%；牛粪污年产量约14亿吨，占总量的37%，其中奶牛4亿吨、肉牛10亿吨；家禽粪污年产量约6亿吨，占总量的16%。畜禽粪污处理压力剧增，这些废弃物如果不能够及时处理，则会导致地下水、空气及土壤质量受到污染，生态环境严重恶化，不仅严重影响畜牧业的发展，还会威胁到人类的健康。此外，由于畜禽业与种植业日益脱节，在一定的时间空间上，没有足够的土地消纳所产生的畜禽粪便，一般土地负荷正常值应该以小于0.4为标准，我国畜禽粪便的总体土地负荷警戒值已经达到0.49，因此需要

处理的环境问题也日益严重和迫切。由于缺乏实用的以及具有回报率的畜禽粪便处理技术，资源化处理也成为一大难题。近年来，为解决农业生产环保问题，有关部门制定了一系列政策推动农业农村污染治理，2018 年 11 月生态环境部联合农业农村部发布《关于印发农业农村污染治理攻坚战行动计划的通知》，提出到 2020 年，实现"一保两治三减四提升"："一保"，即保护农村饮用水水源，农村饮水安全更有保障；"两治"，即治理农村生活垃圾和污水，实现村庄环境干净整洁有序；"三减"，即减少化肥、农药使用量和农业用水总量；"四提升"，即提升主要由农业面源污染造成的超标水体水质、农业废弃物综合利用率、环境监管能力和农村居民参与度。2021 年开始，为促进绿色种养循环农业发展，中央财政安排专项资金 27.4 亿元，在畜牧大省、粮食和蔬菜主产区、生态保护重点区域，选择 274 个基础条件好、地方政府积极性高的县（市、区），重点补助畜禽粪肥还田，取得良好成效。最新数据报道，2021 年全国畜禽粪污年产量下降至 30.5 亿吨，与 2015 年相比降幅达 19.7%。

6.2.2 组成特征

前面已经提及畜禽粪便中含有丰富的有机物和氮、磷、钾等养分，以及钙、镁、硫等多种矿物质以及微量元素供作物生长。接下来便以猪、牛、羊、马和鸡的粪便为例详细介绍下畜禽粪便的组成特征。

首先，猪粪的含水量为 81.5%，有机质可达 15%，总养分含量却不高：氮为 0.5%~0.6%、磷为 0.45%~0.5%、钾为 0.35%~0.45%。猪粪的质地较细，为"暖性肥"，成分较复杂，含有蛋白质、脂肪类、有机酸、纤维素、半纤维素和无机盐。尤其猪粪的氮素较多，碳氮比例较小，易被微生物分解，从而释放养分供作物吸收利用。腐熟后施入冷凉的土壤及沙质土、黏质田可改良土壤。

其次，在各种家畜中，牛粪的有机质和养分含量是最低的，含有机质 14.5%、氮为 0.30%~0.45%、磷为 0.15%~0.25% 和钾为 0.10%~0.15%。这是因为牛是反刍动物，反复咀嚼使食物中的营养物质被多次利用。牛粪的质地细密，含水较多（83.3%），分解缓慢，发热量低，属于迟效性肥料和冷性有机肥。虽然其养分含量、分解速度和肥效均低于猪粪和鸡粪，但仍然是一种作为种植业土壤肥料来源的有价值资源。

再者，马粪含水量 75.8%、有机质 21.0%、氮 0.58%、磷 0.30% 和钾 0.24%。质地粗，疏松多孔，水分少，有机质分解快，发酵温度高，常称为"热性肥"，故马粪常作为温床的酿热材料，用以提高苗床的温度，促使幼苗生长发育。

然后，在畜禽粪便中，羊粪的有机质（31.4%）、氮（0.65%）、磷（0.47%）、钾（0.23%）是其他畜禽粪便的 2 倍左右，尤其氮含量居高，含水量也相对较低

（65.5%），质松，属于"热性肥"，对疏松土壤、改良土壤团粒结构、防止土壤板结有特殊作用。

最后，鸡粪含水量相对较小（50.5%），其中含有丰富的营养成分，包括89.8%干物质、28.8%粗蛋白、12.7%粗纤维、14.4%可消化蛋白、28.8%无氮浸出物、2.6% P、8.7% Ca、0.23%组氨酸、0.11%蛋氨酸、0.87%亮氨酸、0.53%赖氨酸以及0.46%苯丙氨酸。故其经过适当加工利用即可成为很好的绿色有机肥或饲料。相比于牛粪和猪粪，鸡粪具有更高的肥效，每吨粘湿鸡粪的 N、P、K 植物养分分别可达 11.35kg、10.44kg、5.45kg。鸡粪中还含有大量有机物可供沼气制造和产能利用，且有机胶体的增加会增强对土壤的吸附力，促进土壤团粒结构的形成，对土壤保水、保肥能力有相当的促进作用。

综上所述，畜禽粪便中均含有丰富的未消化完的饲料成分，经过消化产生的氨基酸以及 P、Ca、Cu、Zn、Mn、Na、K 等微量元素，这为生物发酵转化成有机饲料提供了条件。

6.2.3 污染途径

畜禽粪便中的 N、P 与有机物对水体产生严重危害，重金属使土壤浓度超标，释放出的气体对大气造成严重危害，环境中正常的氮磷转化途径，如图 6.2 所示。而畜禽粪便成为面源污染主要通过 4 种途径。

（1）畜禽粪便作为肥料施用后，粪便中的 N、P 从耕地淋失；

（2）不恰当的粪便贮存会导致 N、P 养分的渗漏；

（3）不恰当的贮存和田间运用，会散发到大气中形成氨；

（4）乡村地区缺乏完善废水处理设施，故污染物会直接排入农田。由此导致了对土壤、水体、空气的影响，造成寄生虫、有害微生物的传播以及药物残留污染，进一步影响动植物等生命体的健康。

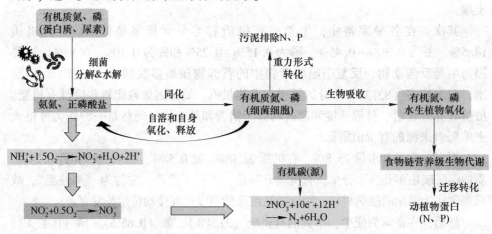

图 6.2 畜禽粪便中的氮磷转化途径

主要表现为大量使用粪便作为肥料会危害农作物和土壤，施入土壤的量一旦超越了土壤本身的承受能力，不仅改变土壤的成分和形态，而且损坏土壤的基本功能，且畜禽粪便淋溶性极强，会污染地表水，通过土壤渗滤进而污染地下水。畜禽粪便中含有大量的有机物和 N、P、K 等营养元素，同时含有大量的致病菌等污染物。集中排放未经处理的高浓度有机废水会大量消耗水中的溶解氧使水体变黑发臭。氮、磷是农作物生长必需的养分，将畜禽粪便适当处理后作为生物有机肥料使用，可以减少化肥使用量，改善土壤质量。但是耕地年施氮量超量将会造成磷酸盐淋洗，引起环境污染；磷在土壤中属于沉积型，年施磷量过量将通过淋洗进入地表径流，造成水体富营养化，增加地下水中的硝态氮或亚硝态氮的浓度。畜禽粪便中含碳、含氮有机化合物在有氧和无氧条件下可分解生成二氧化碳和水或是甲烷、有机酸和各种醇类。氮沉降则会造成酸雨、水体富营养化，甚至是臭氧浓度的变化。随着氮磷污染加剧，导致水体富营养化，甚至干化（见图6.3）；而大量堆积的畜禽粪便经发酵会产生氨、硫化氢、甲基硫醇等有害气体，从而影响空气质量。此外，畜禽粪便不经及时处理，会滋生蚊蝇，大量的病原微生物和寄生虫卵也会在环境中蔓延。

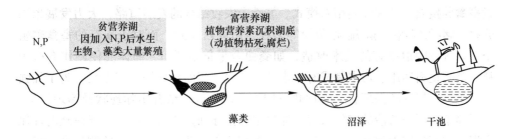

图 6.3　水体污染加剧变化

6.3　畜禽粪便产前治理的规划与管理政策

国内外治理畜禽粪便的方法主要分为三步，即产前、产中和产后治理。产前需要制定相关的政策，规划布局，优化畜牧场的设计方案、科学配方饲料，加入添加剂来控制畜禽 N、P、K 的排放量，减少畜禽粪便发酵中氨与硫化氢的挥发，减轻氮素的损失以及畜禽粪便的恶臭；产中则需强化管理，建立畜禽业污染的信息系统，控制畜禽的饲养环境，防止畜禽粪便及冲洗水的流失；产后则需对畜禽粪便进行资源化和无害化处理。三步中，产前是很关键的一步，以科学配方饲料，加入添加剂来控制畜禽 N、P、K 的排放量为例，过度使用添加剂和滥用药物添加剂的现象现今越来越普遍，许多药物添加剂会被排出混合在畜禽粪便当中，此类粪便若不经过任何有效处理就用作肥料使用，植物将吸收其中的药物添加剂，最终会对人畜均产生毒副作用。故完善畜禽粪便产前治理的规划与管理政策，是响应了从源头把控和清洁生产。

畜禽粪便的防治工作是一项长期的系统工程，是畜禽生产、环境保护、卫生防疫、各级政府及法制职能部门、科学技术部门等共同需要面对的问题。统一建设规划，加强建设管理需要结合实际情况，新建、改建、扩建畜禽养殖场需要进行环境影响评价。畜禽养殖场的建设还要考虑结合畜牧业与种植业，遵循"三同时"原则。以畜禽养殖场的选址为例，有以下原则需要遵守：一是要远离自然保护区、严重缺水地区等环境较敏感和脆弱的区域，建在远郊或是远离人口密集区；二是为了减少运输成本，建造地要交通便利，方便运送；三是养殖场的规模大小的确定要结合实际选址周围的环境条件及可利用的土地面积；四是可在养殖场周围建立绿化带，起净化空气，美化环境的作用。畜禽废渣存储设施和场所的设置对畜禽养殖场是必需的，防止废渣渗漏、散落、溢流及恶臭气味对周围环境造成污染和危害是基本要求。

确定强化多元化治理，提高畜禽粪便利用率。贯彻落实政府要求，坚持"源头减量、过程控制、末端利用"的治理原则，明确重点和主要利用方向，积极探索畜禽养殖粪污处理和利用新模式。鼓励走农牧结合的发展道路，大力发展果园养猪、猪-沼气-果、猪-湿地-鱼塘等多种生态养殖模式。而对于现有的畜禽养殖企业要进行因地制宜的技术改造，如粪便全量集中还田、固体粪便制作有机肥料、粪便垫料回用、污水制成有机水肥等。除了产前规划好治理方案，为了加强监督管理，树立环保理念，管理政策同样要制定好。结合实际现状及治理目标，加强养殖业污染防治的宣传教育，通过政策指导和宣传引导从而增强民众的环保意识。政府应完善举报渠道，完善民众参与机制，并且实时公示监测信息。相关部门要严格执行《畜禽养殖业污染物排放标准》，实行不定期检查，回头检查，监督畜禽养殖企业做到达标排放甚至零排放。落实对于没达到要求的，注销畜禽标识代码，不安排畜牧业项目扶持资金并限期整改，及时向社会公示。依法对养殖环境违法案件严惩，打击各种养殖环境违法犯罪行为。

6.4 畜禽粪便处理技术

在产前规划与管理畜禽粪便上，从源头把控问题，促进了清洁生产，但是目前更多的还是对各种畜禽粪便进行产后处理。畜禽粪便是传统的有机肥料，养分全，有机质含量高，大量施用可改良土壤和提高农作物产量。生活水平的不断提高增加了对绿色食品的需求，因此转向增施有机肥、减少化肥使用量。除了有机肥料化，由于畜禽粪便中未经消化的营养物质较多，故将其适当加工利用即可同样实现饲料化，这是对饲料资源的合理利用和开发。焚烧产热和厌氧消化沼气化则均属于能源处理，焚烧产热实现畜禽粪便的燃料化，达到了边排出、边回收、边利用的目标；厌氧消化技术产生的沼气、沼渣与沼液能带来经济效益，能够有机结合能源、环保与生态良性循环，综合效益高，是未来发展方向。

6.4.1 基于微生物菌剂有机肥料化

基于微生物菌剂的有机肥料化，即生物有机肥。首先需要明确何为微生物菌剂以及何为有机肥料。

根据国家执行标准 GB 20287—2006，微生物菌剂指目标微生物（有效菌）经过工业化生产扩繁后加工制成的活菌制剂。它具有直接或间接改良土壤、恢复地力、维持根际微生物区系平衡，降解有毒、有害物质的作用；应用于农业生产，通过其中所含微生物的生命活动，增加植物养分的供应量或促进植物生长、改善农产品品质及农业生态环境。

根据行业执行标准 NY 525—2012，有机肥料主要是来源于植物和（或）动物，经过发酵腐熟的含碳有机物料，其功能是改善土壤肥力，提供植物营养，提高作物品质。适用于畜禽粪便、动植物残体和以动植物产品为原料，并经发酵腐熟后制成的有机肥料。

根据行业执行标准 NY 884—2012，生物有机肥指特定功能微生物与主要以动植物残体（如畜禽粪便、农作物秸秆等）为来源并经无害化处理、腐熟的有机肥料复合而成的一类兼具微生物肥料和有机肥料的肥料。另外还对有机质含量、有效活菌数和有效期进行了说明。有机肥和生物有机肥分别要求有机质含量不低于45%和不低于40%，而没有对微生物菌剂做出明确的规定。生物有机肥要求有效活菌数 2000 万个/g，微生物菌剂对其要求则更高，有机肥由于生产过程对添加功能微生物没有特别要求，故没有明确规定。关于有效期，生物有机肥和微生物菌剂均有明确规定，这是因为其中添加的功能微生物具有特定有效时间，若微生物失活，则不再具有功能性。

三种肥料侧重不同的功能。微生物菌剂，顾名思义注重的是微生物，且主要用作微生物载体，其本身的营养成分少或是没有，它凭借微生物的生理代谢活动促进释放土壤中有机肥、化肥和矿物质养分，而氨基酸、激素类等微生物的次生代谢物可以有效改善作物品质，提高作物抗性，抑制有害菌滋生和调节土壤理化性质。有机肥则更注重增加土壤有机质和改善土壤肥力。基于微生物菌剂的有机肥料即生物有机肥，自然兼具微生物菌剂和有机肥的功能，既含有功能微生物，也含有一定量的有机质和营养物质。

6.4.2 精加工饲料化利用

畜禽粪便中未经消化的营养物质较多，像前面提到的鸡粪中则含有丰富的营养成分，故将其经过适当加工利用即可得到很好的饲料，其中含有的较为完善的氨基酸含量甚至超过了玉米、大米等谷物饲料，可与动物性饲料相当。这种对饲料资源的合理利用和开发即一种无害化处理，也响应了可持续发展的理念。

对畜禽粪便进行精加工饲料化利用的优点：一方面在于成本低、来源广泛，可以用肥料的价格获取饲料的价值；另一方面使畜禽粪便中剩余的营养成分得到充分利用，因为畜禽只能吸收饲料的部分营养，其他部分即随着粪便流失了。对畜禽粪便进行精加工饲料化利用不仅要考虑到最大限度地降低病原微生物和寄生虫卵；还要防止有机物的分解，尤其是含氮物质；此外也要保持和提高其营养成分的利用率。对畜禽粪便进行精加工饲料化利用的方法有干燥法、发酵处理、化学处理、生物分解和青贮处理。干燥法一般有机械干燥、舍内干燥、自然干燥等。发酵处理又分为自然发酵、堆积发酵、塑料袋发酵几种。生物分解则可通过培养蛆、蚯蚓，养殖藻类或是氧化沟法来进行。

(1) 干燥法下，湿粪经 70℃、12h，140℃、1h，180℃、0.5h 加热至含水量达 15%~25%。在鸡舍加速通风或机械搅拌等直接干燥的方法则既改善舍内环境又提高鸡的生产性能。小型养殖场即可将收集的粪肥撒开置于水泥地面或塑料薄膜上，然后经阳光暴晒至含水量在 13% 以下。

(2) 发酵法将畜禽粪便与 15%~20% 糠麸混合精料，加盐加水，以手握不滴水为标准装缸压实、密封、一般夏季 4~5h，冬季 3~4d，春秋 1d 即可发酵，发酵温度达 40℃ 要即刻启封。

(3) 用蛆分解畜禽粪便规模小时，在粪便上浇水使蛹上浮，蛹蛆蛋白含量高，非蛋白含量低；养殖蚯蚓用小牛粪便，并辅以石灰缓冲剂，保持一定湿度；粪便沉淀后的上清液用来养殖藻类，藻类可将畜禽粪便中的非蛋白氮转化为真蛋白质；氧化沟法是用通风机将空气吹入明水沟内供氧，使有机物转化为单细胞蛋白，得到的棕色无味混合液经沉淀后的上清液含有丰富的养分。

(4) 化学处理可以是 80% 丙酸和 20% 醋酸混合，也可是含 37% 甲醛的福尔马林，或是这两种的混合物。用量一般为 0.5%~0.7% 并辅以一些精料。该法有利于消灭病原微生物，保留甚至提高养分。

(5) 青贮法较优于其他方法，不仅经济且简便易行。既防止粗蛋白质损失，还使部分有效非蛋白氮转化为蛋白氮。可利用青贮塔、青贮窖、坑、塑料袋等进行青贮。还可以将畜禽粪便与饲草、水果和蔬菜废料、块根作物，谷物等混合青贮。

6.4.3 焚烧产热

焚烧产热属于能源处理，畜禽粪便可直接焚烧产热，是一种完全性处理，消灭病原体最彻底的方式。从燃烧特性看，畜禽粪便中碳、氢含量丰富，具有很好的燃烧特性，其作为能源的价值非常可观。畜禽粪便中的大量能量也可以通过焚烧法释放出来，焚烧法是利用空气中的氧作助燃剂，借以燃烧废弃物中的可燃性成分，以减少废弃物体积，废弃物在燃烧后产生的残渣、灰渣性质稳定，可以减少90%的质量和85%的容积，剩下含13%~16% P_2O_5 和8%~14% K_2O 的灰，氮以 NH_3 的形式随焚烧烟气逸出。焚烧法还能彻底消除病原菌，并使有毒有害物质无害化，焚烧中产生的热量可供发电和作热源利用。这种处理方法大都采用多层炉膛，上层炉膛为干燥区，温度为300~350℃；中层为焚烧区，温度为750~1000℃；下层为冷却区，温度为220~330℃。但是干粪直接燃烧产热更适合草原地区牛马养殖粪便的处理，在集约化养殖过程中，同样可产生大量的畜禽粪便，但是由于畜禽粪便中含水量很高，而且干燥比较困难，必须经过转化才能利用，所以比较难以实行。存在投资高、消能大，推广难的缺点，排出的气体也具有一定污染性，如何利用畜禽粪便进行直接燃烧产能，将是一项有待研究的技术。

6.4.4 厌氧消化

畜禽粪便中大量有机物与氮磷元素不利用就是污染物，但经过有效利用也可以成为一种资源。厌氧消化技术能够有机结合能源、环保与生态良性循环，达到显著的综合社会效益；过程中不需要供氧，产生的污泥量较少，从而节省了大量的动力消耗和处置费用，整体运行费用低于好氧法成本；该技术去除效果理想，尤其对于处理高浓度有机畜禽粪便，BOD 去除率可达90%，COD 去除率在70%~90%，还可以降解难降解物质和低浓度有毒物质；最重要的是可以回收污染物中储存的能量，将其所含的大量能量转变为可燃气体以供生活生产用，回收率可达80%。产生的沼气、沼渣与沼液能带来经济效益，沼气可用来发电或制造天然气从而缓解我国的能源危机，沼液、沼渣经充分发酵后，不仅残留的寄生虫卵被杀死，还保留大量的养分，可用来生产肥料和灌溉农田从而提升产量。厌氧消化沼气化在处理畜禽粪便上具有技术、经济优势，能够治理环境污染从而营造良好的生态环境，综合效益高，是未来发展方向。当前中国农村发展确实需要形式多样的能源生态模式，形成以沼气为纽带，集种植业、养殖业及农副产品加工业为一体的各种具有地域特色的生态农业模式。从而提高资源的利用率和产出率，实现多层次综合利用。大规模推广应用这些模式不仅可以改变农村传统生活方式，而且可以带动农村精神文明发展，促进农民增收，满足脱贫致富奔小康的需要。国家相关部门对于厌氧消化沼气化处理畜禽粪便的优势出台了一系列鼓励政策，"十二五"期间，国家发展改革委员会同农业部提出累计投资142亿元用于农村沼气建设，并不断优化投资结构，在"十三五"规划中提出了新建172个规模化生物天然气工程和3150个规模化大型沼气工程。

厌氧消化沼气化工艺流程，如图 6.4 所示，基本包括以下几步：原料的收集、预处理、调节池、消化池、固液分离、气水分离、脱硫与储存等。原料即畜禽粪便，进行预处理，然后进入调节池调节进料的含固率与温度，使原料在消化池发酵时达到足够的产气率，产生的沼气进行气水分离与脱硫后进行储存，再加以利用，而另一边从消化池排出的沼液一部分回流到消化池进行接种，一部分进行固液分离得到沼渣作为有机肥使用，沼液用来浇灌农作物。厌氧消化工艺多以湿法为主，但存在能耗高，预处理复杂，需水量大，运行稳定性差的缺点，而干法与半干法的设备与技术成熟，将是以后畜禽粪便厌氧消化技术的发展方向。

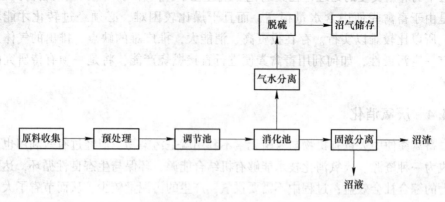

图 6.4 厌氧消化沼气化工艺流程

虽然沼气工程的综合效益高，但是由于一些原因不能得到体现。多数沼气工程在规划设计时并没有考虑后处理；为农村环保做出了贡献却没有考虑环保效益；沼气供给农民使用并没有达到优级标准，忽略了经济效益。沼气工程初始投资大，仅靠养殖企业自身投资是远远不够的，资金短缺，融资困难是重要的制约因素。沼气技术的推广和发展由于关键技术设备还未达到要求和完善而受到了影响。另外，沼肥作为有机肥取代化肥的地位还是存在难度的。对于各种能源生态模式，沼气池也多出故障，不能发挥核心作用。这是由于技术服务匮乏，出现问题而得不到解决；只利用却不管理导致沼气池扮演化粪池的角色。农村经济的发展也已经不满足于户用沼气池。我国在治理集约化畜禽粪便如果只采取好氧、物化的处理，不仅投资大而且能耗高；但是如果只采用厌氧消化的办法，难以达到排放标准。这要求开发更高的厌氧消化技术，加强前后处理技术并辅以厌氧消化技术，既满足生产沼气的资源化利用和治理污染，又实现综合效益。

除了日益增加的畜禽粪便产生量，我国作为农业大国每年都产生几亿吨秸秆，大都被堆放或是直接焚烧，造成了严重的环境污染问题。利用厌氧发酵技术将有机废弃物转化为沼气，对于获取新型能源和控制农村面源污染都有积极意义。随着经济发展，畜禽养殖已由过去的农户分散养殖过渡为集中养殖，可能造成部分户用发酵原料短缺。农作物秸秆属于富碳原料，碳氮比偏高，同时速效养分含量较低，木质素含量较高，不利于微生物的附着。单一秸秆作为原料发酵存在一定季节性、降解率低、易出现漂浮分层结壳、厌氧消化时间长等问题，使纯秸秆发酵较难被接受，故沼气发酵原料是亟待解决的问题。而以畜禽粪便和农作物秸秆混合作为发酵原料可以有效地弥补单一原料发酵的弊端，同时还可解决沼气原料短缺的问题。粪便与秸秆混合原料的协同作用可以优化秸秆的降解量，提高厌氧发酵能力，目前混合厌氧发酵以及优化混合原料组合及配比将是厌氧消化技术的重要发展方向。原料混合厌氧发酵是指将两种或多种发酵底物混合后同时消化以提高生物转化率以及甲烷产量的技术，其主要通过改善营养平衡，降低发酵过程中有毒化合物的毒害作用以及改善发酵底物流变学特性而提高发酵效果。诸多研究表明，不同发酵原料以一定比例混合后的发酵效果较单一原料发酵效果有显著提高。由此可见，原料混合发酵不仅可以弥补单一原料的发酵缺陷，还可以实现发酵原料间的优势互补，从而提高发酵效果。

6.5 典型畜禽粪便处理技术工程应用

集约型畜禽养殖场，无论用什么清粪方式，都会产生一定量的高浓度污水。以"减量化、资源化、无害化"为原则处理处置畜禽粪便是今后的大方向，这对提高农产品品质及治理环境污染带来良好效果。接下来介绍几种典型的畜禽粪便产后处理技术的工程应用。

6.5.1 畜禽粪便用作燃料、饲料和商品化有机肥

高新技术的应用使畜禽粪便的处理向燃料、商品化有机肥或饲料等产品方向发展。20世纪70年代国外养鸡企业逐渐配以干燥装置为主体的畜禽粪便处理设施和加工设备，20世纪80年代末，化学生物发酵处理技术得到广泛应用。20世纪80年代以来，中国研究应用太阳能、气流、高温以及膨化、微波、发酵、热喷处理等技术。目前对畜禽粪便的处理按机理划分主要包括物理法、化学法和生物法。物理法可分为自然干燥、高温快速干燥、烘干膨化处理、热喷处理、微波处理等；化学处理主要是利用化学物质与畜禽粪便中有机物进行化学反应，有加热氧化、化学氧化、生物氧化等；生物发酵成本低、发酵物生物活性强、肥效高、易于推广，近年来在国内外研究较多，可同时达到除臭、灭菌的目的，可分为厌氧池、好氧池和堆肥发酵等。

用作肥料的技术有粪尿撒施、自然堆肥和好氧发酵制肥。有机肥料的需求量随着有机食品和绿色食品的发展不断增加。1998年天津市农机研究所在实施市

农委有机肥生产技术及设备推广项目期间，在宝坻、大港等区县建立了示范点，在塑料大棚内以深槽好氧发酵的方式生产有机肥。畜禽粪便经送料器送进发酵槽，经过深槽好氧发酵和螺旋搅拌器搅拌推进，然后烘干、制粒、装袋，包装出售。

畜禽粪便用作燃料的技术始于1958年，在20世纪70年代得到发展。天津市农机试验鉴定站在2005年完成了市科委科研攻关培育项目《设施养殖业废弃物处理技术及设备研究》，在北辰区红旗养牛场试制安装了高架钢结构高温厌氧沼气发酵罐，在东丽区世纪星养猪场安装了设备，并增置沼气储气罐、脱硫装置和制定工艺流程。该技术及设备的研究显著提高了北方地区冬季低温下的产气效率，实现了边排出、边回收、边利用的目标。

6.5.2 新型畜禽粪便系统处理工程

厌氧好氧相结合的能源环保模式，适用于大中型集约化畜禽养殖场。在建设时其工程末端的出水要求达到国家规定的相关环保标准。特点表现为畜禽粪便在经过厌氧消化处理和沉淀后，要再经过曝气、物化处理等工程好氧处理。对于中小型畜禽场，其适用的能源生态模式是以生态农业的观点为基础统一筹划、系统安排，经过系统化的畜禽粪便处理和资源化利用后，从而形成生态农业园区。特点表现为畜禽粪便在经厌氧消化处理和沉淀后，排灌到农田、鱼塘或水生植物塘，使畜禽粪便不仅达到资源化利用，还实现"零排放"。近年来，我国农村户用沼气池发展兴起。以北方的"四位一体"、南方的"猪、沼、果"和西北的"五配套"等为代表的各具特色的能源生态模式基本形成。从过去单纯地追求能源效益向注重发挥以沼气技术为核心的多功能优势转变，从而建立兼具能源、生态、经济以及资源综合利用等于一体的系统生态工程，为消除农村面源污染做出了巨大贡献。

以一个系统工程（见图6.5）为例，畜禽养殖舍内会铺设沙床去增加地面附着力以防畜禽发生滑摔，同时细沙可以很好地吸收畜禽粪便中的水分，保持地面干燥。定期用高压水冲洗地面，畜禽粪便和细沙的混合物会被冲洗到沉淀池进行粪水分离。粪便由泵提升至分离系统从而与其内未被完全消化的牧草分离。对分离出来的牧草烘干消毒进行再利用，而粪便进行脱水处理后进入产蝇蛆池。沉淀下来的细沙晾干后再次铺设地面进行再循环利用。产蝇蛆池是由混凝土浇筑成的，四周是斜坡的池子，在倾斜的四壁上敷设塑料薄膜，粪便进入产蝇蛆池后分开堆放，有利于蝇蛆的产生。对集中在塑料薄膜上的蝇蛆定期进行收集，发酵产生的蝇蛆经处理后即可用作饲料喂养特种水产。堆放产生蝇蛆后的粪便放入密封的厌氧发酵池，产生的沼气通过收集、净化后可用于农户，产生的沼渣沼液基本没有有害细菌，可以改良农作物和经济作物的土壤，避免土壤板结，增加土壤的

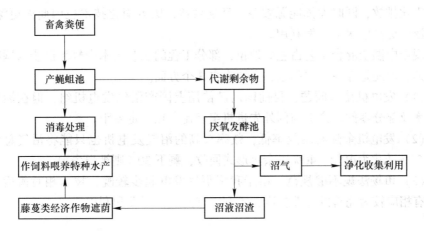

图 6.5 畜禽粪便处理系统工程流程

团粒结构，使土壤更好地吸收水分和供给营养。同时在水塘边栽种藤蔓类经济作物，既为水塘遮阴，又能用剩余的沼渣沼液进行灌溉，改良了水塘周围的环境。

这种新型畜禽粪便系统处理工程满足了对于新农村建设的要求，改善了农村环境，进一步将农村生活环境向城市靠拢，是日后农村发展必不可少的技术。这种技术投资少，见效快，占用面积少，适用于现在的农村，同时带动了水产养殖业和经济作物种植业的发展，同时实现了经济效益和社会效益。

6.5.3 沼气发电技术

随着养殖规模的不断扩大，生态环境污染问题的日益严重，农村家用沼气池逐渐发展成畜禽粪便沼气工程。沼气发电技术是实现畜禽粪便、农作物秸秆、有机生活垃圾以及生活污水等各类生物质资源化利用的有效途径，具有高效、节能、安全和环保等综合效益。沼气发电始于20世纪70年代初期，作为一个系统工程包括了沼气生产、沼气净化与储存、沼气发电等多项单元技术的优化组合。国外沼气发电受到了广泛重视和积极推广，如美国的能源农场、德国的《可再生能源法》、日本的阳光工程、荷兰的绿色能源等。在我国沼气发电行业起步于20世纪80年代初期，大量技术人员研究沼气发电技术及开发沼气发电设备，科研机构进行研究沼气发动机的改装和热效率的提高，目前我国的厌氧消化技术在国际上享有很高的声望，其工艺水平代表和反映了厌氧消化技术的水平。现有推流式厌氧消化装置、水压式发酵装置和全混合厌氧消化装置等几种厌氧消化工艺。厌氧消化新工艺的采用推进了前后处理技术的完善。目前采用的前处理有物理法，包括常规沉淀技术和机械固液分离技术或二者综合使用；另外还有生物法，包括酸化或液化过程处理技术。后处理得到的沼渣可以制作无害化有机复合肥或配合饲料的添加剂，沼液则可用作冲施肥和无土栽培，或通过好氧、厌氧处理实现无害化排放，同时发挥能源效益、环境效益，厌氧消化技术也因此被更深入、更广泛、更高层次地开发利用。

现今中温全混合工艺占主导地位，部分工程的工艺技术产气率已步入国际先进行列，但还是存在一些问题，主要来自3个方面。

(1) 发电机技术问题，目前国内已使用上国产沼气发电机组，但在燃料发电效率及部分零件寿命上与国外先进机组相比存在一定差距。

(2) 发电机余热利用效率低，效率较高的沼气发电机也只能将沼气总含能量的30%转化为电能，40%以余热形式回收，剩下30%则被损失掉。

(3) 市场法规不够规范，由于我国沼气发电起步较晚，技术相对落后，市场没有相应较为完善的行业标准，不利于其商业化开发和利用。

7 基于循环利用的园林绿化垃圾处理技术

7.1 园林绿化垃圾特性及处理现状

城市生态圈里生态廊道、自然保护区、风景名胜区、森林公园以及城市道路和地表水两侧的绿化带等均会在日常治理修饰过程中产生绿化垃圾，统称为园林绿化垃圾，包括植物的叶子、草、树枝、修剪物等，被认为是第二代生物质，如图 7.1 所示。根据《中国统计年鉴》和《中国国土绿化状况公报》的统计数据，2010—2021 年这 12 年期间城市建成区绿化覆盖率和城市人均公园绿地面积的变化整体呈上升趋势，如图 7.2 所示。2021 年我国城市建成区绿化覆盖率达 42.4%，城市人均公园绿地面积达 14.8m²。新增公路绿化里程 21 万 km。水利系统新增绿化面积 445 公顷，抚育面积 3.85 万公顷。然而，随着绿化工作的高效深度实施，园林绿化垃圾成为显著的环境污染问题。它是城市有机易腐固废的重要组成部分，属于木质纤维素类物质，其主要成分是木质素、纤维素和半纤维素，其中木质素对纤维素具有保护作用，木质素与半纤维素之间存在氢键以及纤维素具有较高的结晶度，其具有低热值、高含水量、空间体积大、亲水性等特点，因此易吸收水分而被细菌/真菌腐蚀，造成环境问题。

图 7.1　绿化垃圾实物

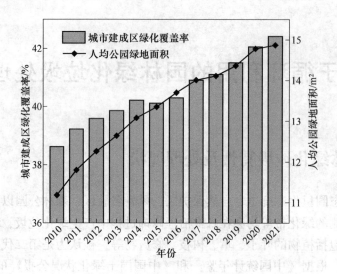

图 7.2 城市建成区绿化覆盖率和人均公园绿地面积 2010—2021 年变化

由于技术选择有限，在发展中国家，园林绿化垃圾主要是被焚烧或置于指定的垃圾场自然分解。在美国，24 个州和数百个城市已经禁止填埋园林绿化垃圾。据 2017 年欧盟统计报告《能量、交通和环境指数》数据，欧盟多数国家园林垃圾资源化利用采取堆肥方式。虽然园林绿化垃圾通过厌氧消化等产生的生物能源有可能取代不可再生能源，然而由于木质纤维的结构复杂及从废物转化为循环经济型物质的不易过程，探索优化属于它的能源和资源生产模型也是一项挑战。目前，园林绿化垃圾主要通过 6 种方式被分解、降解、转化为可再生能源和资源，分别是好氧微生物发酵、再生发动机燃料、厌氧发酵方式甲烷、天然多酚循环利用、生物合成气制备、特色工艺品和建筑材料开发，最终生物质能源和绿色可持续生产工艺消耗品都可以从中获取，这符合当前国家"十三五"生态环境保护规划的重要发展战略。

7.2 园林绿化垃圾管理措施

我国针对园林绿化垃圾处理的相关政策和技术标准严重缺失。相对较早的是 2007 年建设部出台的《关于建设节约型城市园林绿化的意见》，提出"通过堆肥、发展生物质燃料、有机营养基质和深加工等方式处理修剪的树枝，减少占用垃圾填埋库容，实现循环利用"。北京市、上海市、浙江省等地结合实际，探索适合地方发展需要的政策支持和技术标准体系。目前国内有关园林垃圾资源化处理部分相关政策、技术标准及规范参见表 7.1。

表 7.1 国内园林垃圾资源化处理部分相关政策、技术标准与规范

发布日期	国家	名称	发布单位
2020 年	中国	《公园服务基本要求》（GB/T 38584—2020）	全国城镇风景园林标准化技术委员会
2020 年	中国/山东	关于印发《关于加快园林绿化废弃物科学处置利用的意见（试行）》的通知	济南市园林和林业绿化局
2019 年	中国/浙江	《城镇绿化废弃物资源化利用技术规程》（DB33/T 1183—2019）	浙江省住房和城乡建设厅
2018 年	中国/山东	《园林废弃物堆肥发酵技术规范》（DB37/T 3424—2018）	山东省市场监督管理局
2018 年	中国/北京	《园林绿化废弃物资源化利用规范》（DB11/T 1512—2018）	北京市园林绿化局
2018 年	中国/北京	关于印发《关于加快园林绿化废弃物科学处置利用的意见》的通知	北京市园林绿化局
2017 年	中国/上海	《绿化有机覆盖物应用技术规范》（DB31/T 1035—2017）	上海市质量技术监督局
2017 年	中国/江苏	江苏省生活垃圾分类制度实施办法的通知	江苏省人民政府办公厅
2017 年	中国/西安	西安市城市生活垃圾三年行动方案	西安市人民政府办公厅
2016 年	中国/北京	北京市园林绿化局关于杜绝焚烧园林绿化废弃物积极推进资源化利用的意见	北京市园林绿化局
2015 年	中国	《绿化植物废弃物处置和应用及技术规程》（GB/T 31755—2015）	国家质量监督检验检疫总局、中国国家标准化管理委员会
2015 年	中国/北京	北京市园林绿化局关于印发 2015 年秋冬季禁止焚烧园林绿化废弃物专项整治工作方案的通知	北京市园林绿化局
2015 年	中国/北京	绿化废弃物处置和应用技术规程	国家质量监督检验检疫总局、中国国家标准化管理委员会
2011 年	中国/北京	园林绿化废弃物堆肥技术规程	北京市质量技术监督局

关于园林绿化垃圾处理处置的政策性管理，国家层面并没有相关法律规范，但是已经有相关的技术规程要求，相应的地方性技术规程或技术规范也陆续出台。如根据《绿化植物废弃物处置和应用及技术规程》（GB/T 31755—2015）里的相关内容，浙江省结合《城镇绿化废弃物资源化利用技术规程》（DB33/T 1183—2019）指出，绿化废弃物资源化利用应遵循政府主导、市场运作、循环利用的原则。

首先，绿化废弃物应按照枝干、根茎、落叶、草屑及其他植物性废弃物等进行分类收集，并不得与生活垃圾和建筑垃圾等混合收集。通过建立绿化废弃物收集制度，做到定点、定期收集。受病菌、虫卵等危害的绿化废弃物应分开收集。收集的绿化废弃物应分类运输，体积过大不便于直接装载运输的绿化废弃物在运输前宜整理修剪或粗破碎，收集后应及时运往处置场。在运输过程中，应采取防止抛撒和滴漏等措施，宜采用密封式车辆运输。

其次，处置场应有良好的通风条件和降噪措施，并且噪声值应符合现行国家标准《工作场所有害因素职业接触限值 第2部分：物理因素》（GBZ 2.2）的规定；当处置场附近有居民区时，处置场噪声标准应符合现行国家标准《工业企业厂界环境噪声排放标准》（GB 12348）的有关规定；处置场周围宜建林带屏蔽噪声。处置场粉尘和有害气体的允许浓度，应符合现行国家标准《工业企业设计卫生标准》（GBZ 1—2010）、《环境空气质量标准》（GB 3095—2012）和《大气污染物综合排放标准》（GB 16297—1996）的有关规定；恶臭污染物允许浓度应符合现行国家标准《恶臭污染物排放标准》（GB 14554—93）的规定，发酵设施应设有脱臭装置，处置场内、外大气臭级不得超过3级。处置场内渗沥水和污水排放标准应符合现行国家标准《污水综合排放标准》（GB 8978）的有关规定；发酵设施必须有收集渗沥水的装置；渗沥水不应直排，应在收集后和作业区冲洗污水一起进入补水蓄水池，作为物料调节用水。处置场内应采取灭蝇措施，并应设置蝇类密度监测点。场区环境卫生应整洁，无污染、污水积存等脏乱现象，每天作业完毕后，应及时清扫场区内遗撒垃圾。处理设施设备应具备防雨、除尘、除臭、防渗和通风等措施；对于易腐蚀的金属构件及设备应采取相应的防腐措施。

最后，处置单位应制定生产安全管理规章制度和生产安全操作规程；应采取措施，保障员工职业安全与卫生，安全卫生管理应符合现行国家标准《生产过程安全卫生要求总则》（GB/T 12801）的有关规定；应建立发生火灾、机械设备伤人等重大安全事故的应急预案；作业人员应具备相应的岗位技能，经过培训合格后方可进行上岗作业；应为作业人员提供劳动安全卫生条件和劳动防护用品，作业人员应按规定使用安全防护及劳保用品；应定期检查消防器材等设施设备，并保持其完好；应在处置场明显位置设置禁烟、防火和限速等标志；场内车辆运输应符合现行国家标准《工业企业厂内铁路、道路运输安全规程》（GB 4387）的有关规定；应定期对处置场进行安全检查，及时排除安全隐患，并记录存档。

7.3 园林绿化垃圾循环利用必要性

7.3.1 节约型社会建设需求

在过去的 20 世纪，人类在经济、社会、教育和科技等诸多领域取得了举世瞩目的成就，但是在环境与发展的问题上始终面临着严峻的挑战。1992 年 6 月 3—14 日，联合国环境与发展大会在巴西里约热内卢国际会议中心隆重召开。会上通过了《21 世纪行动议程》，在推动世界可持续发展、保护地球环境以及提高人民生活水平等重大问题上达成协议。而在会后，我国也从自己的国情出发，将可持续发展战略确立为实现现代化的一项重大战略。

我国提倡建设节约型社会，这不仅是由我国人均资源较少的基本国情决定的，更重要的是着眼于落实可持续发展战略的要求。建设节约型社会实质上是关系到中华民族前途命运的一个重大战略决策和长远战略方针。建设节约型社会是科学发展观的内在要求，是构建社会主义和谐社会的重要组成部分。城市园林绿化同样也可以沿着可持续的方向发展，这样不仅能使我国的城市园林实现经济环保式的发展，还可以达到人与自然的和谐相处，提高居民的生活质量和幸福指数，进而获得最大的经济效益、生态效益以及社会效益。

随着城市化水平和现代化水平不断提高，响应建设资源节约型和环境友好型社会的号召，营造宜居和谐的城市环境对园林绿化提出了更高的要求。然而，城市园林绿化过程中也存在着诸多不容忽视的问题。例如，过分强调园林绿化的美观性和景观作用，不考虑其生态和绿化作用，违背了自然规律。为了快速实现高效大规模的苗木移植，反季节种植和逆境种植；过于追求视觉刺激导致忽视了其本质作用，不仅达不到改善城市生态环境的效果，对修剪和搬运等等方面的人力、资金的投入大多是有去无回，造成严重的树木和资源浪费。

当然，在城市园林的建设过程中，一直存在着植被的绿化期与存活期较短的缺陷，园林植物凋落以及人工修剪所衍生出的植物残体，包括枯枝、落叶、草屑、树木与灌木剪枝等往往不可避免地产生大量的园林绿化垃圾，直接焚烧容易污染空气引起火灾，运输填埋会污染土壤，造成转运、处理等过程的人力和机械的投入以及资金的消耗，还会给城市生活垃圾处理增加负担和压力，还会对资源造成一定的浪费。这恰恰与建设节约型社会的发展理念相悖。因此，城市园林绿化垃圾要做到循环利用，发挥它最大的价值，进一步推动节约型绿化的持续发展。

城市园林绿化过程中产出的废弃物垃圾资源丰富，可利用潜能巨大。实践证明，园林绿化垃圾中的有机物质是目前不可多得的有机资源。将树木、叶子、草屑粉碎后进行堆肥，可成为土壤改良的材质，回填到林下和绿地中去；经深加工后可用作植物育苗、花卉栽培基质；其粒径较大的产生物可用树堆和以裸露土地遮盖，保墒且能防止飞尘及水土流失（经过新西兰奥克兰大学研究证明，可减少90%以上的水土流失），增加地温及土壤有机质；还可辅以圈肥或其他肥分材料等加工做成有机肥料，用于园林绿化和农业生产。城市园林垃圾循环资源化利用，解决了园林垃圾处置难的社会问题，减少了环境污染，丰富了城市绿化用材，探索出了一条园林垃圾循环发展的经济模式，给堆肥厂等相关企业带来可观的经济利润。另外，就地取材，变废为宝为城市带来明显的绿地效益和社会效益。

城市园林垃圾循环利用，与建设节约型社会的发展理念相契合，符合国家可持续发展战略的要求，这样不仅能够使我国的城市园林实现经济环保式的发展，还可以达到人与自然的和谐相处，提高居民的生活质量和幸福指数，进而获得最大的经济效益、生态效益以及社会效益。

7.3.2　降低城市污染与环卫工作量

节约资源和保护环境是我国的基本国策。2020 年 10 月 29 日中国共产党第十九届中央委员会第五次全体会议通过《中共中央关于制定国民经济和社会发展第十四个五年规划和二〇三五年远景目标的建议》，其中第十部分的主题是"推动绿色发展，促进人与自然和谐共生。"首先是降低碳排放强度，支持有条件的地方率先达到碳排放峰值，制定 2030 年前碳排放达峰行动方案；其次是继续开展污染防治行动，建立地上地下、陆海统筹的生态环境治理制度；然后是全面提高资源利用效率，推行垃圾分类和减量化、资源化，加快构建废旧物资循环利用体系。

城市环境污染是指个人或企业在生产和生活中，向自然界排放的大气污染物、水体污染物和土壤污染物，超过了区域自然环境的自净能力，遗留在自然界，并导致自然环境各种因素的性质和功能发生变异，破坏生态平衡，进而给人类的身体、生产和生活带来危害。园林绿化垃圾属于易腐有机固体废弃物，如果不对其进行合理处置，垃圾的腐烂会造成区域性的大气污染和土壤污染，而土壤中的污染物也可能会由于雨水的冲刷下渗进入地下水，产生地下水污染。城市垃圾的产生和处置与环卫工作量也是息息相关的，如果部分园林绿化垃圾可以直接原地重新利用，这可以减轻环卫人员的一些压力，也就是采用环保手段促进社会的可持续发展。

7.3.3　城市土壤改良需求

作为人类赖以生存和发展的物质基础，土壤子系统是生态系统中最重要的自然资源之一，然而近年来随着城市化和工业化的加速，我国土地资源迅速锐减，土壤污染问题日益突出。根据环境保护部和国土资源部发布的《全国土壤污染状况调查公报（2014）》可知，我国土壤污染总体超标率为 16.1%。为打好净土保卫战，2019 年 1 月 1 日，我国正式实施《土壤污染防治法》，它是我国土壤环境管理工作的重要里程碑。

其中一类土壤污染来源于土壤有机质的减少，就是由于长期不施或少施农家肥，缺少秸秆还田，不种植绿肥，土壤有机质得不到补充；而且超量施用化学氮肥，以及超出土壤负荷的高产，频繁的表土耕翻，加剧了土壤碳的耗竭，致使土壤有机质含量减少。土壤有机质减少会引发土壤结构破坏和土壤板结，土壤肥力下降，土壤理化和生物性质恶化，土壤酸化和次生盐碱化，土传病害加剧，土壤净化能力减退等。随后，土壤酸化会加速土壤贫瘠化，土壤有害重金属活化，土壤有害微生物特别是寄生真菌增加，土传病害严重发生。土壤表层次生盐碱化即土壤结构破坏、理化生物性质恶化，轻则影响种子发芽出苗，阻碍养分吸收，作物生长不良，重则造成植物生理干旱，营养障碍、盐害、死亡。此外，土壤团粒结构会遭到破坏，致使土壤板结。土壤板结直接导致土壤-植物系统缺氧、缺水、缺肥，影响到土壤-植物系统的物质转化和能量交换，甚至某些生理活动和生命代谢不能正常进行，或者终止，或者向有害方向转化。

土壤改良的主要目标是提高土壤肥力、改善土壤结构、消除土壤污染。土壤改良最直接的办法就是添加土壤改良剂。土壤改良剂有天然的，也有合成的。生物质炭可以作为土壤改良剂。将生物质炭施入土壤，可以改变土壤 pH 值、土壤比表面积、氧化还原电位、元素含量等诸多特性。Novak 等人研究表明，把 pH 值为 7.3 的生物质炭施入土壤中，土壤的 pH 值从 4.3 增加到 6.8。Laird 等人研究发现，生物质炭用于改良土壤之后能增加土壤的持水量和土壤的比表面积，而且生物质炭施入土壤后阳离子交换量增加 20%。进而，某些重金属离子可以和生物质炭中特定的功能集团（含氧官能团—COO—、—COOH、—O—、—OH）结合形成较为稳定的结合体，从而减少土壤溶液中的重金属离子含量，同时能起到土壤修复与促进作物生长的双重效果。生物质炭还可以改善微生物的栖息环境。Pietikainen 等人研究发现，生物质炭进入土壤，可以增加土壤溶液的 pH 值，提高微生物群落的呼吸代谢速率，使微生物对基质的利用率大大增加，进而提高土壤肥力。另外，生物质炭中含有大量的芳香类物质，施入土壤可以增加土壤的有机质含量，从而促进土壤微生物的繁殖和发育。园林绿化垃圾通过燃烧可以生成生物质炭，通过堆肥可以生成具有改良土壤理化性质、结构的土壤改良剂产品。

综上，基于园林绿化垃圾的特性、管理措施等特点，以节约型社会的建设、城市污染的降低和土壤改良为国民经济与社会发展需求时，园林绿化垃圾的循环利用符合当下时势，如图 7.3 所示。

图 7.3　园林绿化垃圾的循环利用符合环保需求

7.4　园林绿化垃圾处理资源化技术

7.4.1　好氧微生物发酵

目前，美国的园林绿化垃圾的 60% 会转化为肥料。好氧堆肥发酵技术是在有氧的情况下，发酵原料中有机物依靠自然界广泛分布的细菌、放线菌、真菌等微生物的作用下发生降解与转化，经过高温发酵后使有机物矿质化、腐殖化和无害化而变成腐熟肥料的一种处理技术。好氧堆肥也称高温堆肥，具有堆体温度高，一般为 50~65℃，极限温度可达 80~90℃，能最大限度杀灭病原菌，有机物降解速度快且彻底，腐熟时间短，无害化程度高和堆肥产品肥效高等特点，是国内外目前最主要的发酵方式。

植被的来源、季节的变化和当地的收集政策会造成园林绿化垃圾的成分发生变化，且园林绿化垃圾中的木质素、纤维素、半纤维素均是难以生物降解的有机化合物，使得园林绿化垃圾的堆肥具有挑战性。马来西亚农业研究与发展研究所对潜在的堆肥产品进行了试点研究。收集到由干叶、鲜绿叶和插枝三种废弃物组成的园林绿化垃圾 16.75t，将这些绿化垃圾与适量的畜禽粪便和其他废弃物混合，最佳初始 C/N 比为 25 : 1~42 : 1。成熟堆肥产品的 C/N 比为 10 : 1~15 : 1；大部分堆肥产量在 50%~70% 之间；堆肥中的种子萌发率超过 95%；效益与成本比值大于 1 表明该项目的经济可行性，这项技术实现了生产优质堆肥的目标，适合农业使用。与此同时，园林绿化垃圾的微污染物含量较低，有利于生产具有足够特性的堆肥，能够满足有机农业系统中堆肥使用的质量标准和使用限制。因此，将园林绿化垃圾用于堆肥，获得有机肥料，可以融入经济体系，同时减少温室气体排放。

目前，大多数研究集中于园林绿化垃圾堆肥的优化，通过原料的预处理、共底物的添加和操作过程的调整，缩短处理时间、提高最终产品质量和减少气体排放。机械粉碎可以均匀化园林绿化垃圾，获得特定的颗粒大小，其中小颗粒会阻碍孔隙的形成，不利于物料的曝气，而大颗粒会阻碍原料的升温，从而使降解变慢，因此，粉碎之后合适的颗粒大小会在增加物料表面积的同时，减少水分的蒸发，促进有机质的降解。例如，将园林绿化垃圾和鼠李糖脂共堆肥的颗粒尺寸调整到 10mm、15mm 和 25mm 后，15mm 粒径的颗粒堆肥产生的产品中总氮含量相较于对照组增加了 0.5%，C/N 比下降了 39.8%，这表明有机质的降解程度和氮矿化程度有所增加。共底物的添加可以从控制水分、增加孔隙率、改善产品的化学特性和提高微生物活性等方面作用于园林绿化垃圾的堆肥，从而提高堆肥产品的质量。在不同比例下混合园林绿化垃圾、牛粪和咖啡渣，进行共堆肥，由于牛粪（初始 pH 值为 6.11）和咖啡渣（初始 pH 值为 5.23）的酸性，这种复合添加提高了真菌对木质素的降解活性，而且牛粪中大量的硝化细菌及 5.9% 含氮量、咖啡渣中 2.31% 含氮量提升了堆肥产品的氮保留。磷矿通过堆肥溶解，具有高孔隙率，为原料混合物提供表面积，具有可观的蓄水能力。当磷矿与园林绿化垃圾共同堆肥时，通过减少表面水分的挥发而减少氮的损失，通过高孔隙率和氧平衡提高了降解率，同时获得富含总磷的产物。需要注意的是，产品作为有机肥料，其磷含量不得超过化肥的最大施用量，避免造成地下水的污染。

Pandey 等人根据供养方式的不同分别采用了静态垛、每周 2 次维持 15min 的翻堆、80L/min 速率的强制通风共三种处理方式，在 55℃ 的封闭加热系统中对割草、树枝、餐厨垃圾和马粪进行堆肥，三种处理（70d 后）均可生成 C/N 比低于 20 的成熟堆肥。园林绿化垃圾（GW）堆肥过程中，Zhang 等人在第一阶段的温度达到 60℃ 时、第二阶段期间每隔 6d 时，周期性添加 2mL 的用 2L 水稀释后的竹醋，通过控制嗜热状态时的 pH 值达到控制 NH_3 的排放范围。中小企业实施这一策略后，最终产品的 C/N 比在 5~15 之间，N_{total} 在 1.5% 以上。

7.4.2 再生发动机燃料

生物质燃料主要是指来源于生物圈内的生物质通过物理、化学和生物等手段转化为燃料直接工作的精炼生物材料。生物质燃料的多样性体现在它被划分为第一代、第二代和第三代生物燃料。第一代来源于玉米、甘蔗、甜菜、大豆油和棕桐叶等农作物；第二代来自水果废料、食用油等农业废料和工业废料；第三代是以藻类为原料生产。园林绿化垃圾通过直接液化也可以制作出生物质燃料作为发动机燃料。

热化学液化作用下，纤维素和半纤维素主要水解为单糖，再水解为酸、醛、酮等，木质素则分解为酚类化合物。直接液化时，溶剂对园林绿化垃圾的影响很大。溶剂分子与生物质分子的相互作用直接影响液化产物的分布和组成。一般情况下，液化溶剂的功能是溶解和分散原料、稳定反应中间体或抑制其再聚合，并提供氢源以提高液化产品的质量。目前，在水、有机溶剂、混合溶剂或超临界流体等单相条件下，园林绿化垃圾直接液化的研究已经广泛开展。

水是研究最多的溶剂之一，既环保又便宜。水作为溶剂、反应物和催化剂或催化剂前体在液化过程中起着积极的作用。200~450℃温度范围可以显著影响水的密度、介电常数和离子产品，我们要求临界温度足以促进液化，包括介电常数下降80%会提高非极性化合物的溶解度，溶度积常数高于10^{-14}的离子产品才能支持离子反应，最终这些反应将生成油产品，而不是自由基反应生成焦炭或气体。有机溶剂按极性可分为极性质子溶剂、偶极性非质子溶剂和非极性溶剂。极性质子溶剂是指氢原子与电负性原子结合的溶剂，如小分子醇溶剂；偶极性非质子溶剂是一种不含O—H，在C、O或N原子之间形成双键或多键的溶剂（如丙酮、四氢呋喃）；非极性溶剂是具有低介电常数和不能与水混溶的化合物，如苯、乙醚和二氯乙烷。当有机溶剂用于园林绿化垃圾液化时，其反应效果显著，在生物油和化学品生产的园林绿化垃圾液化领域具有巨大潜力。使用有机溶剂也会产生一些问题，例如溶剂的成本较高、大量有机溶剂的应用和回收造成了环境问题（如甲醇和苯酚）。有机溶剂-水混合溶剂是指有机溶剂与水可混溶的体系。混合溶剂能很好地溶解园林绿化垃圾，与催化剂有良好的接触，大大提高了反应效率。在水热过程中，乙醇等低分子醇与水发生"重整"反应，在原地生成氢气作为氢的供应者，有利于降低液化产品中的氧含量。有机溶剂（如乙醇、甲醇、苯酚等）-水混合溶剂已广泛应用于玉米秸秆、稻草、树皮、麦秸、锯末等多种生物质的液化。有机溶剂-水混合溶剂的使用可以进一步提高生物油的液化，从而提高转化率和产量。

7.4.3　厌氧发酵产甲烷

园林绿化垃圾属于一种木质素生物质，可以作为厌氧发酵的底质生成乙醇、沼气、有机酸。厌氧发酵是所有生物能源生产技术中耗能最少且有利于温室气体减排的过程。在欧洲，2012 年建造的沼气池为 13812 座，其中 8700 座在德国。2016 年欧洲增加到 17358 座，德国增加到 10846 座。1950 年前后，中国、印度和尼泊尔启动了国家沼气项目，截至 2009 年，中国、印度和尼泊尔分别有约

1700 万座、1200 万座和 19 万座沼气池。木质素生物质用于厌氧发酵的研究已有很多，将园林绿化垃圾用来生产沼气显然是一种技术可行的处理策略。

厌氧发酵最重要的一步是水解，其中生物质被兼性和专性细菌水解从原料中生产水溶性单体。虽然固态厌氧发酵装置成本低，且环保技术在过去十年中得到了不断的发展，但可能由于木质纤维素类生物质的结构较强，加之木质素的存在，兼性细菌很难对其进行适当的水解，致使甲烷产量和过程的不稳定性仍然是其商业运行的两大挑战。这个问题可以通过原料预处理和与其他原料的共消化来克服。

从木质纤维素生物质中生产沼气的预处理方法可分为机械、热、化学、生物和混合组合。切碎、磨铣、研磨和混合是机械预处理的例子；蒸汽对生物质的爆破和热水解就是热预处理的例子；用酸、碱和氧化剂进行水解是化学预处理；用真菌生产甲烷是生物预处理。经过适当的预处理，木质纤维素生物质可以成为沼气生产的潜在基质。在所有的预处理技术中，热碱预处理对于木质纤维素生物质转化成沼气的厌氧发酵过程，似乎是一种有利的技术。这种预处理可以帮助保持原料的 pH 值接近中性。因为在 150~180℃ 的高温预处理过程中，半纤维素部分溶解，产生几种有机酸。然而，一些酚类和羟基甲基糠醛等杂环化合物在酸性热预处理过程中产生，会抑制厌氧发酵。碱水解是指使用各种碱，如 NaOH、KOH、$Ca(OH)_2$、氨水和 NH_4OH，去避免这种抑制。但碱的添加不应超过抑制限度，例如，钠的最大值为 3000mg/L，钾为 12000mg/L，否则也会抑制厌氧发酵。两种或两种以上基质混合以提高沼气生产是一种称为共消化的技术。如果用低碳氮比的底物与木质纤维素生物质共消化，就有可能增加高碳氮比木质纤维素生物质的生物气产量，因为它们的高碳氮比会抑制厌氧消化。木质纤维素生物质与动物粪便的共消化可以平衡碳氮比，从而在商业水平上优化沼气生产，因为单一消化会产生较低的沼气，导致沼气池不稳定。柳枝稷、水稻秸秆、麦秸、玉米秸秆的纤维素含量、半纤维素含量和碳氮比分别为 38%、26% 和 93；32%、24% 和 47；38%、21% 和 60；37%、22% 和 63，它们在协同消化其他合适底物的情况下具有很高的沼气生产潜力。因此，园林绿化垃圾可以和动物粪便或作物秸秆一起进行共消化。

7.4.4 天然多酚循环利用

酚类是目前存在最广泛的一类植物化学物质，它们存在于植物的所有营养器官中，并随后保存在园林绿化垃圾中发现的死亡植物部位。天然多酚具有螯合、吸附、还原、络合、营养循环、抗菌、促进植物生长等独特特性，对环境污染物具有较好的清除效果，具有很大的商业潜在利用前景。因此，园林绿化垃圾是宝贵的多酚类资源。

纳米颗粒具有较高的反应活性，而且具有更多的反应位点，可以增加接触并迅速降低污染物浓度。随着人们对其生态和生物影响的日益关注，人们发现创造无毒、绿色纳米材料具有吸引力，而且这种关注正在显著增加。绿色纳米粒子的合成一般选用富含多酚的天然提取物，因为酚类物质无毒可降解，在室温下可溶于水。多酚有助于更大的金属离子还原，进而控制纳米结构的尺寸、形貌、传输和稳定性。此外，天然多酚形成纳米离子的合成机制非常简单，可以在提高成本效益的同时，很容易地扩大规模，且对于更安全的环境应用具有更大的兼容性。利用天然多酚实现纳米颗粒的绿色合成包括以下 3 个简单步骤：

（1）在溶液中与金属形成多酚配合物；

（2）金属离子的生物还原生成零价粒子；

（3）氧化酚类化合物最终覆盖合成纳米粒子的表面。与化学合成的纳米颗粒相比，天然多酚的间歇还原和最终盖层有助于延长相对短寿命的纳米颗粒的反应寿命。

Wang 等人通过简单的一步桉叶多酚提取，成功制备了 FeNPs，显示其在猪废水原位修复方面的巨大潜力。同时证明，天然多酚在保护纳米颗粒不被氧化和聚集方面发挥着关键作用，并作为一种盖层剂来改善它们的分散。从 *Terminalia chebula* 果实提取物合成的 AgNPs（大小为 20nm）可有效催化还原碱性染料亚甲基蓝。在另一项研究中，来源于桉树的 FeNPs 具有优良的染料去除能力，可以通过吸附进行水净化和地下水修复。此外，Dauthal 和 Mukhopadhyay 等人使用基于火龙果叶提取物的 PdNPs 对硝基芳香族污染物如 2-硝基苯酚和 2-硝基苯胺进行催化加氢。通过观察，火龙果叶提取物中的水溶性多酚类化合物扮演关键的电子供体，在 PdNPs 生物合成过程中起到了极其重要的作用。

7.4.5　生物合成气制备

园林绿化垃圾处置可以通过堆肥、生物甲烷化、焚烧和气化，这些方法各有优缺点。干叶中有相对较高的木质素和灰分含量，这使它们不适于堆肥和生物甲烷化，而适于热化学转化。

气化作为一种间接液化技术，在减少环境污染、保障能源安全、促进经济发展等方面具有广阔的应用前景。它是指生物质与空气、氧气或蒸气反应，产生一种气体产品（称为合成气），其中含有不同比例的 CO、H_2、CO_2、CH_4 和 N_2。合成气可以通过两种不同的商业工艺转化为液体燃料和化学品：费歇尔-托勒普希合成或甲醇/二甲醚合成。气化是通过一系列复杂的热化学反应发生的，气化过程中会发生固相、液相和气相的反应组合，包括氧化、干燥、热解和还原。合成气通过费托合成可以直接转化为液体碳氢化合物，如柴油和煤油。费托合成工艺可以从任何含碳原料产生的合成气中生产出不同长度的碳氢化合物。费托工艺合成生物质燃料的三个基本步骤是生产合成气和气体清洗/调节，费托合成生产中间馏分和将费托液体升级为高质量燃料产品。

由于最低的焦油形成、更好的过程控制和更高的效率，生物质气化通常在固定床下吸式气化炉中进行。一个给定的气化炉即使在最优的过程条件下，采用不同的原料，效率也会不同。因此，系统地描述生物质和生物质组分作为原料使用的类型是很重要的。Akhtar 等人对印度不同树种的枯叶凋落物进行了特征分析，以研究其作为气化的原料生产生物酒精的性能。他们研究了物理和化学结构、表面积、结晶度、聚合度和颗粒大小，以分析每种原料作为生物燃料的性能。这些叶子有较高的热值，在 18~19MJ/kg 的范围，是纤维素、半纤维素和木质素的良好来源，可用于生物能源的生产。

对于固定的原料，气化炉的性能主要取决于发生在气化炉内的燃烧、热解和气化区域的反应速率。因此，研究在这些区域发生的反应动力学，并提出一个实验数据验证模型是很重要的。过去已经对不同类型煤和生物质热解后得到的焦炭的动力学进行了研究。Gao 等人研究了温度和反应物分压对谷壳炭-CO_2气化的影响，并利用随机孔隙模型根据实验数据确定了内在动力学参数。Nilsson 等人对橄榄修剪物进行了气化实验，研究了蒸汽下 H_2 的抑制作用和 CO_2 气化下 CO 的抑制作用，并提出了动力学方程。研究人员利用热重分析方法改变反应气体的温度和分压进行了实验。据报道，气化反应的速率受其化学成分和物理结构的综合影响。化学成分中的无机部分被观察到是影响气化性能的一个关键参数。这些动力学研究主要基于体积反应模型、随机孔隙模型或收缩岩心模型，没有突出无机含量的影响。然而有一些研究已经制定了半经验模型来解释无机含量对气化反应速率的影响。为了进一步调查矿物的影响，研究也进行了清洗生物质或向其添加外部碱矿催化剂。

气化炉既可以应用在不同类型的生物质的热应用，如烹饪，也可以用于发电。在任何一种应用中，生产出的气体是主要的期望产品。基于生物质特性和气化动力学研究，可用的园林绿化垃圾经过有效利用可以作为替代能源。

7.4.6 其他副产品和建筑材料开发

一些研究人员评估了利用木质纤维素水解产生的半纤维素糖（主要是葡萄糖和木糖）来生产生物表面活性剂、乳酸、木糖醇、抗氧化剂和苯乳酸。生物表面活性剂有望成为其化学相对物的潜在替代品，它属于微生物来源的表面活性化合物，在制药、化妆品和环境工业中具有众所周知的优势和新的应用前景。然而，水解处理后得到的纤维素部分仍然是副产品，可能因为其使用方面涉及酸或酶的糖化过程。因此，Bustos 等人提出先将树木修剪剩余物脱木素，再进行酶解处理，得到葡萄糖溶液作为培养基中的碳源。同时也有研究者评估了从树木修剪剩余物中提取的纤维素部分作为吸附剂去除酒厂废水中的微量元素和染料的适用性。

　　环保吸附剂可以去除在工业废水中富集的微量营养元素。因此，使用树木修剪剩余物水解的纤维素作为环境友好型吸附剂，可以进一步拓宽园林绿化垃圾的商业价值，是具有潜在的高成本效益的一种生物技术。一些粗的木质纤维素残渣已被测试为吸附剂。例如，Villaescusa 等人和 Yuan-Shen 等人评估了葡萄秸秆废弃物和葡萄酒加工废弃物去除水中的重金属的一种应用，而 Paradelo 等人评估了葡萄渣堆肥物去除酒厂废水中染料化合物的能力。

　　在建筑业中使用对环境影响低的绿色和可持续产品，促进了对从其他生产过程中产生的可回收材料和废物的替代用途。特别是利用上述材料获得热吸声材料是当今的一种常见做法，考虑到为了获得良好的热吸声性能，材料只需通过一定的黏结产物压碎/混合并保持在一起即可。植被和叶片的吸声作用已经被许多研究者研究过。所有这些材料的共同要素要么是它们的天然来源，要么是它们回收废物的潜力，因此，在这两种情况下，与完全合成材料相比，它们在消耗能量方面的预期要低得多。

　　综上所述，各类园林绿化垃圾处理资源化技术的示意图如图 7.4 所示，园林绿化垃圾经过不同的物理、化学和生物手段最终都可以被转化为具有市场价值的农用品或工艺品，促进现代社会的循环经济发展并减轻地球所承受的污染压力。

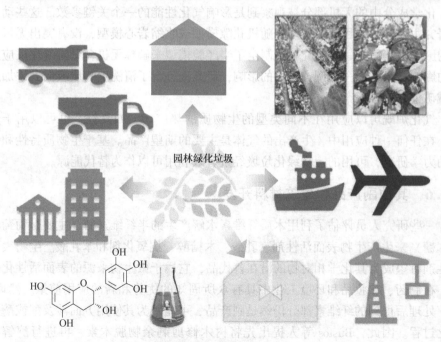

图 7.4　园林绿化垃圾处理资源化技术示意图

7.5 工程应用案例

北京植物园绿化垃圾处理场是北京市公园管理中心所属公园系统绿色垃圾循环再利用示范项目。以消纳公园生产的绿化垃圾（如树枝、树叶、草屑等）为目的。垃圾处理场自 2012 年起正式运营，每年约处理公园内生产绿化垃圾 10000 余立方米，生产基质 5000 余立方米，所生产基质均用于公园内的绿化种植、换土、覆盖、防寒等工作。该绿化垃圾处理场是采用高效的粉碎处理、动态好氧发酵等工艺来处置绿化垃圾，可将园林绿化垃圾中的有机物由不稳定状态转化为稳定的腐殖质物质。得到的堆肥含有丰富的有机质，可以在花卉栽培和土壤改良中应用，也可以覆盖绿地中的裸地。

2020 年 8 月中旬，上海滨江森林公园引进了上海十方生态园林有限公司的蚯蚓分解废弃物装置设备以及废弃物的分解发酵设备。处置设施选址公园西北角原老粉碎场，占地面积 $300m^2$。在原址水泥地坪上搭建蚯蚓饲养简易大棚，包含设备间、蚯蚓饲养架、蚯蚓分解废弃物装置设备以及配套水电附属设施设备等。历经一个月左右，棚架装置设施已基本建设完成。该项目的全部棚架采用了密度较高的彩钢板，坚固耐用。设施区分为草本类绿化废弃物处置展示区、功能设备用房及缓冲区。其中，草本类绿化废弃物处置展示区包含 16 个展示架，展示架上将配备专业设计的蚯蚓分解垃圾处置箱。蚯蚓分解箱是经过设计定制的，塑料箱体前后两侧设置有 2 个通气孔，箱盖上贴有一层防臭防异味涂层，能保证蚯蚓在分解各类垃圾的过程中不会对周边空间环境产生气味污染。利用蚯蚓处置有机废弃物具有干净、无异味的特点，它对有机废弃物具有强大的吞噬分解能力，其产生的蚓粪具有较高的肥效，能有效改善土壤的团粒结构。工作原理是将废弃物和一定数量的蚯蚓混置于特定设计的箱体内，经过一定的时间，蚯蚓会将废弃的垃圾分解成疏松的堆肥，然后堆肥经过发酵，成为可以利用的优质有机肥。园区草本类植物日常维护产生的废弃物将统一集中运送到处理区处置，解决公园每年约 $60000m^2$ 的草本绿化废弃物生态分解问题，同时公园可将有机肥直接使用并带来经济效益，上海滨江森林公园也向低碳生态型公园又迈进一步。

8 工业有机废物无害化 处理与资源利用技术

8.1 工业有机废物无害化处理与资源利用技术概述

"废物资源化理论"是一种资源生态和谐的新理念，为消耗最少的社会资源，牺牲最小的环境代价，将环境污染降到最低，并在过程中实现最大的资源回收，得到最大的经济效益与社会效益。有机废物是指人类生产活动中，产生的丧失原有利用价值或虽未丧失利用价值但被抛弃或放弃的固态或液态废弃物。基于循环经济进行废弃物资源化是社会可持续发展的大势所趋。

因为废弃物中含有大量的含碳氢有机类物质，固将其归为一类，统称作"有机废物"。若对"有机废物"只进行简单的处置，例如填埋或者焚烧，会造成严重的环境污染，并使潜在资源流失。有机废物是一种非常宝贵的潜在资源，经合理分类后科学处理，可以最大限度地提取有价值的成分再利用，解决环境污染的同时缓解能源危机。总体上，就我国目前的有机废物处理处置技术和利用方式而言，有机废物的处理是一个高成本、低收益的过程，这一现实直接导致有机废物的处理率低，许多处理设施不能正常运行、有机废物造成的环境污染形势依然严峻。在全球能源短缺、资源紧张的大背景下，需要重新审视我国传统的有机废物处理处置和利用方式。由于有机废物的有机质含量较高，和一般固体废弃物比较，更容易被生物利用。所以，需要采用创新的技术对有机废物变废为宝是我国解决有机废物污染的重要发展方向。因此，发展对有机废物的资源化处理处置新技术已成为我国迫切需要解决的重要课题，是我国今后环境生物技术的重点研究方向之一。

有机废物主要包括农业有机废物（主要包括农作物秸秆藤蔓、畜禽粪便和水产废弃物等）、工业有机废物（主要包括高浓度有机废水、有机废渣等）、市政有机垃圾（主要包括园林绿化废弃物、市政污泥、屠宰厂动物内含物、餐厨垃圾等）三大类。其中，工业有机废物是所有的有机废物中较难处理的一类，不少工业有机废物具有毒性、持久性和难降解性，因此，对环境和人类具有很大的危害，如多氯联苯、剧毒农药等。另外，工业有机废弃物排放集中，易于收集，若技术成熟，设备、资金、政策支持到位，将会是一项重要的能源来源。

处理有机废物的方法多种多样，它常取决于废物的类型和其后续方向，有机废物的处理过程是异常复杂的，但其根本目的是：（1）减少有机废物的危险特性；（2）把有机废物分成单一成分，其中的一部分或全部部分可以进一步使用、回收或处理；（3）减少最后必须处置的废物数量；（4）把废物转变成有用材料。针对有机废物资源化再利用的研究方法主要有：堆肥法、卫生填埋、焚烧、等离子体处理、热分解、现场玻璃化技术等。从卫生学观点考虑，在设计工业废弃物无害化设施时要考虑以下因素：如不同气候带的影响；废弃物的容纳量；城郊土地的空闲状况；农业对有机肥料的需要；全年利用热量和电力的状况；经济合理性及对环境的可能影响和防护措施。在采用新的工业化方法处理生活垃圾及工业废弃物时应作综合性卫生评价。

8.2 工业有机废物基本内容

工业生产过程中需要消耗大量的原料和能源，得到所需产品的同时也带来了大量的污染物。工业产品多种多样，产生的工业废物也不尽相同，工业产出的废物按照形态可分为固体废物，液体废物和气体废物，统称为"三废"。不同形态的废物其处理方法也不同。工业废物的处理和处置也必须按一般废物的要求进行处理和处置。因为它与一般废物在性状上很不相同，所以处理和处置时还必须考虑各自的特性。特别是对于有害物质的处理，必须力争绝对可靠。

工业有机废物特指在工业生产中排出的含有有机质成分的固态、液态及气态废弃物的统称。在我国，工业有机废弃物普遍存在于诸如化工、医药化工、精细化工、机械加工、维修、资源开采等关系国计民生的多个工业生产领域，每年排放出大量的各类有机废弃物。工业有机废弃物分为工业固废、工业废水、工业废气，主要来源于糖厂、啤酒厂、食品厂、药剂厂、制革厂、造纸厂、印染厂、木材厂等。由于其排放的废料中的固体物或废液中的沉积物中有机质含量丰富，易发臭等特点，所以需要更高效的处理方式进行深度资源回收。

8.2.1 工业有机废水成分特点

2020 年，我国工业废水排放量按照化学需氧量换算后为 49.7 亿吨（见图 8.1）。工业废水的一个特点是水质和水量因工业类别，生产工艺和生产方式的不同而差别很大，如电力、矿山等部门的废水主要含无机污染物，而造纸和食品等工业部门的废水中有机物含量颇高。工业产生的有机废水中，酸、碱类众多，往往具有强酸或强碱性。（1）需氧性危害：由于生物降解作用，高浓度有机废水会使受纳水体缺氧甚至厌氧，多数水生物将死亡，从而产生恶臭，恶化水质和环境；（2）感观性污染：有机废水不但使水体失去使用价值，更严重影响水体附近人民的正常生活；（3）致毒性危害：超高浓度有机废水中含有大量有毒有机物，会在水体、土壤等自然环境中不断累积、储存，最后进入人体，危害人体健康。

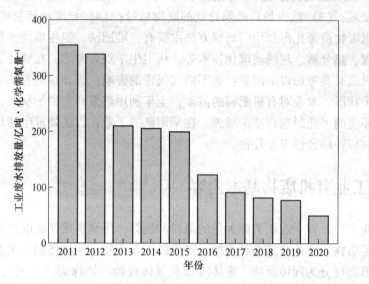

图 8.1 2011—2020 年我国工业废水排放量走势

8.2.1.1 化学工业废水

化学工业废水主要来自石油化学工业、煤炭化学工业、酸碱工业、化肥工业、塑料工业、制药工业、橡胶工业等排出的生产废水。有机化工废水则成分多样，包括合成橡胶、合成塑料、人造纤维、合成染料、油漆涂料、制药等过程中排放的废水，具有强烈耗氧的性质，毒性较强，且由于多数是人工合成的有机化合物，因此污染性很强，不易分解。其主要特点是：（1）有毒性和刺激性；（2）生化需氧量（BOD）和化学需氧量（COD）都较高；（3）pH 值不稳定；（4）营养化物质较多；（5）油污染较为普遍。以含氰废水为例，其是一种毒性较大的工业废水，在水中不稳定，较易于分解，无机氰和有机氰化物皆为剧毒性物质，人食入可引起急性中毒。氰化物对人体致死量为 0.18g，氰化钾为 0.12g，水体中氰化物对鱼致死的质量浓度为 0.04~0.1mg/L。

8.2.1.2 农药废水

农药品种繁多，农药废水水质复杂。其主要特点是：（1）污染物浓度较高，化学需氧量（COD）可达每升数万毫克；（2）毒性大，废水中除含有农药和中间体外，还含有酚、砷、汞等有毒物质以及许多生物难以降解的物质；（3）有恶臭，对人的呼吸道和黏膜有刺激性；（4）水质、水量不稳定。因此，农药废水对环境的污染非常严重。农药废水处理的目的是降低农药生产废水中污染物浓度，提高回收利用率，力求达到无害化。

8.2.1.3 食品工业废水

食品工业原料广泛，制品种类繁多，排出废水的水量、水质差异很大。废水中主要污染物有：（1）漂浮在废水中固体物质，如菜叶、果皮、碎肉、禽羽等；（2）悬浮在废水中的物质有油脂、蛋白质、淀粉、胶体物质等；（3）溶解在废水中的酸、碱、盐、糖类等；（4）原料夹带的泥砂及其他有机物等；（5）致病菌毒等。食品工业废水的特点是有机物质和悬浮物含量高，易腐败，一般无大的毒性。其危害主要是使水体富营养化，以致引起水生动物和鱼类死亡，促使水底沉积的有机物产生臭味，恶化水质，污染环境。

8.2.1.4 造纸业废水

造纸废水主要来自造纸工业生产中的制浆和抄纸两个生产过程。制浆是把植物原料中的纤维分离出来，制成浆料，再经漂白；抄纸是把浆料稀释、成型、压榨、烘干，制成纸张。这两项工艺都排出大量废水。制浆产生的废水，污染最为严重。洗浆时排出废水呈黑褐色，称为黑水，黑水中污染物浓度很高，BOD高达 $5 \sim 40 g/L$，含有大量纤维、无机盐和色素。漂白工序排出的废水也含有大量的酸碱物质。抄纸机排出的废水，称为白水，其中含有大量纤维和在生产过程中添加的填料和胶料。

8.2.2 工业有机废气成分特点

由于社会经济的持续发展与进步，使得工业行业的整体发展获得更大的空间，目前大部分企业在实际生产过程中皆会排放大量的废气，对城市生态环境与大气所造成的污染现象越发严重。大量的废气排放在空中后，对于当前的环境同样会产生恶劣的影响。工业有机废气的产生主要是因为有机溶剂在运送与储存时出现的蒸发，或是加工农药与消毒剂时出现的泄漏与蒸发，又或是染料的有机物蒸发，如果不对这些废气展开及时处理，不仅会对周围的生态环境造成污染，也会对广大市民的身体健康造成影响。因此，对于工业有机废气的治理受到包括当地政府部门及普通群众的密切关注。在对其进行治理的过程中，需要注意的是，工业化技术的生产过程中，所排放的废气种类较多，因此所采取的治理方法也应有所不同。

8.2.2.1 含氮有机气体的污染

有机废气排放中对于环境造成影响的含 N 污染物，主要是由 NO 和 NO_2 组成，两者是属于气流层中危害性最大的氮的氧化物。NO_2主要是由化石燃料的燃烧，即是机动汽车、飞机等各类动力机械的燃烧过程中产生的。NO 则主要是由自然的闪电、森林火灾、大气中氨的氧化以及土地微生物硝化作用等造成的。这些氮类氧化物在经过光照及雷电等反应形成复杂的含氮有机污染气体，对空气中的气体组成比例造成严重的破坏，从而使环境污染的现象发生。

8.2.2.2 含硫有机废气的污染

含硫有机废气主要包括二氧化硫、三氧化硫、硫酸盐与硫化氢等含硫化合物。其含硫气体的污染主要是由金属冶炼过程中使含硫的矿物质分解并进行燃烧造成的。另外，含硫类无机金属氧化物则在强光以及高温的作用下，与空气中的有机气体发生相应的化学反应，从而形成烷烃、烯烃等烃类硫更大的取代性污染物。

8.2.2.3 碳氢有机气体的污染

烃类碳氢化合物是碳与氢两种原子组成的各种有机化合物，其主要来自天然源，在大气中较为常见的包括烷烃、烯烃、含氧烃以及芳香烃。其表面在大气中的烃可对人体健康造成直接性的危害，但是对于已污染的大气中的烃可形成光化学烟雾，从而危害人类的生命健康。尤其是汽车尾气的排放，未完全燃烧的烷烃有机气体可破坏空气中的臭氧层，对环境造成严重的污染。

8.2.3 工业有机固废成分特点

随着我国工业的快速发展，工业固废，即工业生产过程中产生的固体废物，产生量显著增加，成为固废排放中一个重要的来源。相较于生活垃圾和其他固废而言，工业固废产量大、污染物集中、有害成分普遍较高，导致其历史存积和新增排放占用了大量土地资源，严重污染生态环境和威胁人们的健康安全，并存在资源浪费的问题，因此，关注工业固废处理具有重大意义。工业固废经过适当的工艺处理，可成为工业原料或能源，较废水、废气容易实现资源化。工业固废主要包括：冶金废渣、采矿废渣、燃料废渣、化工废渣。工业有机废弃物则通常具有成分复杂、可生化性差、有毒等特点，采用常规处理方法处理效果差、能力小、费用高且容易造成二次污染。工业有机废物处理遵循减量化、无害化、资源化的原则。

8.2.3.1 含卤有机废物

自 20 世纪初，由于现代化学工业，特别是有机合成工业的发展，产生了大量人工合成的含卤有机化合物，如合成塑料、合成纤维、有机农药、合成橡胶、表面活性剂等。这些有机物在生产、使用等过程中，通过各种途径流失到环境中，而且往往极难分解、有剧毒，长期存留在天然环境中，对人类健康及生态环境构成严重的威胁。并且随着有机化学工业的持续发展，含卤有机化合物的产量和种类与日俱增，其污染程度和范围令人惊讶，特别是发展中国家和地区。含卤有毒有机污染物对环境的污染和危害已成为当前世界上重大环境问题之一。

含卤有机污染物主要包括含卤废弃塑料、含卤杀虫剂、有机卤农药、工业化学品和生产副产品等，含卤废弃塑料如聚氯乙烯、聚偏氯乙烯、聚四氟乙烯等，有机卤农药如氯丹、七氯、六六六和滴滴涕等，工业化学品如多氯联苯和六氯苯等，生产副产品如二噁英和呋喃等。

8.2.3.2 含硫有机废物

在基本有机合成中产生的含硫有机废物（主要成分是硫醇、硫醚、硫酚、二硫化合物、磺化物等）。

8.2.3.3 工业有机污泥

近年来中国市政污泥产生量不断升高。根据 E2O 环境研究院的数据，2021年中国市政污泥的产生量初步核算为 5552 万吨，较 2020 年同比增多 8.23%。生活污水作为市政污泥的主要来源之一，是市政污泥产生量快速增多的原因。我国污泥总量激增，目前污泥年产量高达约 7000 万吨，包括约 3500 万吨的市政污泥和 3500 万吨的工业污泥。污泥危害大，必须推进污泥处理处置行业发展，减少二次污染。工业污泥根据其来源，有着非常大的差异。这些差异主要表现在其黏度、吸湿性、污染物性质、含油率、含水率、有机质比例、无机物比例等多方面。比较其他污泥来说，其黏度大、含油率高、无机物比例高，有时使得其处理难度更高。工业废水处理站产生的污泥，一般无机污泥较多，含有生产废水中的化学成分，属于危废类。

含油污泥主要产生于油田和炼油厂。含油污泥的组成极其复杂，一般由水包油、油包水以及悬浮固体杂质组成，是一种极其稳定的悬浮乳状液体系。含油污泥中含有的苯系物、酚类、蒽、芘等物质有恶臭味和毒性，如不进行处理与利用，将产生污染。

造纸污泥是在造纸过程中产生的大量的造纸废渣污泥，含水量高（60% 以上），呈淤泥状态，成分复杂，主要是木质素、糖类和盐，均有一定的能量利用价值，尤其是木质素和糖类。制革行业产泥量大，每万吨废水一般每天可以产生 40~80t 污泥，有机物含量高，由于在皮革处理过程中产生大量的皮毛、血污，所以有机物含量非常高，其主要成分为蛋白质、油脂混合物、铬、钙、钠的氯化物、硫化物、硫酸盐以及少量的重金属盐等，有毒物质多。其中 S^{2-} 和三价铬含量高，而且三价铬转化为六价铬后有致癌作用。

8.2.3.4 动物残渣、粮食及食品加工废物

指粮食和食品加工中产生的废物，如造酒业中的酒糟、豆渣、食品罐头制造业的皮叶、茎等残物等。

8.3 几种典型工业有机废物

8.3.1 有机砷工业废渣

有机砷工业废渣来自饲料添加剂生产过程中，是一种典型的历史遗留危险废物，不当处理处置或随意处置可能引发周边环境污染。有机砷工业废渣具有高浓度有机物和无机物共污染特性，有机污染物以邻硝基苯胺和苯胺含量最高，分别达（90800±42）mg/kg 和（1910±26）mg/kg；无机污染主要表现形式为砷污染，含量达（22353±11）mg/kg，所以废渣存在极高环境威胁。废渣中总砷和硝基苯类污染物的浸出浓度分别达 4600mg/L（高毒性 As^{3+} 占 45% ~ 50%）和 6500mg/L。废渣中污染物浸出毒性浓度极高，且存在明显的内部迁移行为，亟须脱毒处理。有机砷废渣的污染特性意味着单一的处理方式可能难以使其得到有效处理，采用化学解毒（如高级氧化）和稳定化/固化的联合处理方法有望能使该危险废物达到稳定化处理，从而便于后续安全处置。

有机砷饲料添加剂在我国的迅速推广和使用，显著地促进了畜牧业的发展，取得了较好的社会经济效益。然而，由于药物残留和环境毒性，大量含砷畜禽排泄物进入环境，对环境造成了严重污染，各种因含有机砷饲料添加剂所导致的食品和环境问题逐步显现。2001 年，农业部在《无公害食品——生猪饲养饲料使用规则》（NY 5032—2001）中，已明确将二者列为禁用品。随着有机砷制剂的停产及禁用，其生产及使用过程中所产生的废水和废气污染能逐步控制或完全消除。然而，其生产过程中产生的固体废物却由于种种原因被随意搁置、任意堆放乃至错误地处理处置等，对周边环境构成极大安全隐患。由于治理乏术，该类固体废物已成为历史遗留问题。此外，由于污染物的迁移特性，其引发的污染已经由固体废物逐步向土壤、地表水及地下水蔓延，导致当地环境污染立体化。鉴于此，亟待对有机砷制剂生产过程产生的固体废物进行处理处置研究。

砷作为类金属，具有与重金属类似的迁移性质。20 世纪 50 年代末，稳定化固化就已应用于危险废物的处理，目前已成为广泛接受的一种处理处置技术。危险废物的稳定化固化中胶凝材料和添加剂品种与用量对危废处理处置效果具有决定性作用，其中添加剂是实现污染物稳定化的重要保证，根据作用不同分为金属稳定剂、有机吸附剂和过程辅助剂三类。金属稳定剂可以通过物理吸附、控制介质的氧化还原电位、与污染物形成沉淀或络合物等方式实现污染物稳定化，常用

的有可溶性碳酸盐、硅酸盐、磷酸盐、硫化物、氧化还原剂、络合剂、黏土矿物以及火山灰类物质。有机吸附剂主要通过物理吸附作用限制污染物的迁移，屏蔽它们对胶凝材料水化的不利影响，如活性炭、有机改性石灰和勃土、表面活性剂、促凝剂、减水剂和膨松剂等。过程辅助剂可以改善胶凝材料的水化和凝硬过程，优化固化体的物理特性。石灰、水泥、飞灰等作为金属稳定剂和胶凝剂被大量应用于含砷危险废物稳定化固化处理处置，其中尤以水泥最简单和常用，但是出于加强稳定化效果及降低成本等考虑，其他如硫酸盐水泥、白水泥、干燥炉飞灰、飞灰、研磨成灰状的燃料灰烬、硅酸盐等在代替普通水泥方面同样具有较大潜力，且在强度、固化时间及水化程度上存在较大改进空间。综合各类研究，砷的稳定化固化机理基本可概况为三大机制，砷吸附在 C—S—H 表面；砷取代钙矾石中的硫酸根离子；砷与水泥中含钙成分发生反应生成化合物。

天然有机质也能在一定程度上降低砷的迁移能力。天然有机质一般是指腐殖质，试验研究中使用较多的是富里酸和富马酸，这类天然腐殖酸具有催化氧化和还原环境的化学物质。一些天然有机质和砷、赤铁矿生成水合物有着密切关系，水合物随着天然有机质的种类和铁离子浓度的增加而增加。此外，砷的迁移能力和毒性又与砷的种类紧密相关，因此天然有机质对砷的种类及毒性有较大的影响。天然有机质均能改变砷的氧化还原形态及提高砷的迁移能力，这类现象在亚砷酸根试验中更为明显。

含铁物质作为过程辅助剂被广泛应用于砷污染介质，通过砷与铁反应生成难溶解物质，从而降低介质中可溶态砷的量。除 Fe 外，自然环境中砷与 Al、Ca 等其他金属离子产生沉淀，同样可加强其稳定化固化效果而使其固定。当然，影响稳定化固化的因素还包括：

（1）水分含量。水是水化反应的物质基础，但过量的水会阻碍固化过程。另外，水化反应后剩余水分会逐渐蒸发造成固化体毛细孔道增多，增加固化体的渗透性以及污染物的移动性，不利于污染物的稳定，且固化体密度和强度会有所降低。

（2）混合均匀程度。混匀是稳定化固化过程中至关重要的步骤，目的是保证固化剂和污染物之间的紧密接触，有时要借助相应的仪器设备。在大多数情况下，混合程度是用肉眼判断的，因此试验结果在一定程度上受到主观经验的影响。

（3）养护条件。混合处理后的两周时间是硬化和结构形成的重要阶段，该阶段的养护条件直接关系到固化体的结构孔隙和密实程度，影响到污染物的浸出效应，因此对稳定化固化效果至关重要。随着温度升高，水泥的水化反应加速等，发现养护温度对水泥固化体硝酸铅的浸出效应具有显著的影响。较低的养护温度不利于污染物的稳定化固化，表现为污染物的浸出浓度明显升高。水泥在发生水化反应时会产生热量，影响到固化系统的温度，在大批量现场处理时，这一特征必须要引起足够的重视。在养护初期，冻融交替会对固化系统产生很大的影响，应该尽量避免。此外，水化反应也具有动力学特征，甚至能够持续很多年。随着水化反应的进行，固化体强度和其他性能也呈现时间依赖性，因此较长的养护时间是十分必要的。为了保证固化体的结构完整性，增加污染物固定的程度，一般应该采取 28d 以上的养护时间。

(4) 抗压强度与增容比的矛盾。为能安全贮存或填埋，固化体必须具备起码的抗压强度，否则会出现破碎或散裂，从而增加暴露的表面积和污染环境的可能性，尤其对填埋来说，还可能存在塌方的危险。对于贮存或填埋的危险废物，经固化和稳定化处理后得到的固化体，其抗压强度一般控制在 $1.0 \sim 5.0 \mathrm{kg/cm^2}$。增容比则是鉴别固化和稳定化效果好坏和衡量最终处理成本的另一项重要指标。与未固化处理的废渣相比，固化处理后的固化块具有较好的剪切力，其抗压强度一般随着凝结剂比例加大而随之加强。但是凝结剂的比例加大不仅增加了处理成本，也使得处理废渣的增容比加大，因此投加适当比例水泥或其他凝结剂以达到最大抗压强度或最大稳定程度的技术方法仍值得深入研究。

8.3.2　含氯代有机物工业废物

毒性氯代有机物具有致癌、致畸、致突变的"三致"特性，并具有高毒性、生物蓄积性、半挥发性和难降解性，对人体健康和生态环境构成严重危害。为了控制其危害，国际社会缔结了多项公约，并制定了相应的控制计划，如《控制危险废物越境转移及其处置巴塞尔公约》《关于持久性有机污染物（POPs）的斯德哥尔摩公约》《持久性有毒化学污染物（PTS）名录》等。我国含毒性氯代有机物工业废物主要包括：历史遗留的含有机氯农药废物如"滴滴涕""六六六""五氯酚""三氯杀螨醇"等，以及含毒性氯代有机物等的工业废渣。针对有机氯农药废物和含氯代有机物的工业废物，研究开发适用性广的高效解毒及处理技术，对于解决因氯代有机物生产、使用、淘汰和排放等过程造成的环境污染问题，履行国际公约，保护人民身心健康和生态环境，都具有重要的现实意义和国际影响。

实现含毒性氯代有机物工业废物的无害化处理处置，关键在于氯代有机物的脱氯解毒。目前国内外研究较多、对污染物含量和种类适应性好的处理处置技术主要分为焚烧技术，物化处理技术，如机械化学处理技术、碱催化还原处理技术、高级氧化处理技术、熔盐氧化技术等，以及进一步降低氯代有机物迁移性或毒性的固化稳定化技术。

焚烧技术具有处理效率高、处理量大等优点，但是能耗高，对设备的要求高，投资比较大，而且存在潜在的二次污染风险。固化稳定化技术可以降低氯代有机物迁移性或毒性，但是降解效率低，降解不彻底。物化处理技术根据处理对象及反应条件的不同可选择方法较多，一般具有处理费用较低、设备灵活方便等特点。

熔盐氧化技术是美国罗克韦尔公司于 1965 年率先提出的一种热处理技术，该技术以熔盐为反应介质，利用其对有机物的强氧化性和高热传导率使废弃物迅速分解。氯代有机物在熔盐介质中及高温有氧条件下发生无焰燃烧，并氧化分解为二氧化碳和水，氯在反应过程中被熔盐捕获生成无害化的盐类物质，从而达到脱氯的目的。反应过程中释放的有毒有害气体也可以被熔盐吸收，其他无机物和金属等则保留在熔盐内，能有效解决氯代有机物的污染问题。

8.3.3　合成有机染料废水

染料废水排放量巨大，属于重大工业废水排放，印染织物与所需印染用水的比例已经达到 1∶200，染料废水处理成为污水处理的重难点之一。目前合成染料废水有机物处理方法主要有"物化—生化"和"生化—物化"两种模式，对比两种模式的有机物处理效果，明显"生化—物化"具有更大的有机物去除效果，原因在于厌氧水解工艺更胜一筹。不过"物化—生化"在各种客观条件要求下更为实用，是目前普遍应用的处理模式。

染料行业广泛存在于各种行业，并且种类繁多，目前已知染料统计已经在十万种以上。我国染料生产产量也是位居全球顶端，对应而来的是大量染料使用过后的处理问题。染料行业最常用水作为溶剂，水资源大量使用伴随严重污染，不得不排放，给自然水环境生态带来很大的压力，亟须进行废水处理。染料种类众多且成分复杂，染料废水处理变得尤为困难。合成染料废水是染料工业以水为溶剂生产加工后废弃无用的污水，具有排放量大、毒性高、色度高的鲜明特征，水中含有的污染物主要有重金属和一些稀有非金属元素。其中有毒有机物危害最大，包括酚类和代苯类，综合染料工业染料的生产特性，使得废水含有大量芳香类有机物，毒性高且色度大。我国染料行业大多是小规模生产，染料品种繁多，染料废水间歇性排放，废水给水源的污染都是潜移默化的，一旦发现，说明已经形成大范围重污染，治理起来非常困难。

8.3.4　工业污泥

工业的快速发展是近现代最大的成就之一。工业体系的形成，一是帮助国家解决了大量公民的工作问题，二是加快了国家的经济发展，三是提高了人民的生活质量。只看这几点，工业的快速发展确实是一项伟大的事业。但是任何事情都具有两面性，工业发展也没成为例外，数量大且难以处理的工业污泥是最明显的弊病。这些工业污泥除了会对环境起到不好的影响外，还会对人们的身体健康产生威胁。根据前文，工业污泥对我们有着巨大的危害，对它们进行及时良好的处理是绝不可少的事情。好在，科技的进步在慢慢帮助我们解决这一棘手难题。其中，利用现有技术对工业污泥进行合理的处理，进而实现污泥的资源化处置就是很有效的处理办法之一。这种方法在处理污泥的同时，还把污泥中可以作为资源的物质进行筛选来实现资源的重复利用，这也是侧面保护环境的做法之一。

目前，主要的工业污泥有电镀污泥、炼钢炼铁污泥、炼氧化铝污泥（赤泥）、建筑污泥、油田与炼油厂含油污泥、造纸污泥、印染污泥、制革污泥等，其处理与处置的目的主要有以下4个方面：

（1）减量化。减少污泥最终处置前的体积，以降低污泥处理及最终处置的费用。

（2）稳定化。通过处理使污泥稳定化，最终处置后不再产生污泥的进一步降解，从而避免产生二次污染。

（3）无害化。达到污泥的无害化与卫生化，如除去重金属或固化等。

（4）资源化。在处理污泥的同时达到变害为利、综合利用、保护环境的目的，如回收重金属等。

工业污泥相较于市政污泥含有较多的化学物质，这样的污泥除去数量大的问题外，还对处理方法有着较高的要求，普通的污泥处理工艺并不能对其进行良好的处理，更别说是要求更高的资源化处理了。不过，科技的进步带来了新方案，目前，我国的工业污泥处理也在合理工艺的创造和使用下上升到了新的高度，下面对这些工艺进行具体的介绍。工业污泥的处置向来不是一件简单的事情，其中要注意的细节有很多，一旦处理不好，会对当地的生态造成难以挽回的危害，这些危害包括但不限于威胁当地地质环境，引起水源污染。但是从好的方面来讲，工业污泥里面还包含多种矿物质，对于工业污泥的处置运用科学的处理工艺能够合理提取污泥里面的金属矿物质，实现资源再利用，进而解决资源匮乏的问题。目前，工业污泥资源化治理运用工艺的特征与未来开发路径是：无害化，这就需要在实施步骤里加入科学处置去掉污泥里致癌以及有毒微粒的步骤。这是工业污泥处理最基本的开发路径要求。

8.4　工业有机废物处理及资源化技术

我国在固体废物资源化领域起步较晚，近些年虽然取得一定进展，但与欧洲、美国、日本等发达国家和地区相比，固体废物处理处置整体水平偏低。为此，研发处理费用低、处理彻底、无二次污染的清洁型固废处理技术成为环境保护领域的重要课题。目前，已经涌现出许多高新技术。

目前，我国固废处理处置倾向于使用短期花销少、处理速度快、技术要求低的处置方法，但是容易造成二次污染，影响生态环境和人群健康。工业固体废物由于来源于工业生产，其组分中有毒有害的成分相比于生活垃圾和农业垃圾浓度通常更高，污染物也更集中，因此一旦造成污染危害，其程度更加严重（见图8.2）。随着城市化进程的加快，我国建筑垃圾的排放量不断增加。建筑垃圾的主要处理方式是填埋或者露天堆放，占用大量土地资源。因此，一方面要实现建筑垃圾的循环利用，减少土地资源的使用。将建筑垃圾经破碎、分选、筛分至合适粒径作为再生骨料生产再生混凝土、再生砖、再生干粉砂浆和再生绿化种植土。另一方面，用固体废物替代高资源浪费型的传统建材（如红砖）。可以利用秸秆中的纤维素和木质素制作建筑板材，其核心技术是秸秆热压成型技术，生产出的秸秆板材具有质轻、强度高、剖面密度均匀、保温性能好等特点，经特殊处理后还可阻燃、防火、防虫。工业固体废物特别是在石油冶炼和石油化工中（氢化分馏、脱氢提炼等）产生的废催化剂导致的重金属污染亟待解决。废催化剂的处理方法主要有填埋、再生和回收三种。填埋不仅费用高，而且易造成重金属渗透污染；再生有一定的局限性，只对暂时性失活的催化剂有用；回收重金属的方式主要是化学法和微生物法，酸碱浸提是高成本、高污染的回收方法，生物浸提如微生物湿法冶金，是更环保、经济的废催化剂资源化技术。

图8.2 村镇河道附近堆积大量工业固体废弃物造成的严重水体污染

8.4.1 等离子气化技术

8.4.1.1 等离子气化技术概述

等离子态是物质存在的一种状态，与固态、液态和气态并列，俗称"第四态"，是由大量相互作用但仍处在非束缚状态下的带电离子组成的宏观体系。和物质的另外三态相比，等离子体可以存在的参数范围异常的宽广，由于等离子体中含有离子、电子、激发态原子、分子、自由基等极活泼的化学反应物种，使它的化学反应性质与固、液、气三态有本质的区别，特别突出的一点是等离子体化学反应的能量水平高。等离子气化炉中的等离子火炬采用电压为 380V 交流电产生等离子体。等离子体是气体与电弧接触而产生的一种高温、离子化和传导性的气体状态。由于电离气体的导电性，使电弧能量迅速转移并变成气体的热能，形成一种高温气体射流（温度达 4000~7000℃）和高强度热源。等离子体处理危险废物是采用等离子火炬或火炉将废物加热至超高温，此时基本粒子的活动能量远大于任何分子间化学键的作用，物质的微观运动以原子热运动为主，原有的物质被打碎为原子物质，以破坏有害成分或使其丧失活力，从而将复杂的物质转化为简单的无害物质。因此，等离子体处理法是一个废料分解和再重组过程，它可将有毒有害的有机、无机废物转成无害甚至有价值的产品，减容率可达 95% 以上，高于传统焚烧炉。

等离子气化技术可以从固体废物中提取可回收的物品和转换碳基废物为合成气，这种合成气是一种简单的一氧化碳和氢气组成的可燃气体，可以直接燃烧或用于提炼成更高等级的燃料和化学品。冷却后的灰渣是一种玻璃状物质，由于其紧密的结构，非常适合作为建筑材料使用。因此，基本上能够实现污染物"零排放"。采用该技术可有效地摧毁二噁英等有害物质，特别适合于焚烧飞灰等危险废物的处理。国外的等离子气化技术较为成熟，2000 年以来开始在全球范围内积极推进建设商业化规模的等离子体垃圾处理项目。国内的研究起步较晚，主要集中在探索和实验室小试、中试阶段，用于城市固废处理，如电子垃圾、生化污泥、垃圾飞灰、医疗废物等领域，为应用于工程实践积累了经验。

8.4.1.2 等离子气化技术的优势

采用传统焚烧法处置工业废物确实可使废物得到减量化，但焚烧过程产生的二噁英一直是备受关注的焦点，由于热等离子体的高能量密度和高温使得废物反应速度很快，不依赖于自由基的存在，可以更有效地分解有机物而不产生二噁英，近年来等离子体气化技术已应用于处理城市和工业垃圾。

采用等离子体气化技术处置工业固体废物基本上不产生二噁英，另一突出的优点就是炉渣为玻璃化残渣，为惰性物质，其渗透性极低，在国外玻璃化渣可作为路基材料来利用。等离子气化熔融技术比起其他热解和燃烧系统，运行效率高，优势明显，主要体现在以下几个方面：

（1）固体废物的减量效率高。传统的焚烧处理方法仍有大量的不可燃物和未燃尽物成为底渣，比如每吨污泥仍将有 300~400kg 的底渣作为危险废物处理。而采用等离子体气化方式处理，玻璃化熔渣体积大约为焚烧产生灰渣体积的五分之一，最大限度做到了减量化。

（2）可做到固体废物的完全无害化处理。等离子体炉运行温度 1450~1600℃，所有的有机物（包括二噁英、呋喃、传染性病毒、病菌及其他有毒有害物质）能够迅速脱水、气化和裂解，可保证净化后排放尾气的无害化效果。危险废物中不可燃的无机成分经等离子体高温处理后变成无害渣体，可用作建筑材料，如玻璃和金属等。危险废物传统焚烧处置方法产生的飞灰仍属于危险废物，以每天 50t 处理量的污泥焚烧厂为例，每天约有 20t 的飞灰需要在固化后填埋。而等离子气化技术产生的飞灰可返回炉内重熔处理并形成玻璃体。

（3）固体废物资源化利用。等离子体气化的热转换效率比焚烧工艺高 50% 左右，在气化、焚烧过程中，热能可回收并转换成电能。等离子体气化产生的混合可燃性气体（以 H_2、CO 和部分有机气体等为主要成分）无毒无害，不产生二次污染，不污染周边的空气、水源和环境，排放的气体无黑烟，并可作为热源直接加以利用，还可以进一步处理，分离出氢气和生产其他高价值的化工产品。

（4）进料范围广。等离子体气化是一种适用广泛的废弃物处理方式，可以处理除易爆和具有放射性以外的任何危险废物，且无任何二次污染，对处理废物进料的控制要求要比焚烧处理简单得多，可以处理大部分生产过程中产生的危险废物。从理论上讲，所有能用传统的焚烧炉处理的废物都可以用等离子体系统来处理。采用高温等离子气化炉，可以提高炉内温度，提升效率，降低污染物的生成量。同时还可以适应不同类型的物料，相对于传统焚烧优势明显。

8.4.2 超临界水氧化技术

8.4.2.1 超临界水氧化技术研究现状

20 世纪 80 年代初，美国学者 Medell 首先提出超临界水氧化方法，该技术是利用水在超临界状态下的低介电常数、低黏度、高扩散系数及与有机物和氧气（空气）等气体互溶等特殊性质，使有机物和氧化剂在超临界水介质中发生快速氧化反应来彻底消除有机物的新型氧化技术。该技术利用了超临界水的特性，反应速率快，氧化完全彻底，对大多数有机废物能在较短的停留时间内达到 99.9% 以上的去除率。大多数高浓度、难降解有机废物经此技术处理后能够产生直接排放的气体、液体或固体，一般废水经此技术处理后能达到回用水的要求。

图 8.3 为水的状态图，水的临界温度为 374.3℃（647.3K），临界压力为 22MPa。在超过此高温高压条件下，处于超临界状态的水能与有机物完全互溶，同时还可以大量溶解空气中的氧，而无机物特别是盐类在超临界水中的溶解度则很低。超临界水氧化技术是利用超临界水作为特殊溶剂，水中的有机物和氧气可以在极短时间内完成彻底的氧化反应，无机盐作为沉淀物与固体物质一同析出，反应产物通过分离装置进行固、液、气分离，转化为无毒无害的水、无机盐以及二氧化碳、氮气等气体。该技术效率高，处理彻底，有机物能完全被氧化成无毒的小分子化合物，有毒物质的清除率达 99.99% 以上；二噁英类有毒物质在 CH_3OH 和 Na_2CO_3 等试剂的促进作用下能被氧化而不产生其他有害物质；焚烧飞

灰中的重金属也能通过超临界水氧化技术捕集。但超临界水氧化技术也存在着一些有待解决的问题，如反应条件苛刻、对金属有很强的腐蚀性，但由于它本身所具有的处理有害废物方面的优势，是一项有着发展和应用前景的新型处理技术。

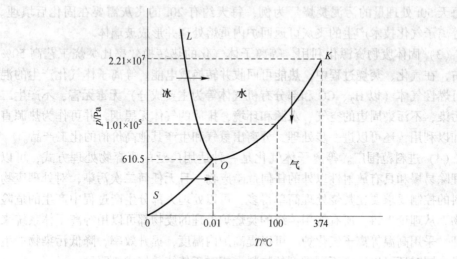

图 8.3　水的状态平衡图

超临界水技术是一种新兴的有机物处理技术。在处理一些用常规方法难以处理的有机物，及在某些场合取代传统的焚烧方法等方面具有很大的优势，是一项具有很大发展潜力的技术，因而受到国内外专家、学者的广泛重视。近年来，世界各国纷纷投入较大的人力物力对该技术进行研究。目前，国外已有小规模的超临界水热解氧化装置成功运行。实际上，早在 20 世纪 80 年代初，美国环保局危险废物工程试验室就筛选出了包括湿式氧化和超临界水氧化在内的六类有发展前景的废物处理技术。要开发和应用超临界水热解氧化技术，就要广泛、深入地开展有关基础研究。如要进行工业装置的设计、放大、优化等，则离不开反应动力学及反应机理等方面的研究，这是近年来该技术的研究热点。鉴于该技术自身的优势和我国环保技术发展的需要，为了尽快提高我国高浓度、难降解有机废物的治理水平，迅速改变国内在超临界水热解氧化技术研究和应用方面的落后局面，开展超临界水技术及其基础的研究是非常必要的。这对于推动我国环保技术的发展，缩小与世界先进水平的差距，具有重要意义。

8.4.2.2　超临界水氧化技术优势

超临界水热解主要是利用超临界水介电常数小、黏度小、扩散系数大及溶解性强的特点，在高温高压的条件下对有机物进行热解，利用热使大分子有机物、碳氢化合物的分子键断裂，转变为小分子物质的过程。此过程主要包括蒸汽重整［式（8.1）］、水气转换［式（8.2）］和甲烷化反应［式（8.3）和式（8.4）］。

$$CH_nO_m + (l-m)H_2O \longrightarrow (n/2 + l - m)H_2 + CO \qquad (8.1)$$

$$CO + H_2O \longrightarrow CO_2 + H_2 - 41kJ/mol \qquad (8.2)$$

$$CO + 3H_2 \longrightarrow CH_4 + H_2O - 211kJ/mol \qquad (8.3)$$

$$CO_2 + 4H_2 \longrightarrow CH_4 + 2H_2O - 223kJ/mol \qquad (8.4)$$

与传统的热解方法相比，超临界水热解过程具有以下优点：

（1）进料无须干燥；

（2）由于超临界水可与有机物共溶并在同一个相体系内发生反应，故反应效率更高；

（3）能抑制热解过程中焦油与结焦现象的发生；

（4）气体产物大部分为可燃气体（H_2、CO 和 CH_4）以及部分 CO_2，其中 CO_2 可通过简单的气体净化方法去除；

（5）进料有机物中的杂原子（S、N 和 Cl 等）热解后以无机盐的形式存在于液相中，不会影响产物气的纯度；

（6）产物气为高压气体，便于储存、运输及后续使用。

超临界水氧化技术在温度、压力高于水的临界温度、临界压力条件下以超临界水作为反应介质，水中的有机物与氧化剂发生强烈的氧化反应，最后彻底氧化成无害的小分子化合物。图 8.4 为简化的超临界水氧化工艺流程。在氧化过程中，有机物中的 C、H 元素最后转化成二氧化碳和水；N、S、P 和 Cl 等杂原子氧化生成气体、含氧酸或盐；在超临界水中盐类以浓缩盐水溶液的形式存在或形成固体颗粒而析出。

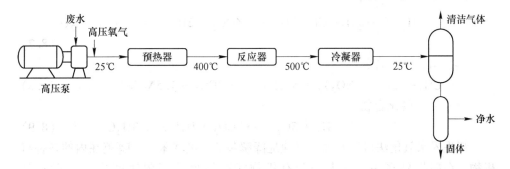

图 8.4 简化的超临界水氧化(SCWO)技术流程图

从理论上讲，超临界水氧化技术适用于处理任何有机物废物：有机固体、高浓度的有机废液、有机污泥、悬浮有机溶液等。大多数有机物在超临界水氧化过程中可在很短时间内达到 99.9% 以上的去除率。

超临界水氧化法与湿法空气氧化法以及传统的焚烧法对比，具有其他有机废水处理方法无可比拟的优势：

（1）超临界水能与有机物、氧气（空气）以任意比例互溶，消除了相间传质阻力，从而大大提高了氧化反应的速率和有机物的降解率。

（2）有机物可以被彻底氧化成最终产物（如 CO_2、H_2O、N_2、卤化物、含氧酸盐等），避免了有害废气、中间污染物等造成的二次污染问题。

（3）由于无机盐在超临界水中溶解度很小，废水中原有的无机盐以及超临界氧化降解过程中生成的无机物均可以沉淀析出，从而较易地分离脱除，可直接回用，能满足全封闭处理的需要。

（4）有机物在氧化降解过程中放出大量热量，高浓度有机废水的降解可以超临界水的形式回收燃烧热，可作为高温热源。而且，氧化过程是快速反应，可近似地在绝热条件下进行，有利于能量回收。

（5）超临界水氧化的操作温度比焚烧法低得多，较高浓度的有机废水（如大于2%的苯）即可实现自热氧化，不需外加热量（甚至还有能量富余），节约了能源，降低操作费用。

（6）超临界水氧化法更适合于处理高浓度、难生化的有机废物，这样也有利于能量的回收利用。

各类有机物在超临界水中的氧化降解反应如下：

（1）碳氢化合物。

$$C_6H_6(苯) + 7.5O_2 \longrightarrow 6CO_2 + 3H_2O \tag{8.5}$$

（2）有机氯化合物。

$$Cl_2 - C_6H_2 - O_2 - C_6H_2 - Cl_2(二噁英) + 11O_2 \longrightarrow 12CO_2 + 4HCl \tag{8.6}$$

（3）有机硫化合物。

$$Cl - C_2H_4 - S - C_2H_4 - Cl + 7O_2 \longrightarrow 4CO_2 + 2HCl + H_2SO_4 + 2H_2O \tag{8.7}$$

（4）有机氮化合物。

$$CH_3 - C_6H_2 - (NO_2)_3 + 5.25O_2 \longrightarrow 7CO_2 + 1.5N_2 + 2.5H_2O \tag{8.8}$$

（5）有机磷化合物。

$$(CH_3O)_2POCH_3 + 5O_2 \longrightarrow 3CO_2 + H_3PO_4 + 3H_2O \tag{8.9}$$

超临界水氧化法可以有效、迅速地降解包括多氯联苯、二噁英在内的各种有机物。在超临界水中，绝大部分有机物能在较短的停留时间内（一般不到10min），达到99%以上的去除率。

8.4.3　无氧碳化处理技术

8.4.3.1　国内外污泥碳化技术的研究进展

早在20世纪80年代，国外就开始进行污泥碳化技术的研究，到20世纪90年代美国、日本、澳大利亚等国家相继展开了小规模的污泥碳化技术生产性实验。比如1977年日本三菱公司就在污泥碳化厂进行了规模化的处理；同年美国加利福尼亚州建立了污泥碳化实验场，同样进行了规模化的污泥碳化处理。而随着污泥碳化技术研究的不断进步，在2000年美国的低温碳化技术和日本的高温炭化技术相继成熟，并进行了大规模的商业推广，使得该项技术在污泥处理中发挥了极大的作用。目前，美国、日本等发达国家已经构建了高速污泥碳化系统，并且采用了立体多级设计的碳化炉来进行污泥处理，这使得污泥处理的速度较快、时间较短、占地面积较小，不仅能够有效地消除污染物，还能够保证整个过程安全、环保。相对于国外发达国家污泥碳化技术的研究来说，我国污泥碳化技术研究的起步较晚，是近些年才从发达国家中引入污泥碳化技术，进而推动国内污泥碳化技术一点点发展起来。比如2005年将日本高温碳化技术引入中国市场，但因相关领域及工作者未能正确认识到污泥处理的重要性，加之高温碳化设备的价格昂贵，致使污泥碳化技术的研究、推广受阻。此后到2012年我国各地才陆续引进污泥碳化技术，如武汉引进日本高温碳化技术并建立了日处理能力10t的脱水污泥生产线；湖北对日本连续高速污泥碳化系统技术予以引进、消化及吸收，这才促使近些年污泥碳化技术得到重视，并积极推广应用。但总体来说，为了使污泥碳化技术能够在我国各地广泛地应用，应当在借鉴国外发达国家污泥碳化技术研究经验的基础上，充分考虑我国污泥处理的实际情况，对污泥碳化技术加以优化和创新，以便打造适应国内实情的污泥碳化处理生产线，为科学、合理、安全、高效地处理污泥创造条件。

8.4.3.2　污泥碳化技术的基本原理

相较于干化或者直接焚烧等处理方法而言，污泥碳化技术具有能源消耗低、剩余产物中含碳量高、发热量大等特点，所以该项技术非常适用于城市污泥处理之中。当然，污泥碳化技术之所以具有较高的应用效果，主要是该项技术应用的过程当中能够在一定的温度和强度下，通过裂解的方式将生化污泥中细胞的水分强制脱出，使污泥中碳含量比例大幅提高，再经过干馏和热解的作用下，将有机物转化为水蒸气、不凝性气体及碳。目前，污泥碳化技术主要包括低温碳化、高温碳化等类型。

A　高温碳化技术的应用

所谓高温碳化技术主要是在温度为650~980℃之间且不加压的情况下，对污泥进行干化处理，使之含水量达到30%左右，之后利用碳化炉进行高温碳化造粒，进而得到碳化颗粒。为了科学、合理地运用高温碳化技术来处理城镇污泥，在工艺操作的过程中，能够直接利用污泥所含有的热值及碳化炉中产生的合成物来支持后续的干化操作，以便得到碳化颗粒；又因为该项技术能够对污泥进行干化处理，所以能够使污泥量减少，并且处理之后达到无害化、资源化的目的。所以，高温碳化技术具有较高的应用价值。当然，高温碳化技术也并非毫无缺点，其在具体的应用过程当中会造成能源消耗大的问题。这是因为污泥干化处理主要是将污泥中的水分蒸发出去，而水分蒸发需要大量的热能支持，这势必会浪费大量的能源；投资大，这是因为高温碳化包括干化和碳化两部分，为了使两部分都能够良好的操作，那么对高温碳化系统的投资至少要高于纯干化系统的投资，加之碳化炉技术比较复杂，碳化颗粒制造要在高温（800℃以上）下进行，所以需要消耗大量的材料，相应的整个投资非常大。

B 低温碳化技术的应用

与高温碳化技术不同，低温碳化技术没有干化环节，只有碳化环节。在具体碳化处理的过程当中，需要将压力设置为10MPa左右，温度调至315℃，使污泥呈现液态，之后对其进行脱水处理，使之含水量在50%以下，之后进行干化造粒，又因碳化颗粒热值在3600~4900kcal/kg，所以此时可以按照一定比例与其他燃料相混合，能够发生热化分解反应，将污泥之中的二氧化碳与固体分离，得到应用价值的碳质。由此可以看出，低温碳化技术所具有的优点——能量消耗少、生产的碳化物具有较高的燃值等。但是在具体应用低温碳化技术的过程中，同样要注意规避其缺点，比如污泥碳化物的热值并不能应用在污泥碳化系统之中，需要对污泥裂解液脱水后的生物浓液进行有效的处理，避免出现新的污染物。

8.4.3.3 污泥改性无氧碳化技术与焚烧技术对环境的影响

A 温室气体排放量

污水污泥的产生量呈现快速增长趋势，污泥在处置过程中产生的大量温室气体（如 CO_2、N_2O 等），成为温室气体的一个重要来源，是影响全球气候增温的主要因素。

污泥焚烧是在氧气充分及燃料的协助下，污泥中的有机质和氧反应，生成碳、氮、硫、氢及碱金属的氧化物，并释放出热量，伴随着粉尘等有害物质产生。温室效应是世界难题，气温升高、海平面上升严重威胁着人类健康与安全。城镇生活污泥有机质及氮含量高，焚烧过程中会产生大量的二氧化碳和氧化亚氮等温室气体，引起温室效应。1t 城镇干污泥中有机物含量均值为 384kg，有机物以葡萄糖（$C_6H_{12}O_6$，含碳量40%）计，焚烧 1t 城镇干污泥的二氧化碳的排放量为：384kg×40%×3.66 = 562.176kg；按城镇污泥中总氮含量占干污泥重的2.71%，污泥焚烧产生的氮氧化物以氧化亚氮计，则焚烧 1t 城镇干污泥的氧化亚氮排放量：27.1kg×1.57 = 42.547kg。则每焚烧 1t 含水率80%的城镇污泥，二氧化碳排放量为 562.17kg×0.2 = 112.44kg，氧化亚氮排放量为 42.547kg×0.2 = 8.5094kg。据统计，现全国年产生含水率80%的污泥 $4×10^7$t，我国污泥焚烧占总处理污泥量约3.45%（按3.5%计算），则通过焚烧方式处理污泥所带来的二氧化碳和氧化亚氮排放量分别约为$15×10^4$t和10^4t。

污泥改性无氧碳化技术处理污泥主要包括两个过程：干化改性和无氧碳化。干化改性过程中，污泥中的氮、硫元素在改性剂作用下固定在污泥内部，其中氮被最终转化为简单的有机和无机铵盐，储存在污泥中。无氧碳化过程中，在干馏温度低于150℃时，氨、水和可燃气体馏出并引入冷却罐冷却，含氨溶液做碳酸铵生产原料（详见专利：一种利用污泥中蛋白质生产碳酸铵的方法，公布号：CN 104628013A）；在干馏温度150~350℃条件下，污泥中的油脂转换成油气并输入燃烧炉内燃烧，做污泥干馏热源；当干馏温度达到350~420℃时，污泥中含硫的胶质馏出，同时纤维类物质完全碳化，碳化后的固定碳燃烧为干化提供热量，燃烧后灰分可填埋或做建材。整个改性无氧碳化过程中，污泥中的氮、硫、碳均实现资源化利用，有效解决污泥焚烧过程易产生氮氧化物、硫氧化物、二氧化碳及粉尘等的二次污染问题。以2015年烟台市南郊生活污水处理厂5000t含水率80%的压滤污泥采用改性无氧碳化技术处理前（改性前）和处理后（改性后，改性剂添加比例2‰、改性7天）实验数据分析。

污泥经改性无氧碳化技术处理前后的出油率分别为2.45%和9.22%，改性后污泥的出油率较改性前提高了6.77%。改性后污泥出油率以9.22%计，油中的碳以十六烷计，采用改性无氧碳化技术处理1t城镇绝干污泥所产生的二氧化碳量为：92.2kg×84.96%×3.66＝286.7kg，即采用改性无氧碳化技术处理1t含水率80%的污泥的二氧化碳排放量为：286.7kg×0.2＝57.34kg。污泥中的氮素资源化利用合成碳酸铵，整个碳化过程无氮氧化物排放。

B 重金属的处理

国内城市污泥中重金属铬、镍、汞、砷的含量较高，在焚烧过程中产生的重金属污染较为严重。污泥经过焚烧后，Zn、Cu、Cr、Pb、Cd、Ni等金属绝大部分残留在灰渣中，而Hg、As等易挥发金属则大量富集在飞灰中，灰渣中含量很少。随着焚烧温度的提高，Cu、Zn、Pb、Cd等中度挥发性金属挥发性有所增加，而Ni、Cr等难挥发性金属元素则变化不明显。

污泥改性无氧碳化技术可在处理过程中采用重金属处理技术进行处理。将改性完成后的污泥与一定量的葡萄糖粉和氢氧化钙充分混合，在机械加热条件下，当污泥受热至温度100℃以上时，NH_4^+与氢氧化钙反应生成的氨气迅速与水蒸气混合后与污泥中的大部分重金属离子Cd、Hg、Cr、Ni、Cu、Zn在碱性条件下发生络合反应，分别生成对应的氨络合物，络合物再与葡萄糖粉发生氧化还原反应，最终实现重金属离子化合价降低或直接还原成单质，降低污泥中重金属离子的毒性。

C 经济效益

据测算利用热电厂锅炉焚烧污泥，每吨污泥处理成本近百元，若建造专门的焚烧系统,则每吨污泥处理成本将高达 320 元。上海石洞口污水处理厂污泥处理干泥量为 64t/d,采用"低温干化与高温焚烧联合处理"工艺,其建设投资为 8000 万元,污泥处置成本为 238.8 元/t;温州市某污水处理厂污泥处理工艺为半干化+焚烧,湿污泥的处理成本在 200~400 元/t。根据进入焚烧设备的污泥含水率的不同,污泥焚烧技术可分为两类:一类是将脱水污泥(含水率 80% 左右)直接送入焚烧炉焚烧,另一类是干化焚烧技术,即将脱水污泥干化后再焚烧。脱水污泥直接焚烧虽然可节省前期处理成本,但高含水率使得污泥不能自持燃烧,需提高掺烧率,增加燃料消耗,无疑增加燃烧成本;干化焚烧技术在焚烧前需对污泥进行干化,成本同样很高。以珠海市污泥处置中心为例,含水率 80% 的市政污泥需先添加硫酸亚铁、石灰粉等进行高压板框压滤脱水至含水率 60% 左右,成本需 100 元/t;含水率 60% 的泥饼需粉碎后再经烘干机烘干含水率 30% 以下,成本需 50~60 元/t。由此可知,珠海市污泥处置中心每干化 1t 含水率 80% 污泥至含水率 30% 以下,需成本 150 元左右。

污泥改性无氧碳化技术是通过添加改性剂对污泥进行干化改性,再进行无氧碳化。污泥改性无氧碳化技术利用碳化过程产生的烟气(温度 $T=350~400℃$)和碳化后的固定碳(温度 $T=400~500℃$)做热源,将污泥含水率由 80% 干化至 40% 以下,随后添加改性剂生物脱水至含水率 30% 以下。整个干化过程不需要外加热源,干化 1t 含水率 80% 的污泥至含水率 30% 以下需 40~90 元。

D　社会效益

污泥焚烧技术在处理污泥过程中会产生大量氮氧化物、碳氧化物、粉尘等有毒有害性气体,对焚烧当地的生态环境和人类健康都造成严重的潜在威胁。污泥改性无氧碳化技术符合节能减排的要求和社会发展的需要,可有效避免污泥焚烧技术所存在的环境问题,降低因污泥焚烧而对当地水环境、大气环境和土壤环境的危害,从而改善城市环境的卫生风貌,提高城市人民生活和健康水平,对创建幸福、和谐的城市环境及吸引投资具有一定的助推作用。

8.4.4　微生物处理技术

8.4.4.1　微生物处理技术的研究现状

微生物包括细菌、病毒、真菌和少数藻类等在内的一大类生物群体,它们大多个体微小,难以肉眼观察,只有某些微生物是肉眼可见的,像真菌的蘑菇、灵芝等。微生物具有体积小、比表面积大和生长繁殖速度快的特征。微生物技术主要利用微生物的代谢反应过程和生物合成产物对污染环境监测、评价、整治及修复的单一或综合性的现代化人工技术系统。微生物技术具有成本低、环保低碳等特点,且不会产生任何的副作用,对环境危害小。

微生物处理技术现在主要应用于处理有机固体废弃物、工业废水等有机污染物。从传统意义上来讲，由于工业有机废物毒性较大，绝大部分微生物在这种环境中生物活性较低导致处理效果不好。然而，白腐真菌以独特的有机化合物降解能力近些年来备受关注。白腐真菌是引起木材白色腐烂的一类丝状真菌，是已知的能够将木质素彻底降解为 CO_2 和 H_2O 的特定微生物，且其分泌的木质素降解酶对降解底物的范围广泛，能降解多种复杂的异生质有机污染物，如氯酚类、多氯联苯、多环芳烃、染料等。目前研究较多的白腐真菌主要有 *Phanerochaete chrysosporium*、*Trametes versicolor* 以及 *Pleurotus ostreatus* 等，其中以 *Phanerochaete chrysosporium* 最为广泛。

在微生物处理技术中，还有一个备受关注的点是微生物固定化问题。由于游离态菌体产生的酶活性不高，抗毒性能力差，处理效果不稳定，因此采用固定化方法能一定程度上克服上述缺点。固定化技术是通过物理、化学手段将水体中游离分散的微生物和酶等生物催化剂固定在载体中，使其高度富集同时保持较高活性的一种技术。

同时，基因工程技术作为生物降解处理有机污染物研究的前沿领域，能够提高微生物的降解速率，拓宽底物的专一性范围，维持低浓度下的代谢活性，改善有机污染物降解过程中的生物催化稳定性等。

8.4.4.2 微生物处理技术的原理

A 微生物处理含氯有机物

微生物降解有机氯农药需要多种酶，酶是具有催化生物化学反应的活性蛋白质，可以将特定化合物以更高的反应速率转化为产物。其中最重要的是脱卤酶，而与这些酶相关的基因统称为 Lin 基因。以 γ-六六六（γ-HCH）为例，其主要涉及的脱氯酶可分为脱氯化氢酶（LinA）、烷基卤脱卤酶（LinB）、谷胱甘肽 S-转移酶（LinD）及其他参与代谢产物降解的酶。LinA 参与降解第一步的催化反应；LinB 属于 α/β 水解酶的一种卤代烷脱卤酶，它催化的反应实质为水解过程，这类酶催化的底物范围较广，但是会被某些物质抑制。因此需要诱导微生物产生突变后的 LinB，突变后的 LinB 可以降低或者消除抑制；LinD 的主要作用是催化含卤基的苯环结构或环状化合物与还原型谷胱甘肽结合而脱氯。

有研究者通过在黑龙江省七台河市某五氯硝基苯（pentachloronitrobenzene，PCNB）污染地筛选出 *Pseudomonas putida* QTH3，它能够利用 PCNB 作为生长的唯一碳源，并有效地降解 PCNB。该菌株可降解包括 HCH、DDT 同分异构体在内的 13 种有机氯农药，降解 14d 后对 13 种有机氯化合物的降解率为 10.85% ~ 42.51%。该菌细胞内酶可在 30min 内将有机氯农药降解 44.73%。研究者给出了 *P. putida* QTH3 对 PCNB 的两种代谢途径：（1）将硝基部分还原为胺。PCNB 通过硝基还原酶产生 2,3,4,5,6-五氯苯胺（pentachloroaniline，PCA），2,3,4,5,6-

PCA 转化为 2,3,5,6-四氯苯胺（tetrachloroaniline，TCA）或 2,3,4,5-TCA，经多步反应进一步降解为邻苯二酚。（2）PCNB 与谷胱甘肽结合。PCNB 与谷胱甘肽和含硫化合物反应生成五氯硫代苯甲醚（pentachlorothioanisole，PCTAs），PCTAs 可能经过多步氧化反应生成重要中间代谢物 2,3,4,5,6-五氯苯酚，再经多步反应可进一步降解为邻苯二酚。

B 微生物处理染料

合成染料以偶氮染料为主，是含有一个到多个—N =N—基团的芳香族化合物，染料的微生物处理主要也是依靠微生物分泌的酶，细菌、真菌都能够分泌可以降解染料的酶。

连续的厌氧-好氧是常用的生物降解方式。染料的细菌生物降解过程分为两个阶段，首先在厌氧条件下，偶氮染料在细菌分泌的偶氮还原酶的作用下偶氮键被还原而断裂，生成致癌的芳香胺，第二阶段在好氧条件下，芳香胺进一步分解，以达到解毒的目的。已知能产生偶氮还原酶的细菌有：金黄色葡萄球菌、大肠杆菌、粪肠球菌、芽孢杆菌和偶氮奇异菌 KF46F。

除了细菌的应用之外，丝状真菌也能够分泌各种细胞内和细胞外酶降解污染物。丝状真菌依靠菌丝使染料脱色，随后通过酶破坏化学键。白腐真菌是去除染料最广泛的真菌之一，其特有的木质素氧化酶系统由木质素过氧化物酶（LiP）、锰过氧化物酶（MnP）、漆酶（Lac）组成，对于染料降解（作为生物催化剂）发挥着重要的作用。LiP 通过偶氮键上的酚基氧化生成自由基来降解染料；MnP 通过将两个 Mn(Ⅱ) 氧化为 Mn(Ⅲ) 来破坏酚类化合物和其他异种生物，有研究证明，MnP 可以降解高顽固性聚合物染料 Poly R-478；漆酶可以通过氧化还原机制催化酚类等多种芳香烃，有学者在研究中表示漆酶对于甲基红、结晶紫、酒石黄等 20 多种染料都表现出了酶活性。

真菌表现出对不同污染物的耐受性，而真菌的生长形式具有自我补充能力，不需要定期添加菌落，在生物反应器中，易于处理后与废水分离，也不需要高能量消耗和化学品，且易于操作，相比于其他技术更加持续环保。

C 微生物处理工业污泥

微生物在处理工业污泥中一直以来都具有广泛的应用，工业污泥的微生物处理主要分为两方面，一方面是通过堆肥回收能源，另一方面是减少污泥中金属的影响。

细菌、酵母、藻类都对工业污泥有一定的能源回收潜力。首先，好氧堆肥能够降解污泥中的有机污染物，在高温下杀死病原菌以及寄生虫，是一种低成本的污泥处理方式。厌氧消化依靠厌氧菌的代谢，分解有机物并产生甲烷，既能使污泥减量又能够生成高附加值产品，是一种清洁有效的处理方式。

研究发现，酵母既可以发酵污泥进行生物脂质生产，又能与烷基葡萄糖

（APG）相结合进行污泥厌氧发酵生产短链脂肪酸（SCFA）。藻类具有很高的沼气生产潜力，沼气和甲烷的产量主要取决于藻类种类的生物量和细胞壁。虽然使用多种微生物进行厌氧消化的研究还停留在实验室方式运行，系统设计较简单，然而，结合不同微生物的种群优势，低碳环保高效降解有机工业污泥是大势所趋。同时，利用成熟高效的厌氧生物反应器，如固定膜反应器、高细胞密度混合厌氧生物反应器、上流厌氧污泥床（UASB）、膨胀颗粒污泥床（ESGB）、厌氧流化床反应器（AFBR）等，可进一步优化微生物降解及资源回收率。

工业污泥中的重金属一直以来都是处理中的重点问题，研究表明，固定化后的白腐真菌是有效的重金属修复剂，对于铅、铜、镉、铬、锆、锌、铀、镍以及一些稀有金属（如碲、硒等）都取得了良好的去除效果，除了白腐真菌细胞壁上的多糖（真菌细胞壁由约 90% 的多糖组成）能够与金属离子络合以抵抗重金属侵蚀之外，白腐真菌还能够分泌一些胞外聚合物，尤其是草酸，能够与重金属结合生成稳定复合体，形成不可溶的草酸盐，将离子态重金属转化为低毒的螯合态，以此降低重金属毒性，提高菌种耐性，与腐殖质共同作用也能够达到钝化金属，降低毒性的作用。常用的固定化载体有海藻酸钙、琼脂、聚氨酯、聚乙烯泡沫等。据报道，各种白腐真菌菌株都对重金属修复取得了良好的效果，包括 *Phanerochaete chrysosporium*、*Pleurotus ostreatus*、*Ganoderma lucidum*、*Trametes versicolor*、*Irpex lacteus*、*Lentinus edodes*、*Coriolus versicolor*、*Schizophyllum commune* 等。*Phanerochaete chrysosporium* 作为白腐真菌的模式物种，是目前研究最多的重金属污染生物修复真菌菌种。该菌种已应用于 Pb、Cd、Cr、Cu、Ni、Zn、Pd、Te、Se 等重金属的生物修复。

此外，以微生物介导无害化处理含重金属废渣也是一种可行的方案。以含砷工业废渣为例，微生物修复砷的主要机制包括氧化还原、甲基化、生物吸附和生物累积，通常在于价态的转化，即 As(III) 和 As(V)。

砷的氧化还原从本质上讲在于受体和供体之间的电子转移，主要由亚砷酸氧化酶和砷酸盐还原酶参与。据报道，*Halomonas* sp. 和 *Desulfotomaculum* sp. TC-1 等细菌可分泌亚砷酸盐氧化酶，金黄色葡萄球菌和大肠杆菌等则可分泌砷酸盐还原酶。

无机砷的甲基化被认为是砷生物修复的重要途径，其中砷可以从无机形式转变为毒性相对较小的有机砷化合物，同时产生挥发性三甲基砷气体。例如，*Aspergillus* spp. 和 *Penicillium* spp. 可应用于砷甲基化。

生物累积是一个耗能的过程，是砷的氧化还原和甲基化的基础，发生在细胞表面和细胞内空间，包括细胞质和细胞膜，依赖于新陈代谢，仅在活细胞中可行。通过生物累积，微生物可以将 As 聚集到表面，通过转运蛋白将 As 转移并积累到细胞中。As(Ⅲ) 可以通过水-甘油通道蛋白（aquaglyceroporin）进入细胞，然后与蛋白质巯基结合，As(Ⅴ) 作为磷酸盐类似物通过磷酸膜运输进入细胞，最后，游离 As 被隔离到细胞的特定位点与蛋白质和肽的细胞内结合位点结合以降低可用性。

综上所述，真菌的吸附钝化和细菌的介导协同技术将在含金属工业废渣的无害化处理过程中发挥越来越多作用。

8.4.4.3 工业污泥微生物处理技术

A 生物反应器

微生物处理除了利用微生物本身的特质之外，常常配合一些其他技术以提高处理效率。生物反应器依靠生物催化进行反应，包括使用游离酶或者固定化酶的酶催化反应，和其他微生物、动植物细胞代谢的细胞反应，最终将底物生成有价值的目标产物，是现在处理污染物常用的技术。

生物反应器按照生物催化剂的不同，可以分为酶反应器和细胞反应器两大类。酶反应器分为均相酶反应器、填充床反应器、流化床反应器、膜式反应器等，均相酶反应器以液相中游离的酶作为催化剂，填充床和流化床反应器以固定化酶作为催化剂，膜式反应器使用膜组件截留酶分子。

细胞反应器根据细胞类型分为微生物反应器、动物细胞培养反应器、植物细胞培养反应器。微生物反应器有通气式机械搅拌反应器、鼓泡塔和环流反应器等。动物细胞培养反应器有无泡通气搅拌反应器、笼式通气搅拌反应器等。它们都采用气泡和细胞隔离的技术，以避免气泡和细胞接触所产生的流体剪切力对细胞造成的损伤。

生物反应器依靠质量传递进行反应，质量传递过程主要分为气-液传递和液-固传递。好氧发酵过程中的氧传递和二氧化碳释放属于气-液传递；反应系统中的固定化酶、固定化细胞、生物膜、絮凝细胞的过程属于液-固传递过程；固态发酵中还存在气固传质和气液固三相传质。

目前，生物反应器在废水、固废处理等方面已经有了较为广泛的实际应用。早在 1994 年，Stone & Webster 公司获得了高效生物反应器（HRB）的专用许可，并且作为工业示范装置投入海湾炼油厂处理含油污泥，既实现了现代化操作，又达到了良好的处理效果。厌氧消化反应器是我国常用的废水和固废处理装备，能够很好地分解有机物，降低危害。目前，我国最常用的废水厌氧消化反应器是上流式厌氧污泥床反应器（UASB），其具有有机负荷率高、消化效率高、无须搅拌、抗冲击能力强、对温度和 pH 值的变化适应力强的特点。

B 微生物基因工程菌

基因工程分为上游技术和下游技术两部分，其中，上游技术指重组 DNA 技术，下游技术则包括基因工程菌或细胞的大规模培养以及基因产物的分离纯化过程。基因工程技术应用于环境保护起始于 20 世纪 80 年代，其基本原理是对生物的遗传物质——基因在体外进行剪切、组合和拼接，使遗传物质重新组合，然后通过质粒、噬菌体或病毒等载体转入微生物、植物或动物细胞内，进行无性繁殖，并使所需基因在细胞内表达，产生出人类所需的产物或组建新的生物类型，从而达到清除污染物和治理污染的目的。

基因工程菌（GMEs, genetically engineered microorganisms）的发展来源于日益增加的生物修复需求，其通过生物技术或基因工程将一种更强的蛋白质引入细菌中而增强特性，值得注意的是，使用转基因微生物菌株分解污染物和废物已经成为解决污染物和废物分解缓慢的一个解决方案。

环境中的一些顽固危险的化学物质，如强硝化或卤化芳香化合物、炸药和杀虫剂，它们在自然环境下具有化学惰性，普通微生物无法适当分解，甚至对微生物种群具有毒性，有研究表示，目前已经开发出了具有高效分解代谢途径的，比其他微生物更具有生物修复潜力的人工培养菌株。在科学技术的发展下，已经可以在整个基因组或者局部基因水平上进行合理的基因工程，例如将包含一个或多个核苷酸的 DNA 分子片段精确插入、移除或置换到生物体基因组的细胞中。

为了开发从有机废物中去除砷的生物修复策略，研究人员对 *Bacillus subtilis* 168（一种可以在高温下生长但不能甲基化和挥发砷的细菌菌株）进行基因工程改造，用来表达来自嗜热藻类 *Cyanidioschyzon merolae* 的亚砷酸盐甲基转移酶基因（CmarsM）。经过基因工程改造的 *Bacillus subtilis* 168 在 48h 内将培养基中的大部分无机砷转化为二甲基砷酸盐和三甲基砷烷氧化物，并挥发大量二甲基砷和三甲基砷。从 37℃到 50℃，砷的甲基化和挥发速率随着温度的升高而增加。当菌株接种到 50℃堆肥的砷污染有机肥料中时，改性菌株显著提高了砷的挥发。

细菌 *Ideonella sakaiensis* 201-F6 能够以聚对苯二甲酸乙二醇酯（PET）作为主要的能源和碳源。但 PET 水解酶（PETase）的低热稳定性限制了其高效的 PET 降解能力。有研究人员通过蛋白质工程来提高酶蛋白的热稳定性，成功获得了具有显著增强热稳定性和高度提高 PET 降解能力的 IsPETase 变体。

8.4.4.4 工业污泥微生物处理技术优势

微生物处理技术依靠微生物的代谢来对污染物进行降解，以及其低碳环保的优势，对于工业固废的处理具有十分重要的意义。工业固废由于本身的特性若得不到妥善的处理很容易对环境造成二次污染，危害生物安全。

微生物在降解污染物之后的残留物通常是无害的，如水、二氧化碳以及细胞生物质。同时，微生物处理能够回收重金属，配合生物反应器还能够回收其他高附加值副产物；微生物可以利用固废中生物质的脂肪、蛋白质、木质素等生产沼气、氢气、生物乙醇和生物柴油等清洁能源。据报道，每年生物质可代替化石能源产生 350EJ（能量单位，表示 10^{18} J）的能量，减少化石能源的使用和污染物的排放。微生物还可以将生物质能转化为电能。比如目前新兴的微生物燃料电池（microbial fuel cell，MFC）技术，原理是微生物分解阳极上的生物质，并释放电子，电子通过外部电路转移到阴极并形成回路，既能降解工业固废，又能产生电能而不产生有害气体。

　　我国的工业固废体量庞大，急需寻找更加环保低碳的无害化处理方式，尤其是在碳达峰和碳中和的目标背景下，微生物处理工业固废技术具有环保、低碳、二次污染少的优势，同时可回收沼气、甲烷、电能等可再生能源，对于解决能源危机，促进可持续发展和达成"双碳"目标具有重大意义。

9 有机固废固液分离与末端处理处置技术及案例分析

9.1 污水污泥液态调理药剂研发

9.1.1 污水污泥水分存在形式及去除原理

污水污泥结构复杂，与水的亲和力强。污泥中所含水分按结合形态有四种：表面吸附水、间隙水、毛细结合水和内部结合水。

9.1.1.1 表面吸附水

表面吸附水是指吸附在污泥颗粒表面的水分。污泥属于凝胶，是由絮状的胶体颗粒集合而成。污泥的胶体颗粒小，比表面积大，吸附力大，胶体颗粒带有相同性质的电荷，相互排斥，妨碍颗粒的聚集、长大而保持稳定状态，因而表面吸附水用普通的浓缩或脱水方法去除比较困难。加入起调理作用的混凝剂后，污泥胶体颗粒的电荷得到中和后，颗粒呈不稳定状态，凝聚在一起，颗粒增大，比表面积减小，表面张力降低，表面吸附水也随之从胶体颗粒上脱离。

9.1.1.2 间隙水

间隙水是指大小污泥颗粒之间的游离水分，它并不与固体颗粒直接结合，因而较容易分离，在浓缩池中控制适当的停留时间，利用重力作用，一部分间隙水就会分离出来。间隙水一般要占污泥中总含水量的 65%~85%，这部分水是污泥浓缩的主要对象。

9.1.1.3 毛细结合水

将一根直径细小的管子插入水中，在表面张力的作用下，水在管内上升使水面达到一定高度，这一现象叫毛细现象。水在管内上升的高度与管子半径成反比，就是说管子半径越小，毛细力越大，上升高度越高，毛细结合水就越多。污泥由高度密集的细小固体颗粒组成，在固体颗粒接触表面上，由于表面张力的作用，形成毛细结合水，毛细结合水占污泥中总含水量的 10%~25%。由于毛细水和污泥颗粒之间的结合力较强，浓缩作用不能将毛细结合水分离，需借助较高的机械作用力和能量，如真空过滤、压力过滤和离心分离才能去除这部分水分。

9.1.1.4　内部结合水

内部结合水是指包含在污泥中微生物细胞体内的水分，它的含量与污泥中微生物细胞体所占的比例有关。一般初沉污泥内部结合水较少，二沉污泥中内部结合水较多。这种内部结合水与固体颗粒结合得很紧密，使用机械方法去除这部分水是行不通的。要去除这部分水分，必须破坏细胞膜，使细胞液渗出，由内部结合水变为外部液体。为了去除这种内部结合水，可以通过好氧菌或厌氧菌的作用进行生物分解，或采用高温加热和冷冻等措施。内部结合水的含量不多，内部结合水和表面吸附水一起只占污泥中总含水量的10%左右。

9.1.2　污水污泥化学调理法

化学调理作为污泥调理中改善污泥脱水性能最常用的手段之一，是指在污泥中加入化学药剂（如助凝剂、混凝剂等），使颗粒絮凝，改善脱水性能。简单而言，凡是能使水溶液中的溶质、胶体或者悬浮物颗粒产生絮状物沉淀的物质都可称为混凝剂（或统称为絮凝剂）。凝聚剂即为主要通过表面电荷中和或压缩双电层而使胶体颗粒脱稳的药剂。絮凝剂则是在脱稳后的胶体颗粒之间产生架桥作用以及在沉降过程中产生卷扫作用的药剂。

由于污泥中的固体粒子是水合物，细小而带有负电荷，粗粒子表面裹着水合层，所以污泥形成一种稳定的胶体悬浮液。由于亲水性胶体粒子形成双电层，它与水的亲和力非常强，沉降性能和脱水性能很差，污泥中固体和水的分离比较困难。加药调节的原理就是使带有电荷的无机或有机混凝剂在这两种胶体表面起化学反应，中和污泥粒子的电荷，使水从粒子中分离出来，同时使粒子凝聚成大的颗粒（见表9.1）。

表9.1　化学调理法对比

分类	属性	代表性絮凝剂	作用机理
传统污泥絮凝剂	无机低分子絮凝剂	氯化铁、硫酸铝等铁铝盐阳离子型及生石灰、碳酸钙等阴离子型	与带电颗粒电性相反的异电离子在颗粒表面进行化学吸附使其表面电位降低，粒子间更易碰撞结合成大颗粒物
	无机高分子絮凝剂	聚硫酸铁、聚氯化铁在内的聚铁盐和以聚硫酸铝、聚氯化铝为代表的聚铝盐等阳离子絮凝剂	高分子絮凝剂分子量大，高分子链聚合度高，可形成"胶粒-高分子物质-胶粒"的集合体，充分发挥无机低分子絮凝剂所不具有的吸附架桥作用

分类	属性	代表性絮凝剂	作用机理
新型有机絮凝剂	有机高分子絮凝剂	聚丙烯酰胺、聚二甲基二丙烯基氯化铵、氨基甲基化聚丙烯酰胺、聚丙烯酰胺、聚氧乙烯	有机高分子絮凝剂相对分子质量大，架桥吸附能力更强，网捕性能较好
	天然高分子絮凝剂	淀粉类、纤维素类、壳聚糖类、植物胶类、蛋白质类和藻类等	天然高分子相对分子质量大，架桥吸附能力更强，网捕性能较好，同时避免产生二次污染
新型有机絮凝剂	微生物絮凝剂	酱油曲霉（aspergillus souae）AJ7002 产生的絮凝剂等	微生物絮凝剂活性位点多，官能团种类多样，可通过离子键、氢键等化学作用将絮凝物质集聚在一起
复合絮凝剂	无机-有机絮凝剂制备的絮凝剂	累托石和虾蟹壳等原料	AR（铝改性累托石）-PQ（氢钠和虾蟹壳为主要原料制成天然高分子材料）制备絮凝剂
	无机-有机絮凝剂复配的絮凝剂	亚铁盐类无机聚合物、碱性钙离子类助凝剂、线性有机高分子聚合物复配	同时发挥有机和无机絮凝剂的优势

通过化学调理剂的调理改变污泥颗粒物的粒径大小和表面电荷等性质，之后通过离心或者压滤的方式进一步去除污泥中水分，从而达到深度脱水的目的。但是，铁盐+粉剂调理方式存在太多弊端，导致市场接受度下降，此调理方式采用粉剂投加，现场环境差，且投加三氯化铁时计量不准确，氯离子腐蚀性强，使滤布寿命减短，影响后端资源化处置，石灰会增加干基产量，改变污泥性质有悖于污泥减量化、资源化原则。

考虑到纯有机调理药剂的诸多优势，可对后端资源化利用起到作用，增加有机质含量且干基产量不改变，研究人员从实际出发，切实考虑行业关键性问题，对液态调理药剂进行了诸多研究。通过投加纯有机调理剂后，可使污泥絮体粒径变小，不规则程度降低，改善污泥脱水性能。其中，分散作用是指降低水土两相间的范德华力和氢键作用力，减小污泥的黏性，可使污泥絮体结构分散解体，释放出原絮体内部的结合水；增溶作用是指加强有高度水合作用 EPS（胞外聚合物）的溶解性能，减少污泥颗粒间的空隙水，从而利于污泥脱水。化学调理技术则是向污泥中投加各种絮凝剂，使污泥中的细小颗粒形成大的絮体并释放吸附水。其原理是加入带正电基团的絮凝剂，通过压缩双电层、电荷中和、吸附架桥和网捕作用使污泥胶体脱稳，实现固液相分离，并通过重力沉降进一步降低污泥含水量。通过化学调理剂的调理改变污泥颗粒物的粒径大小和表面电荷等性质，之后通过离心或者压滤的方式进一步去除污泥中水分，从而达到深度脱水的目的。液态纯有机调理药剂主要具有以下几点优势：

(1) 投加量减少，成本降低；

(2) 无腐蚀性，后期资源化途径不受限制；

(3) 操作简便，现场环境美观；

(4) 污泥减量明显，固结效果好；

(5) 无黏性，泥饼可自动脱落。

9.2 固液分离技术原理与核心装备

9.2.1 新型超高压弹性压榨机的研发

9.2.1.1 YG 型超高压弹性压榨机

YG 型超高压弹性压榨机是板框式结构的高效率压滤设备，该设备改进了传统板框的结构，集投资成本低、工作效率高、脱水压力大、占地面积小、处理效果好、运行维护简单等多个优点于一体，YG 型压滤机无须二次压榨增压设备及压榨介质，其压缩比大、受力直接、压力高、工作周期短、生产效率相当于传统隔膜压滤机的 3~4 倍，主要用于对出泥含水率要求更高的高端市场。

A 技术优势

(1) 完全靠弹性介质伸缩来压榨污泥（2.5~10MPa），降低了能耗。药剂添加量少且无二次污染，运行成本低。

(2) 工作周期约 1~1.5h/次，泥饼厚度为 35mm，工作能力（产生干固体）能达到 8kg/(m² · h)，处理能力是传统板框压滤机的 3~4 倍。

(3) 金属滤框和弹性介质，寿命长（8 年以上），备件主要为滤布。

B 性能对比

表 9.2 为不同超高压弹性压榨机性能对比。

表 9.2 不同超高压弹性压榨机性能对比

对比项	YG 型超高压弹性压榨机	隔膜压滤机
工作能力	压榨压力 2.5~10MPa，工作周期 1.0~1.5h/次	压榨压力 1.6MPa，工作周期 4.0~6.0h/次
压榨原理	小油缸伸缩改变滤室容积达到压榨作用，无外加增压系统	由高压水泵将水注入隔板内部，涨鼓隔板来减小滤室容积，达到压榨作用
滤板材质	钢制滤板，不易受损，使用寿命在 8 年以上，降低滤板更换成本	增强聚丙烯，滤板易变形受损，使用寿命 2~3 年，增加滤板更换成本

对比项	YG 型超高压弹性压榨机	隔膜压滤机
处理效果	平行挤压，无死角，泥饼含水率均匀	圆弧状挤压，泥饼受力不均，泥饼含水率差异大
系统操作	系统组成简单，人员操作难度低	系统附属设备繁多，流程复杂
运行成本	能耗低、加药量少	能耗较高、加药量大
维护成本	备件主要为滤布（滤布用量约隔膜压滤机的 1/4），维护成本低	备用大量滤板、滤布，维护成本高

C 设备组成

a 主机机架

YG 型超高压压榨机结构及原理如图 9.1 所示。

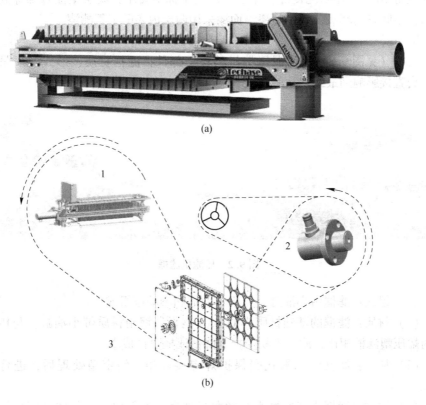

(a)

(b)

图 9.1 YG 型超高压压榨机及原理

（a）超高压压榨机；（b）超高压压榨机原理

1—超高压压榨机；2—油缸；3—单个滤室

组成：机架由机座、压紧板、止推板、主梁组成。

材质：YG 型超高压弹性压榨机机架在设计上吸取了国外的先进技术，其中主梁材质为 Q345B 桥梁钢，压滤机机座、压紧板、止推板，材质选用 Q345B 中板。

加工：主梁采用箱式焊接结构设计，使用埋弧自动焊接工艺加工而成，经超压试验，安全系数达 2.2 倍，可确保使用过程的安全、稳定，能满足高压滤板的使用要求，并彻底解决了压滤机主梁变形的问题。主梁滑动轨道采用单边 V 型轮金属导轨。此外，压滤机机座、压紧板、止推板用二氧化碳保护焊焊接成形。

抛光：机架各部件经回火定型处理后，用高速离心抛丸消除锈迹和氧化铁皮，不仅把表面的锈及氧化层处理掉，还在表面形成磨砂面，使喷漆附着力更强，不易脱落。

防腐：表面经过喷砂处理，喷砂处理工艺按照 SIS 055900 SA2 1/2 执行。为保证设备 10 年使用状况良好，涂层标准高于标书要求，底层滚涂锌加涂膜镀锌防腐，中间采用环氧云铁中间漆，面漆采用两层丙烯酸聚氨酯漆。

b　滤框

滤框（见图 9.2）是污泥压榨机的核心部件，滤框材质、形式及质量的不同，会直接影响到最终产品的质量。

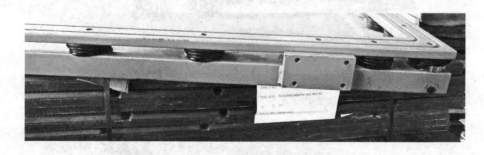

图 9.2　压滤机滤框

（1）组成：滤框由小油缸、滤板、动框和不动框组成。

（2）材质：滤框的基础材质为 Q345B 钢板，钢制材质带小油缸，与传统的聚丙烯压塑滤框相比，滤框不易受损，降低滤框更换成本。

（3）加工：滤框经二氧化碳保护焊焊接成型，经定型处理后，进行机械加工。

（4）防腐：滤框用高速抛光机做抛光处理，不仅把表面的锈及氧化层处理掉，还在表面形成磨砂面，使防腐漆、表面喷漆附着力更强，不易脱落。具有耐腐蚀、硬度高、抗拉强度大、抗冲击性能好等优点。

（5）区别：与传统的聚丙烯压塑滤框相比，钢制滤框更能耐高温高压，清理简便，由于进行二次压榨，滤饼含水量更低，处理能力大幅提高，强度、抗疲劳度、抗老化度大幅提升，使用寿命大大延长。

（6）密封：用高精度数控铣床加工成型，平行度误差小，能保证整体密封性能，正常进料时无漏液现象。

（7）滤布用量：因过滤面积远远小于隔膜压滤机，因此滤布用量也相应地少很多，大幅降低滤布更换维护成本。

（8）单板过滤面积：单个滤室容积大，压缩行程大，受力平衡，滤框强度大，因此单板过滤面积大。

c 自动拉板系统

压滤机自动拉板系统如图9.3所示。

（1）组成：包括轨道、拉板电机、链盒、链条及拉板小车。

（2）传动：自动拉板系统安装有扭矩限制器，驱动链轮通过链条带动链轮转动，链轮通过链条带动被动链轮转动，链条上设有拉板器，拉板器位于轨道上。

（3）电控：拉板系统采用变频器控制，在运行中可自动检测拉板电机的电流及设定运行速度，拉板链条带动拉板小车时变频器自动检测拉板减速机电机的过载信号，通过PLC自动控制减速机改变旋转方向，完成自动拉板过程，减速机电机的运行转矩根据滤板的运行阻力设定。

（4）防护：拉板器及轨道均有防护装置，上下链盒密闭，保证了拉板系统的清洁性与灵活性。

（5）特点：优化了液压系统，减少了复杂的转向机动力转换，从而减少了故障率。该自动拉板系统能够快速、方便地自动将滤板集合成整套滤板总成，又能够快速、方便地将整套滤板总成分离，脱、挂钩方便、简单、可靠。

图9.3 压滤机自动拉板系统

d 液压系统

板框压滤机及隔膜压滤机设备自身也都带有液压系统（见图9.4），但是它们所带液压系统的功能是用来锁紧滤板和保压的功能，而污泥脱水需要的挤压力来自外部系统，例如高压进料泵或二次压滤的增压泵。

图9.4 压滤机液压系统

YG型超高压弹性压榨机相较于前两代板框类设备，最显著的特征就是采用设备自身的液压系统作为二次压榨阶段的动力来源。这种结构形式给压榨机系统带来的功能特点是：

（1）直接施压，压力的大小和时间以及其施压的过程更好控制；

（2）无须外部增压设施，使压榨机的工作系统大为简化；

（3）采用双泵系统，高压小流量与低压大流量分开或同时工作可随意切换；节省系统运行时间。

液压站组成和材质：集成模块化设计，能顺序完成油缸的自动压紧、自动保压、自动补压、自动松开、前进、后退、到位自停、保压等基本动作，提高了整个液压系统的安全性、可靠性，同时便于维修和保养。阀块采用华德品牌，高压泵采用上高品牌，双泵设计，方便灵活。

油缸组成和材质：液压油缸采用锻造缸体，经粗镗、浮动镗、滚压、精磨制成。活塞杆材质为合金结构钢，经磨削加工，并进行调质处理后外镀硬铬，具有硬度高、耐磨性能好、抗腐蚀、使用寿命长等优点。密封圈为知名品牌，可保证油缸的密封性和灵活性，使污泥压榨机正常可靠运行。

e 滤布

滤布（见图9.5）的选择对过滤效果的好坏很重要，在压滤机过滤中，滤布起着关键的作用；其性能的好坏，选型的正确与否直接影响着过滤效果。

图9.5 压滤机滤布

f 自动接液系统

(1) 组成：翻板，翻板电机，接液槽。

(2) 功能简介：压榨机翻板结构是由低速电机驱动，再通过连杆连接，使翻版机构上下翻动，以不同的速度开闭，以起到接收过滤液的作用。滤板压紧后，过滤过程开始，此时翻板处于闭合状态。过滤过程中，滤液沿翻板面流入接液槽。过滤结束后，滤板即将松开时，翻板可将滤室中残留滤液导入接液槽，以保证滤饼不受二次污染；滤板拉开后，翻板处于打开状态，滤饼可直接卸入料斗中。

工作原理：翻板机构由低速电机带动主动下翻板，主动下翻板上的摆臂为四连杆机构的一个连架杆。四连杆机构的运动使从动上翻板产生一个不同于主动下翻板的速度，从而保证两个翻板面无接触地打开或闭合。翻板闭合后与水平面所夹锐角：5°~15°；翻板打开后与水平面所夹锐角：65°~90°。

D 运行特点

a 压榨力大、工作周期短、效率高

(1) 进料时间短：隔膜板框机的隔膜变容比率较小（一般在25%左右），高泵压（1.2MPa）长时间压滤尽量将泥饼含水率降低，最后的隔膜增压变容只是辅助性的进一步脱水工序，因此隔膜压滤机进泥时间较长。与传统隔膜板框相比，弹性板框的变容系数较大（40%~60%），主要依靠二次压榨完成深度脱水，对进泥压力和保压时间的要求都较低，因此进泥时间短得多。在等量的污泥处理项目中，金属弹性压榨机的进料时间更短，所需的滤框和滤板也远少于隔膜压榨机。

(2) 二次压榨时间短：隔膜板框的二次压榨是通过向隔膜空腔内注入高压

介质，使隔膜板膨胀来完成压缩滤室的过程。隔膜增压压力较低，速度较慢（压力大了会涨坏隔膜片），因此设备脱水需要的二次压榨时间较长，同等处理量下设备所需的滤室体积也就较大；YG型高压弹性压榨机的二次压榨是通过液压压缩滤框和滤板间的弹性介质钢，使弹性介质钢压缩来减小滤室体积，可实现迅速增压，快速推进，设备脱水需要的二次压榨时间短，二次压榨仅需半小时左右。弹性板框因其进泥和二次压榨时间短，效率更高，工作批次多，故其设备选型也更小，总体设备体积更小巧。

（3）泥饼厚度大：隔膜压榨机的泥饼厚度1～2cm，而金属压榨机的泥饼厚度为2.5～3.5cm。相同尺寸、相同数量的滤框（同等体积），YG型超高压弹性压榨机的处理能力为隔膜的2～3倍多。从以上几个方面来看，金属压榨机的体积应该远小于隔膜压榨机的体积，且滤布的使用也少很多；此外，超高压弹性压榨机的配套系统少，不需要气源等附属设备，管路连接更简单，所以整套系统很简洁，室内空间更好布置。

b 配套设备少

（1）隔膜板框压榨机需要相应的气源或水源进行二次压榨，因而需要配套相应的附属设备，YG型超高压弹性压榨机无须类似的设备，仅仅依靠金属压榨机本体设备即可满足一次进泥压榨和二次压力压榨。

（2）配套管路更简单，无压榨水介质管道、真空泵系统。

c 设备更耐用，运行更换成本低

（1）区别：一旦进入硬质颗粒，或出现滤布上的泥饼干燥成块，隔膜压榨机的聚丙烯压塑滤框容易碎裂，属于更换频率很高的耗材。与传统的聚丙烯压塑滤框相比，钢制滤框更能耐高温高压，强度、抗疲劳度、抗老化度大幅提升，使用寿命大大延长（大于10年）。

（2）密封：用高精度数控铣床加工成型，平行度误差小，能保证整体密封性能，正常进料时无漏液现象。

（3）滤布用量：因过滤面积远远小于隔膜压滤机，因此滤布用量也相应地少很多，大幅降低滤布更换维护成本。

（4）防腐措施：主梁在喷砂除锈、除氧化皮后，滚涂锌加涂膜镀锌防腐，中间采用环氧云铁中间漆喷涂处理后，面漆采用丙烯酸聚氨酯漆，使其拥有最佳的附着力和防腐能力，具有耐腐蚀、硬度高、抗拉强度大、抗冲击性好等优点。滤框用高速抛光机做抛光处理，不仅把表面的锈及氧化层处理掉，还在表面形成磨砂面，使防腐漆、表面喷漆附着力更强，不易脱落。具有耐腐蚀、硬度高、抗拉强度大、抗冲击性能好等优点。

（5）运行维护成本低：隔膜板框材质为玻璃纤维增强聚丙烯，滤板通常使用半年即会出现破裂受损，一般1～2年即需全部更换，增加滤板更换成本，而金属板框材质为钢制，钢制材质带弹性介质，滤板不易受损，正常寿命一般在8年以上，无须考虑滤板更换成本。另外，由于配套设备少，操作、管理简便，人工使用也会少于隔膜压榨机。

9.2.1.2　KS型超高压快速压榨机

KS型压滤机是在工业行业等领域应用的快速压滤脱水设备，该设备改进了传统板框的结构，集投资成本低、工作效率高、脱水压力大、占地面积小、处理效果好、运行维护简单等多个优点于一体。KS型压滤机无须另外的二次压榨增压设备及压榨介质，其压缩比大、受力直接、压力高、工作周期短，生产效率相当于传统隔膜压滤机的3~4倍，目前主要应用于市政污泥和工业污泥两大块。

A　技术优势

(1) 压榨压力大，1.6~2.0MPa。

(2) 效率高，高压进泥，快拉式卸料，工作周期短。

(3) 附属设备少，可节省压榨泵。

(4) 占地可减少30%。

(5) 自动化程度高，运行安全稳定。

(6) 暗流设计，现场环境良好。

(7) 运营费用低，能耗小，只需更换滤布。

(8) 较长的零件部件质保期，完善的售后服务团队。

B　性能对比

KS型压滤机和隔膜压滤机的性能对比见表9.3。

表9.3　KS型压滤机和隔膜压滤机的性能对比

对比项	KS型压滤机	隔膜压滤机
工作能力	压榨机1.6~2.0MPa，工作周期短	压榨机1.6MPa，工作周期短
压榨原理	采用脉冲式压榨	由高压水泵将水注入隔板内部，涨鼓隔板来减小滤室容积，达到压榨作用
滤板材质	刚性耐压板，不易受损，使用寿命5年以上	增强聚丙烯，滤板易变性受损，使用寿命2~3年，增加滤板更换成本
处理效果	平行挤压，无死角，泥饼含水率均匀	圆弧状挤压，泥饼受力不均，泥饼含水率差异大
系统操作	自动化程度高，操作便捷	系统附属设备繁多，流程复杂，操作难度大
运行成本	能耗低，易损件也仅有滤布	能耗高、易损件有滤板、滤布、螺杆泵转子等

C 典型 KS 型超高压快速压榨机设备组成

a 主机机架

典型 KS 型超高压快速压榨机模型，如图 9.6 所示。压榨机主机机架如图 9.7 所示。

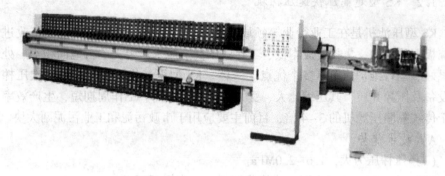

图 9.6 典型 KS 型超高压快速压榨机模型图

图 9.7 KS 型超高压快速压榨机主机机架

(1) 组成：机架由机座、压紧板、止推板、主梁组成。

(2) 材质：KS 型超高压快速压榨机机架在设计上吸取了国外的先进技术，其中主梁材质为 Q345B 桥梁钢，压滤机机座、压紧板、止推板材质选用 Q345B 中板。

(3) 加工：主梁采用箱式焊接结构设计、使用埋弧自动焊接工艺加工而成，经超压试验，安全系数达 2.2 倍，可确保使用过程的安全、稳定，能满足高压滤板的使用要求，并彻底解决了压滤机主梁变形的问题。主梁滑动轨道采用单边 V 型轮金属导轨。此外，压滤机机座、压紧板、止推板用二氧化碳保护焊焊接成形。

(4) 抛光：机架各部件经回火定型处理后，用高速离心抛丸消除锈迹和氧化铁皮，不仅把表面的锈及氧化层处理掉，还在表面形成磨砂面，使喷漆附着力更强，不易脱落。

（5）防腐：表面经过喷砂处理，喷砂处理工艺按照 SIS 055900 SA2 1/2 执行。为保证设备 10 年使用状况良好，涂层标准高于标书要求，底层滚涂锌加涂膜镀锌防腐，中间采用环氧云铁中间漆，面漆采用两层丙烯酸聚氨酯漆。

b 滤框

KS 型压榨机快开一体式增强聚丙烯滤框（见图 9.8），与传统的聚丙烯压塑滤框相比，能承受更高的压力（2MPa）。

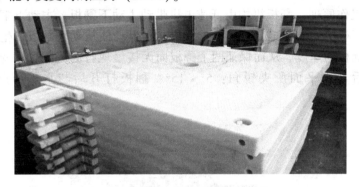

图 9.8 压滤机滤框

c 自动拉板系统

（1）组成：包括轨道、拉板电机、链盒、链条及拉板小车。

（2）传动：自动拉板系统安装有扭矩限制器，驱动链轮通过链条带动链轮转动，链轮通过链条带动被动链轮转动，链条上设有拉板器，拉板器位于轨道上。

（3）电控：拉板系统采用变频器控制，在运行中可自动检测拉板电机的电流及设定运行速度，拉板链条带动拉板小车时变频器自动检测拉板减速机电机的过载信号，通过 PLC 自动控制减速机改变旋转方向，完成自动拉板过程，减速机电机的运行转矩根据滤板的运行阻力而设定。

（4）防护：拉板器及轨道均有防护装置，上下链盒密闭，保证了拉板系统的清洁性与灵活性。

（5）特点：优化了液压系统，减少了复杂的转向机动力转换，从而减少了故障率。该自动拉板系统能够快速、方便地自动将滤板集合成整套滤板总成，又能够快速、方便地将整套滤板总成分离，脱、挂钩方便、简单、可靠。

d 滤布

滤布的选择对过滤效果的好坏很重要，在压滤机过滤中，滤布起着关键的作用；其性能的好坏，选型的正确与否直接影响着过滤效果。

e 自动接液系统

(1) 组成：翻板、翻板电机和接液槽。

(2) 功能简介：压榨机翻板结构是由低速电机驱动，再通过连杆连接，使翻板机构上下翻动，以不同的速度开闭，以起到接收过滤液的作用。滤板压紧后，过滤过程开始，此时翻板处于闭合状态。过滤过程中，滤液沿翻板面流入接液槽。过滤结束后，滤板即将松开时，翻板可将滤室中残留滤液导入接液槽，以保证滤饼不受二次污染；滤板拉开后，翻板处于打开状态，滤饼可直接卸入料斗中。

(3) 工作原理：翻板机构由低速电机带动主动下翻板，主动下翻板上的摆臂为四连杆机构的一个连架杆。四连杆机构的运动使从动上翻板产生一个不同于主动下翻板的速度，从而保证两个翻板面无接触地打开或闭合（见图9.9）。翻板闭合后与水平面所夹锐角：5°~15°；翻板打开后与水平面所夹锐角：65°~90°。

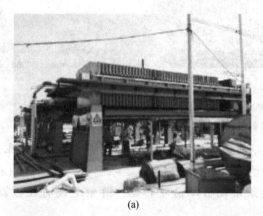

(a)

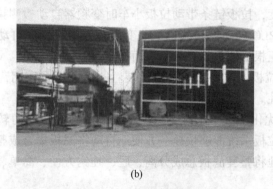

(b)

图9.9 压榨机污泥压滤脱水运行现场

(a) 压榨机；(b) 压榨翻板与厂房位置

9.2.2 电渗透脱水处理技术原理与装备

9.2.2.1 电解脱水的性能参数和关键问题

A 极限电解脱水效果

污泥最终的干化程度是电解脱水的主要性能指标。实现深度脱水至含水率小于60%是达标的基本要求之一。而进一步脱水至含水率30%~40%（甚至于20%~30%），一方面有利于运输、填埋、焚烧等处置，另一方面也将增加电解脱水的运行成本和操作时长，也会提高设备造价。文献数据表明，电解脱水往往会因为各种原因，表现出"极限"的脱水程度。观察连续污泥电解脱水1h，在电场作用下大概半小时后滤液出水极慢，但仍然有较小的电流。达到极限脱水程度后，电能没有实现脱水的效果，而是在"空耗"降低能效，或者降低时空产率。

B 能效与时空产率（动力学指标）

能效和时空产率是任何电解反应工程的关键性能指标。污泥电解脱水机的能效，可以用每处理单位质量的污泥或者每脱出单位质量的滤液所消耗的电能来评价，其单位为 $kW \cdot h/t$。然而，由于污泥的初始含水率总是在动态变化，无论以处理的污泥质量或者以脱出的滤液质量计算能效值，都只能是在一定的范围之内波动。事实上，在脱出滤液量大致相同的情况下，能效主要受到电场强度的影响。但采用更低的电场强度，意味着需要更长的时间达到相似的脱水程度，甚至过小的电场强度会导致极限电解脱水效果达不到满足要求的脱水程度。时空产率是专门用来描述电解器的处理速率的性能指标，可以用单位时间内采用单位面积的电极能处理的污泥质量或滤液质量来表示。由于电解器的体积和设备用料等造价方面的因素主要由所需要的电极面积决定，时空产率常用电极面积代表空间上的分布，其单位为 $t/(h \cdot m^2)$。前期研究发现，对于电解脱水而言，脱水程度与处理时间不是线性关系，因此应结合初始含水率和对于脱水程度的要求，对时空产率进行优化。

C 装置成本问题

（1）滤布等材料：对滤布材料而言，Yuan 等人对污泥（含水率79%）进行电渗透加压脱水研究发现，厚滤布会降低污泥脱水效率，而不锈钢滤布能有效地提高脱水效率和减少能耗，这可能与本身材质的渗透阻力和电阻有关。

（2）阴极材料：阴极不会有腐蚀问题发生，使用不锈钢板、铜板、镍板等导电性好的材料均可，一般研究文献中均采用不锈钢板。

（3）阳极材料：对阳极材料而言，因为阳极附近会发生氧化反应，阳极材料可能会被氧化失去电子，并以离子的形式释放至污泥中，因此阳极材料需耐腐蚀。Larue 等人对二氧化硅悬浮液进行电渗透加压脱水时研究发现，导电性好的电极材料能降低脱水能耗；但是，铁、铝和铜做的电极材料会被腐蚀，污染泥饼；而钛电极虽然导电性差，脱水能耗较铁电极有所增加，但是，该材料耐腐蚀。Raats 等人研究发现，有三氧化二铱涂层的钛极板耐腐蚀性也较好。由于电解脱水的电场强度高达 20~50V/cm，适用于污泥电解脱水机的耐腐蚀阳极宜采用氧化铱系或氧化钌系的钛基涂层阳极。然而，钛基涂层阳极比较贵，每平米铱系钛阳极售价 4500~6000 元，而且市面上来自不同厂家的电极板其质量可靠性差别较大。

D 结垢问题

阴极存在的主要问题是重金属离子在其表面沉积并逐渐富集，而由于滤液出水为碱性，钙元素沉积为氧化钙和碳酸钙容易导致滤液在电极表面结垢。

9.2.2.2 钛基低剂量贵金属涂层耐腐蚀阳极制备工艺

由于电解脱水的电场强度高达 20~50V/cm，适用于污泥电解脱水机的耐腐蚀阳极宜采用氧化铱系或氧化钌系的钛基涂层阳极。由于污泥电解脱水时电极面临的离子环境十分复杂，氧化钌系的钛基涂层阳极的稳定性不够好。实践前期采用 Ir-Ta 二元金属氧化物的涂层钛电极进行电解脱水实验，其稳定性良好。这种电极又被称为尺寸稳定阳极，其优点在于电极的电化学催化性能高，工作电压低，使用寿命长，基体可反复使用。尺寸稳定阳极一般的制备工艺是通过在钛基底上刷涂铱、钌等金属的强酸性前驱体浆料，再经过烘烤形成导电金属氧化物的陶瓷层，很好地覆盖基底材料，可作为耐腐蚀的阳极。可用的氧化物薄膜制备技术包括热氧化分解、热解喷涂、电镀、化学气相沉积（MOCVD）等。就目前氧化物涂层应用的实际情况而言，传统的热氧化分解工艺，即涂敷烘烤工艺仍是最为普遍的制备方法，因其应用简便，对操作人员要求不高。

自 20 世纪 60 年代钛基涂层阳极被开发出来后，便广泛应用于电冶金、电镀、有机电合成、阴极保护、化工、环保等行业，极大地推动了电化学工业的发展。它也是污泥电解脱水机的核心组件。涂层钛电极的缺点主要是成本较高。制作电极的原材料一般为氯铱酸，1g 氯铱酸的零售价格在 300~400 元，而其中金属 Ir 的含量不高于 47%。不仅如此，市面上出售的涂层钛电极中的 Ir 用量高达到 10~20g/m²，所以电极的造价高昂。不仅如此，这类贵金属涂层电极在使用的过程中会伴随着涂层的消耗破损和脱落，导致贵金属流失，难回收，也是较大的问题所在。

研究发现，钛基涂层阳极的稳定性，与贵金属氧化物涂层对钛基材的覆盖程度有关，如果涂层的覆盖效果不好，不均匀，有漏洞，则阳极在使用时，涂层容易破损，使钛基材暴露在恶劣的环境中，钛基材容易很快被腐蚀，导致电极电阻增大而失效。因此，传统的工艺常常需要反复涂覆很多次，以实现之后涂层能填补之前涂层产生的裂缝，使涂液全面和均匀地覆盖基材。正是由于这种多达 10~20 次的反复涂敷烘烤，导致工艺耗时长，原料浪费严重。采用化学气相沉积、物理气相沉积等方法可以在钛基底上形成100nm的氧化铱薄膜，大幅度降低电极的贵金属用量，然而，这些方法需要昂贵的设备，很难批量生产。电镀和热解喷涂方法都是更为常见的表面处理技术，能更好地形成致密氧化物薄膜，降低贵金属用量，且容易量化生产。通过调研总结发现，采用电镀和热解喷涂方法进行电极表面处理，可以在保持甚至提高电极性能的情况下，降低电极的贵金属用量。

9.2.2.3 电解脱水工艺参数

在阳极和阴极电极板的相对位置固定的情况下，污泥填充在极板间的形状与厚度分布是固定的，此时污泥的总电场强度分布（电流密度分布）主要受到极板间施加的电压影响。前期的很多论文，在将两个极板平行放置的情况下，将厚度方向上的电场强度简化为"电压梯度"来研究。然而，由于污泥内部电阻率的分布并不是均匀的，电流密度是沿着场强线方向的空间矢量，其分布并不均匀，因此，不能简单地以"电压梯度"代表电场强度的微分意义。在本课题的研究中，均采用电场强度的概念，而不用"电压梯度"。只有当两个极板平行且成对放置时，电场强度可以简化理解为相对于泥饼厚度的极板间电压值，其单位为V/cm。

和绝大多数文献描述的现象一样，随着电压升高，即电场强度增加，电解脱水过程前几分钟的电流会增大，同时脱水速度也变快，温度也会更高。Lin等人对富含蛋白质的污泥（含水率66%~79%）进行电脱水研究发现，厚度为4cm的泥饼，电压从20V上升到30V时，脱水效率从51.9%上升到56.3%，但是，脱水能耗迅速上升。Asheh等人对食品污泥进行电脱水研究发现，在相同"电压梯度"下，随着污泥厚度的提高，污泥的脱水效果会变差。这一现象的原因与阳极附近的污泥快速失水，污泥的局部电阻增加过大，从而使通过污泥泥饼的电流降低有关。此外，可能还与污泥两侧的有效电压不同有关。

由温度随时间的变化规律可以看出，实验过程中污泥泥饼的温度先快速上升，再缓慢下降，最后趋于稳定。温度的变化曲线和电流的变化曲线是很相对应的，这与电解脱水过程中欧姆热现象相关。电压越高的样品，电流更高，因此产生的欧姆热更多，温度更高。在电解脱水过程的中段，即第3~5min，如果温度升高到较高的温度，常常会观察到电流短暂升高的现象，这可能是由于高温对污泥微生物细胞的灭活破胞作用。然而，电解脱水过程中的生物学现象很少被分析和报道。

脱水的主要时段为前8min，而且基本的趋势是电压越高，达到相同脱水程度所需要的时间越短，但是更高的电压需要的单位质量比能耗越高（能效越低）。各种电压的脱水实验都可以发现，脱水速度随着污泥逐渐干化逐渐变慢，20min以后基本上没有再怎么脱水，表现出一种极限脱水程度。较低的电压除了需要更长的时间达到与较高电压相似的脱水效果，其极限脱水程度也不如高电压。这意味着，更快更深度脱水与更好的能效之间必须有所取舍。从装置设计和工程应用的角度看，脱水的程度往往只需要达到含水率60%即可，那么对于脱水效果和装置性能的评价，应该以达到60%含水率所需要的时间和此时的质量比能耗作比较。

前期的研究已经验证，脱水速度和电流线性正相关。因此，表观的"极限"脱水状态，其原因可能是电解脱水后期电流和电渗流的流速逐渐减弱，水流经过污泥孔隙往已经干化部位的反渗流速能够与此时的电渗流速相互抵消，总体表现为不再出水的状态。而达到极限脱水程度后，电场再消耗的电能无法实现进一步脱水，只是增加总能耗。脱水电解器在使用时，应该根据泥质确定一般工况下的每批次脱水时间，比如8~12min，这样既保障了当泥质在一定范围内波动时，平均脱水效果能符合含水率小于60%的要求，又能够适时地终止操作减少电解脱水后期无谓的能耗。

大部分研究者得到的数据显示，电解脱水过程中去除每千克水分所需能耗在0.06~0.46kW·h之间，而在污泥深度脱水技术中常用的热干化技术去除每千克水分所需要的能耗则在0.617~1.2kW·h之间，这说明电解脱水技术所需要的能耗不足热干化技术所需能耗的10%。因此，电解技术具有能效更高的特点。Yuan等人根据台湾地区的实际情况进行的计算显示，使用电脱水技术进行深度处理所需要的花费，比直接对污泥机械脱水所需要的花费低20%~25%。Yu等人发现总电荷量和滤液质量线性相关，因此电压是控制能耗的关键因素，去除相同的滤液量时，总电荷量相同，电压越高，能耗越高。可见，降低电压，虽然延长了脱水时间但可以降低脱水的质量比能耗，然而需要注意的是降低电压后脱水效果是否仍然能达标（至少含水率小于60%）。

通过不同电压下的恒电压电解脱水实验过程中在不同时间点测试LSV极化曲线（见图9.10），可以发现，高电压段的电流和电压几乎呈良好的线性关系，说明动态的电解脱水过程受欧姆极化控制，即限制电流的最慢步骤是电路中的阻抗。前期测试不同批次和来源的污泥可以发现，污泥的电阻率在较大的范围内波动，在几百到几千甚至超过 $10^4\Omega/cm^2$ 范围内波动，因此污泥的阻抗值常超过电极界面的阻抗值两个数量级。当污泥泥饼特别薄到1mm左右时，理论上由于阻抗值降低了一个数量级，应该能观察到明显的能效提升和质量比能耗降低。然而，实际的情况是污泥饼厚度小于5mm时就会面临因为电阻率分布不均匀导致两个极板接触短路等问题。污泥的电阻率受其含水率影响，这种变化关联可以经验式地理解为阿伦尼乌斯形式的指数方程，但不同的污泥仍然呈现出不同的表观"活化能"。

就机械压力而言，Lee等人研究发现，使用重力浓缩后污泥（含水率97%）脱水，"电压梯度"（80V/cm）一定时，机械压力越大，脱水效果越好，当机械压力为392.4kPa时，10min后泥饼含水率将减至62%。Saveyn等人研究发现，从经济的角度，先用高分子絮凝剂对污泥调理脱水，然后对泥饼进行电渗透脱水，

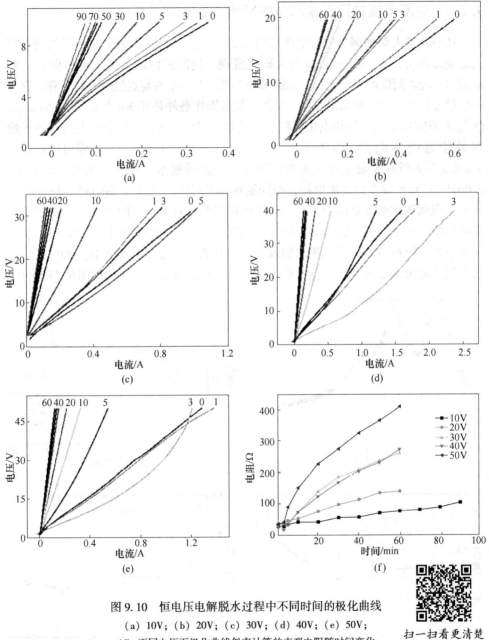

图 9.10 恒电压电解脱水过程中不同时间的极化曲线

(a) 10V；(b) 20V；(c) 30V；(d) 40V；(e) 50V；

(f) 不同电压下极化曲线斜率计算的表观电阻随时间变化

扫一扫看更清楚

能有效降低能耗。Glendinning 等人研究发现，机械压力为 75kPa、恒定电流 1A、压滤 60min，泥饼含水率从 85.5%降至 70.8%，同时他认为外部压力不需要太高，和普通带式压滤机压力相近即可。

9.2.3 通断电压在污泥脱水中的影响

Hamid 等人对膨润土进行电渗透脱水研究发现，间断式脱水在相同能耗下可去除更多水分。Gopalakrishnan 等人研究发现，间断式的脱水模式可以促进电渗透脱水，随着间断时间的增加，去除水分先增加至一个最高点然后开始下降，存在一个最佳间断时间。对水溶胶黏土来说，最佳操作条件是开 30s 关 0.1s（6V/cm）。Qi 等人研究发现应用间断电压可将电渗透效率提高 1.5 倍，对该研究所用的干燥剂最佳通断时间是 30s/1.3s（场强 17V/cm）、30s/0.8s（场强 11V/cm）。Yoshida 等人研究发现应用交流电可以促进电渗透脱水，低频交流电（0.01Hz，0.001Hz）脱水效果比直流电好，相同脱水效果时能耗更低。Mujumdar Arun 等人研究发现间歇式交流电的应用可以促进电渗透脱水效果，且脱水效果比直接用交流电更好。总的来说，这方面的研究是比较少的，从这些文献中可知通断电压和交流电的应用在提高电渗透脱水的效果、降低能耗上是很有意义的。30V 电压下污泥脱水电流、滤液量变化量及单位脱水能耗和泥饼含水率变化如图 9.11 所示。

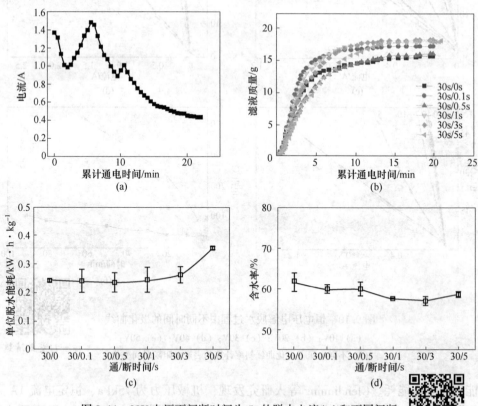

图 9.11　30V 电压下间断时间为 5s 的脱水电流(a) 和不同间断时间的滤液量变化量(b) 及单位脱水能耗(c)，泥饼含水率(d)

扫一扫看更清楚

通断电压部分的实验主要探究通断电压对电解脱水效果和能耗的影响，优化出相应的最佳操作参数，并探索其原理。图 9.11（a）和（b）分别为 30V 电压下电流（间断时间为 30s/5s），滤液量随时间变化的曲线，各开关时间脱除的水分均比恒电压脱除的水分多，且 30s/0.1s 和 30s/0.5s 的脱水速度比恒电压快，说明此间断电压可以提高脱水速度。30V 电压下不同通断电压的单位脱水能耗和最终含水率如图 9.11（c）和（d）所示，在 30s/0.5s 时出现能耗最低点（0.238kW·h/kg，比恒电压时 0.244kW·h/kg 低 2.46%），延长断电时间，能耗先降低达到最低点，再逐渐增高超过恒电压能耗，不利于脱水。30V 时，各开关时间下最终含水率均比恒电压低，均能促进脱水［见图 9.11（d）］，且在开关比为 30/3 时达到最佳值（57.12%，比恒电压时 61.66% 低 7.36%），此后随着断电时间增加，促进作用减弱。结合能耗和含水率的变化，30V 电压下，存在同时降低能耗和最终含水率的操作条件（30s/0.1s，30s/0.5s）。电渗透脱水滤饼如图 9.12 所示。

9.2.4 陶瓷真空圆盘过滤技术

陶瓷过滤机是一种脱水设备，主要由陶瓷过滤板、辊筒系统、搅拌系统、给排矿系统、真空系统、滤液排放系统、刮料系统、反冲洗系统、分离清洗（超声波清洗、自动配酸清洗）系统、全自动控制系统、槽体、机架几部分组成。其以节能降耗、清洁环保、可实现资源再利用等优势，在国民经济各领域得到日益广泛的应用。陶瓷过滤机是陶瓷过滤技术成功应用的一个典范，近年来在国内大规模的应用已产生了良好的经济效益和社会效益。

20 世纪 80 年代初，芬兰奥托昆普公司研制成功可用作过滤介质的陶瓷过滤板，陶瓷过滤板孔径通常为 1~5μm（最常用的为 1.5~2.0μm），这样的微孔能产生强烈的毛细作用，陶瓷过滤机工作时，在真空泵的作用下，只有液体通过微孔成为滤液，而固体和气体被阻隔在滤板表面成为滤饼，实现了固液分离。目前，产品已广泛地应用到铁精矿、铜精矿、铅精矿、铝精矿、镍精矿、金精矿、磷精矿、萤石矿等等。图 9.13 为陶瓷过滤机。

9.2.4.1 陶瓷过滤机工作原理

陶瓷过滤机工作基于毛细微孔的作用原理，采用微孔陶瓷为过滤介质，利用微孔陶瓷大量狭小微孔产生的毛细孔现象，使微孔内始终充满液体，在负压工作状态对陶瓷板内腔抽真空，产生与外部的压差，料槽内悬浮的物料在负压的作用下吸附在陶瓷板上，固体物料因不能通过微孔陶瓷板被截留在陶瓷板表面，而液体因真空压差的作用及陶瓷板的亲水性则顺利通过进入气液分配装置（真空桶）外排或循环利用达到了固液分离的目的。

进泥状态

电渗出泥状态

电渗透装置　　　　　　　　　　　　污泥脱水滤饼

滤液

图 9.12　电渗透污泥脱水滤饼

图 9.13　陶瓷过滤机

陶瓷过滤机工作过程分为 4 个阶段，包含 4 个区：滤饼形成阶段（真空区）、滤饼干燥阶段（干燥区）、滤饼卸料阶段（卸料区）、清洗阶段（反冲洗区）。图 9.14 为陶瓷过滤机机构示意图。

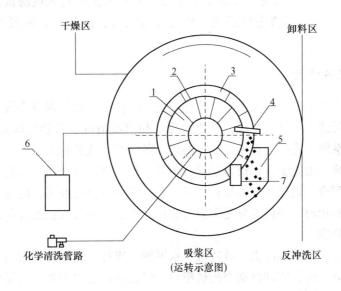

图 9.14　陶瓷过滤机机构示意图

1—主轴；2—不锈钢法兰；3—陶瓷过滤板；4—刮刀；5—料浆；6—真空桶；7—超声波

陶瓷过滤机工作的几个过程如下：

（1）滤饼形成阶段：在驱动装置的带动下，辊筒连同过滤板盘绕主轴朝刮刀方向旋转，在真空泵负压作用下，真空区内的料浆在真空力的作用下其所含固体颗粒吸附在陶瓷过滤板上形成滤饼，滤液经过陶瓷过滤板微孔经滤室、分配阀到达真空桶。

（2）滤饼干燥阶段：滤饼在干燥区时继续在真空力的作用下脱出滤液并经滤室、分配阀到达真空桶。

（3）滤饼卸料阶段：吸附着干燥滤饼的过滤板转过刮刀时，刮刀将滤饼刮落，经由输送设备运到目的地。

（4）反冲洗阶段：刮除滤饼后，滤液泵将一部分滤液经由清洗管路、分配头回到反冲洗区清洗陶瓷过滤板进行重新回用，从内向外将残留在其表面的物料冲洗掉。

（5）分离清洗过程：陶瓷过滤板与以往过滤介质最大的不同点就是运用寿命长，可以反复运用，工作一段时间后的过滤板与其他过滤介质一样，会发生堵塞；为恢复其技术性能，经过一段时间运转后，按照设定的时间和程序，在 PLC 控制下，设备自动进入分离清洗过程。此时，设置在矿槽内的超声波振板以 30kHz 左右的频率振动，振动产生的气泡发生"空化作用"，对过滤板表面的附着物"轰击"，以机械方法促使其零落，完成对滤板表面的清洗；酸洗（通常用稀硝酸）是将酸与清水混合（浓度 1‰ ~ 3‰）经分配头打入过滤板，从内向外对滤板微孔内的堵塞物进行溶洗。经过分离清洗，滤板重新恢复到过滤前的性能。

9.2.4.2 设备结构

陶瓷过滤机主要由辊筒系统、搅拌系统、给排矿系统、真空系统、滤液排放系统、刮料系统、反冲洗系统、分离清洗（超声波清洗、自动配酸酸洗）系统、全自动控制系统、槽体、机架几部分组成，各系统组成及作用如下：

辊筒系统：由主轴、辊筒体组成；主轴一端衔接驱动电机、减速机，另一端与分配头相配合；辊筒体上焊接有环板，其上安装陶瓷过滤板；陶瓷过滤板经过管道与分配头相通。辊筒部分是陶瓷过滤机的中心，它与真空系统相配合完成固体与液体的分别。

搅拌系统：由驱动电机、减速机、水平轴、连杆、曲柄和耙架组成，在驱动装置的带动下，经各零件将动力传送耙架，浸没在矿浆中的耙架往复摆动，对矿浆进行搅拌，防止其沉淀。

给排矿系统：主要由气控胶阀、液位计和相关管路组成。该系统与自动控制系统相配合，给矿部分按预设的液位，自动控制给矿胶阀的开关，从而控制给矿量；排矿部分按清洗工艺的需求，控制排矿胶阀的开关，完成排矿或贮矿。

真空系统：由真空泵、滤液罐和相关管路构成。真空泵运转，在滤液罐中构成真空，相关管路一端衔接在滤液罐上，另一端经过分配头与陶瓷过滤板相通，将固体物吸附在滤板表面，滤液吸入滤液罐。

滤液排放系统：由滤液泵及相关管路组成。滤液泵运转，经由管路，将滤液罐中的滤液排出。

刮料系统：由刮刀、刮刀架及固定螺栓构成。其作用是将吸附于滤板表面的滤饼刮落。

反冲洗系统：由滤液泵、清洗管路、过滤器、减压阀、安全阀及管路构成。为减轻滤板及刮刀的磨损，刮刀与滤板之间留有间隙，滤饼刮除后，滤板表面残留一物料薄层，为保证滤板的过滤效率，经过滤液泵将一部分滤液打回，经清洗管路、分配头，对滤板中止反冲洗。

9.2.4.3 技术特点

陶瓷过滤机与其他固液分离设备的不同之处在于过滤介质为陶瓷过滤板，陶瓷过滤板具有产生毛细作用的微孔，使微孔中的毛细作用力大于真空所施加的力，使微孔中始终保持充满液体状态，无论什么情况下都是透水不透气，真空度高。其特点主要有：

（1）真空度一般在-0.095～-0.098MPa 之间，滤饼水分低，真空损失少；

（2）节能高效：处理能力大，节电效果明显。处理能力大于 1100kg/（m² · h），用电小于 0.5kW · h/（t · h）；

（3）适宜颗粒物脱水，滤液清澈，可反复利用，减少排放；

（4）节省占地面积，设备占地远小于同处理能力的压滤设备；

（5）过滤处理后的物料水分很低，可大大提高产品的市场竞争能力，并降低运输过程中的运输成本及损耗；

（6）工程成本相对经济，故障率低，使用寿命长。

9.3 污泥好氧发酵处理技术

污泥好氧发酵是在有氧的条件下，依靠好氧微生物的作用把有机固体废物腐殖化的过程。

在这个过程中，污泥中可溶性物质通过微生物的细胞壁和细胞膜被微生物直接吸收；其次是不溶的胶体有机物质吸附在微生物体外，依靠微生物分泌的胞外酶分解为可溶性物质，再渗入细胞。微生物通过自身的生命代谢活动，进行分解代谢和合成代谢，把一部分被吸收的有机物氧化成简单的无机物，并放出生物生长活动所需要的能量；把另一部分有机物合成新的细胞物质，使微生物生长繁殖，产生更多的生物体（见图 9.15）。

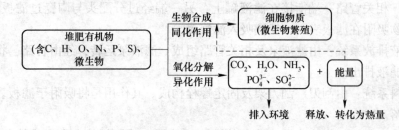

图 9.15　污泥好氧发酵基本原理

污泥因含水率高且不易脱水，属于胶状结构的亲水性物质，即便与大量辅料相混合，传统的破碎技术也难以将其破碎到满足好氧发酵要求的粒径。污泥易形成较大的黏性块状物料，使氧气无法进入物料内部，导致形成大范围的厌氧区，不仅使污泥堆肥效率无法提高，而且产生大量恶臭气体（见图 9.16）。

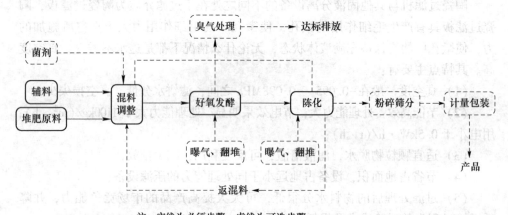

注：实线为必须步骤，虚线为可选步骤

图 9.16　污泥好氧发酵工艺过程

针对不同条件的污泥，需开发多种不同形式的堆肥技术，用于满足不同项目条件下的污泥堆肥需求。

9.3.1　模块化自控一体机式好氧发酵技术

9.3.1.1　技术特点

（1）添加 DAYIN-RDB 好氧微生物，加快了分解污泥的过程，8 天即可完成腐熟全过程。

（2）污泥中有机物被微生物分解为腐殖酸。分解率在 92% 以上，分解后的产物氮磷钾和腐殖质含量高，热值高。

（3）最终产物的碳氮比可以达到25：1左右，含水率45%以下；农林行业使用时，是植物生长的最佳条件。

（4）在污泥发酵过程中，可以产生70℃以上的高温，能够有效地灭活病原体、寄生虫、致病菌等有害物质。

（5）处理产生的有害气体经过生物滤池处理达标后排放。

（6）处理过程是个完全的好氧微生物分解过程，无渗滤液产生，无须加装曝气系统，减少了占地面积和土建投资。

（7）充分利用生物热能，节能降耗；污泥处理运行费用为80~120元/t。

（8）达到国家规定的减量化、无害化、稳定化和资源化的目的。

9.3.1.2 设备优势

（1）车间内干净整洁，发酵过程中产生的臭气内部循环处理，无外溢（见图9.17）；

（2）设备在运转时噪声很低；设备的保温性能很好，在冬季最低温度达到零下40℃时，仍然可以正常运行；

（3）配合高效微生物菌群使用，节能效果明显，降低了运行成本；

（4）8~15d快速发酵腐熟，减少了占地面积；

（5）多种操作模式，自动换气、充氧、翻抛、除臭等全部由自控系统完成。

图9.17 模块化自控一体机式污泥好氧发酵车间

9.3.1.3 工艺流程

A 原料预处理

目的：原料预处理（见图9.18）的目的是调整物料的颗粒度、水分和碳氮比，同时添加菌种以促进发酵过程快速进行。

过程：通过铲车直接投料到模块化处理机处理仓内，同时自动按比例配比辅料和返混料。辅料只适合粉碎的秸秆、稻壳、壳粉等材料。投料有两种模式：一

图 9.18 原料预处理

是通过混料机混合后的物料，通过螺旋输送机自动输送到模块机的上料仓。二是若输送距离长，也可以用铲车将污泥和碎稻草类的添加物，按照比例倒入处理机的料仓内。

B 好氧发酵

目的：好氧堆肥的目的是使废弃物中的挥发性物质降低，臭气减少，杀灭寄生虫卵和病原微生物，达到无害化目的。另外，通过堆肥发酵处理使有机物料含水率降低，有机物得到分解和矿化释放 N、P、K 等养分，同时使有机物料的性质变得疏松、分散。

过程：通过自动程序控制，对处理机内的物料进行搅拌，移动，排风补氧，控温等。模块机内设有 8 个处理仓，每 24h，料仓内的污泥混合物将自动向前移动一个仓。经过 7d 的时间，污泥在微生物的作用下，快速发酵。自投入污泥混合物起 48h 内，污泥的温度将达到 70℃ 左右，并持续 3~5d。当温度降到 45℃ 左右时，就完成了发酵过程，物料也到了出料仓，并自动打开出料门（液压控制），通过出料螺旋输送机，将处理好的污泥输送到成品储存间。

C 气体交换

目的：控制系统内湿度、氧含量及臭气。

过程：在发酵过程中设有排风系统（见图 9.19），主要是将发酵过程中产生的水蒸气及时排出处理机，以降低机器内的空气湿度。同时提供微生物发酵过程中需要的氧气。排出的气体同生物滤池相连接。

D 出料

目的：将发酵好的物料输送出设备。

过程：经过 8d 腐熟后的产品自动通过螺旋输送机出料。

图 9.19　发酵过程的排风系统

E　堆放风干

（1）目的：使堆放物的温度降至常温，进一步将水分释放。

（2）过程：由于微生物的作用，加上搅拌混合，发酵充分，碳氮比可以达到 25 左右，所以无须再进行二次搅拌发酵过程。完成发酵的处理产物，含水率约为 45%，用铲车将其从储存车间中运送出来，堆放在料棚中。经过 10d 左右，堆放物的温度降至常温，同时，也进一步将水分释放，使处理产物可以进行加工。

9.3.2　滚筒动态好氧高温发酵技术

9.3.2.1　技术特点

（1）动态运行，物料全部翻抛且均匀混合，传质效率高，发酵周期短；

（2）滚筒全封闭，废气全收集处理，环境友好安全；

（3）分区按需智能通风技术，以最小的风量实现最佳的充氧、干化效果；

（4）系统占地小，设备布置灵活，可于污水处理厂内建设；

（5）系统机械化、自动化程度高，运行及维护简单，劳动强度较小（见图 9.20）。

9.3.2.2　基本原理

利用全封闭外旋转式滚筒的缓慢转动，将污泥及辅料慢慢移向出料段（见图 9.21~图 9.24），并在此过程中发生物料的混合和充氧，为微生物提供较优越

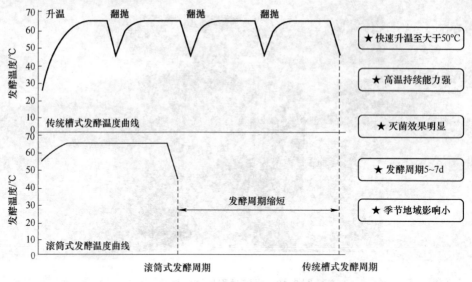

图 9.20 滚筒动态好氧高温发酵过程

图 9.21 全封闭外旋转式滚筒发酵基本原理

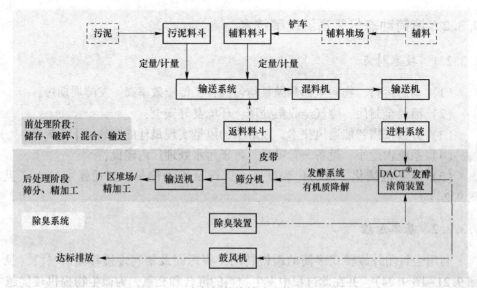

图 9.22 全封闭外旋转式滚筒发酵工艺

图 9.23 全封闭外旋转式滚筒发酵装置实物

图 9.24 全封闭外旋转式滚筒发酵与后处理系统

的生长环境，快速发生好氧发酵反应并实现物料升温及促进有机物降解，维持3~5d 55~70℃高温期，实现污泥的干化、无害化、稳定化及资源化。

9.3.3 立式罐高温好氧发酵技术

9.3.3.1 技术特点

（1）无须添加或少添加辅料即可发酵。

(2) 密封处理，热量损失少，发酵时间短（7~12d）。

(3) 集中排气，除臭处理方便。

(4) 发酵槽与机动室分开，耐久性能良好。

(5) 自动化程度高，采用 PLC 与上位机结合，实现远程控制。

(6) 设备带有屋顶，可安装在室外，节省建设厂房的成本。

(7) 设备安装需要的面积少，充分利用空间，方便扩大规模。

(8) 处理效果好，经发酵处理后，可生产出安全的、优质的产品。

9.3.3.2 设备结构

立式罐高温好氧发酵装置多将好氧发酵工艺设备集成于好氧发酵塔内，其主体发酵罐内部一般为多层立体结构，每层之间以等距并排安装的可旋转百叶构成隔层，每层的旋转百叶通过连接力臂连接到隔层控制开关上；罐体最下一层下面设有发酵料出口，发酵料出口上设有横梁，罐体侧面设有通气孔（见图 9.25 和图 9.26）。

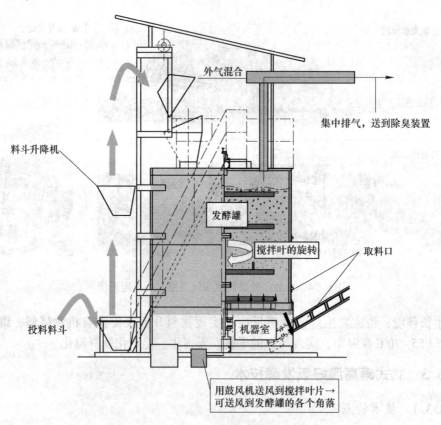

图 9.25 立式罐高温好氧发酵装置设计

图 9.26　立式罐高温好氧发酵装置实物

9.3.4　动态快速堆肥技术

9.3.4.1　技术特点

（1）采用槽式工艺，增加物料堆积高度，与条垛堆肥相比，占地面积减少一半以上；

（2）处理工艺由原料预处理系统、自动进出料布料系统、发酵系统、通风系统、除臭系统、监测系统几部分构成，可根据处理量灵活组合；

（3）整个物料堆肥发酵过程采用自动进出料，大大降低劳动强度，并提高运行效率；

（4）采用曝气管强制通风，保证发酵过程中氧气的适量供给；

（5）合理的工艺设计和设备配置，大幅度降低能耗，节约运行成本；

（6）产品品质稳定，寄生虫卵和病原菌去除率为99%，达到无害化要求；

（7）在发酵过程中接种VT菌剂，保证了发酵过程的顺利进行，这些微生物的存在使产品对调整土壤微生态，维持土壤微生态平衡具有重要作用。

9.3.4.2　动态好氧快速发酵

机械化动态快速好氧污泥堆肥技术，是预先植入筛选配伍、驯化的微生物，通过自动控制的机械化设备，依据微生物菌种的发酵特性进行生化反应的有效控制，快速分解污泥的新型堆肥技术。

污泥中的有机成分，被好氧微生物作为养分，通过微生物的生命活动过程，达到分解、消化污泥的目的。其代谢产物除释放出水、气之外，尚有部分低分子的有机质，无机质和微生物以固态的残渣形式少量留存。

在堆肥过程中，会产生 70℃ 以上的高温，55℃ 以上的温度可维持 3d 以上，使污泥中的病原微生物及寄生虫等在处理过程中死亡。

9.3.4.3 动态好氧快速发酵工艺流程

A 混合预处理

（1）目的：调整物料的颗粒度、水分和碳氮比，同时添加菌种以促进发酵过程快速进行。

（2）过程：将原料、辅料（或返料）投入料仓，按比例输送至混料机混合均匀，微生物菌种储存在菌液罐中（用小型计量泵加入），添加菌种以促进发酵过程快速进行。混合后的物料由布料设备送至发酵槽进料端。

B 一次发酵（堆肥）

（1）目的：分解废弃物中的挥发性物质，杀灭寄生虫卵和病原微生物，达到无害化目的。降低含水率，有机物得到分解和矿化，释放 N、P、K 等养分，同时使有机物料的性质变得疏松、分散。

（2）过程：一方面利用翻堆机通过翻拌作用使发酵物料充分混匀，水分快速挥发，同时发生物料的位移（见图 9.27）；另一方面通过在发酵槽底部的曝气系统采取强制通风方式供给氧气，避免堆肥过程形成厌氧环境，同时挥发水分。工艺控制中根据堆肥物料的温度、水分、氧含量等参数的变化，由中央控制系统开启鼓风机向发酵槽内曝气。一般情况下，堆肥周期为 15d，堆肥温度可以上升至 65~70℃，并持续 7d 以上。经过一个周期的堆肥，发酵后的含水率大幅度降低（一般下降到 40% 左右），经移到出料机由传送带传送到陈化车间。

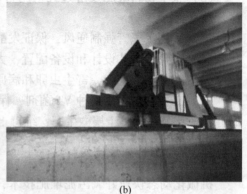

(a)   (b)

图 9.27 堆肥现场实物图

(a) 堆肥车间；(b) 翻抛机翻抛过程

C 二次发酵（腐熟）

目的：经过第一次堆肥发酵后的有机固体废弃物尚未达到腐熟，需要继续进行二次发酵，即陈化。陈化的目的是将有机物中剩余大分子有机物进一步分解、稳定、干燥，以满足后续制肥工艺的要求。

过程：一次发酵阶段后期大部分有机物已被降解，由于有机物的减少及代谢产物的累积，微生物的生长及有机物的分解速度减缓，发酵温度开始降低，此时用皮带机将发酵槽内的物料移至陈化车间进行二次发酵。在陈化车间采用和发酵车间相同的槽式发酵工艺，在堆肥的温度逐渐下降，稳定在40℃时，堆肥腐熟，形成腐殖质。

D 尾气收集处理

发酵过程产生大量水汽和少量氨气，需集中收集处理后达标排放。

E 加工制肥

目的：提高堆肥产品商品性，提高综合经济效益。

过程：发酵后的物料经筛分后，筛下物可包装成袋装产品，用于销售；筛上物可作为返料重新进入发酵系统。

9.4 污水污泥低温干化技术

采用对流热风干燥的方式，实现低温（40~68℃）条件下污泥的脱水干化。

9.4.1 工作原理

湿污泥经造粒处理后进入低温干化设备，通过设备内的污泥分布器使污泥在输送网带上均匀分布后，经网带输送的同时被循环风机提供的流动热干空气带走水分，最终实现干污泥的出料；流动的热干空气提高了污泥中的水分蒸发速率，空气中携带的大量水蒸气经冷凝除湿后排出设备，干空气再次被加热，重新参与污泥干化过程，依次循环，最终实现污泥干化减量的目的。

污泥低温干化设备内设有多组温度、压力、湿度传感器，监测并自动调节装置的运行，保证出泥的干度。低温干化设备工作原理，如图9.28所示。

9.4.2 密闭厢式低温干化机

采用可移动的厢式设计，干化过程不需要切条，污泥可直接送至干化机内部进行干化处理，整个工艺流程简单，化繁为简，可快速实现污泥干化减量的目的（见图9.29）。

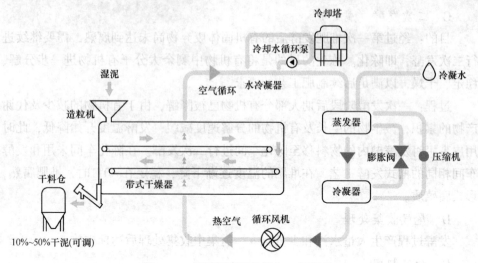

图 9.28 污泥低温干化设备工作原理

图 9.29 密闭厢式污泥低温干化机

9.4.3 设备优势

设备节能性:

(1) 设备可利用废蒸汽、废烟气等多种余热,且能与太阳能、生物质能等绿色能源联合使用,实现多种热源耦合;

(2) 热电联用，能量循环利用，节能高效，$1kW \cdot h$ 可去除水 $3 \sim 5kg$；

(3) 无其他药剂费用，运行成本低。

高效性：

(1) 适用性广，污泥低温干化机可与叠螺机、带式机、压滤机等常规脱水设备无缝衔接；

(2) 减量彻底，可直接将 85% 左右含水率的污泥干化至 10%，实现减重 80%；

(3) 处理能力大，可模块化拼接。

安全性：

(1) 干化温度 70℃ 以下，安全性高；

(2) 污泥静态摊放，与接触面无机械静电摩擦；

(3) 出料为条状或颗粒状，无粉尘爆炸风险；

(4) 出料温度低（小于 50℃），无须冷却，可直接储存。

环保性：

(1) 干化模式，干化过程无臭气外溢，无须配套除臭和烟气处理装置；

(2) 干化出水水质优，处置简单。

结构紧凑：

(1) 结构紧凑，占地面积小；

(2) 可实现上下多层叠放；

(3) 设备基础简单，无复杂的土建结构；

(4) 设备安装简单，安装、调试周期短。

智能化：

(1) 干化自动化程度高，生产过程无人力负荷；

(2) 干化系统联动控制，可全程自动化运行，实现无人值守；

(3) 物联网控制，可异地监控及操作。

9.5 污水污泥干化焚烧技术

9.5.1 污水污泥干化焚烧工艺综述

9.5.1.1 处置原则

(1) 减量化：由于污泥产量日益增大，其体积占地面积也逐渐增大，通过降低污泥含水率以及有机物含量减小污泥质量和体积以方便运输和储存。

(2) 无害化：污泥中含有大量致病菌、有毒有害物质和重金属，实现污泥的无害化，可减轻对环境的潜在风险并有利于进一步利用。

(3) 稳定化：污泥成分较复杂，其中一些物质以不稳定形式存在污泥中，大量恶臭气味来源于其中活跃的不稳定有机物，通过一些方法抑制污泥中细菌代谢，将污泥稳定化是必要的。

(4) 资源化：污泥中含有的有机物可以产生生物气以及生物油以满足能源需求，资源化可以让污泥变废为宝，即使废弃物得到了妥善的处置又能得到经济效益。

9.5.1.2 发展状况

(1) 污泥处理处置工程，工艺选择受到规划、工程用地、已建工程设施等条件的影响，需因地制宜选择污泥处置工艺。

(2) 所选取的污泥处理工艺要成熟、具有代表性、运行稳定、与国际接轨。

(3) 采用产物体积最少最彻底的污泥处置方式，污泥干化+污泥焚烧工艺。

(4) 进一步的将污泥产出物资源化处理——制砖工艺。

污泥处理处置方式对比如图 9.30 所示。

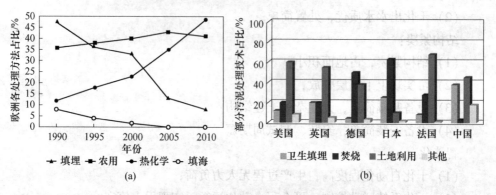

图 9.30 污泥处理处置方式对比

(a) 欧洲各处理方法占比；(b) 部分国家污泥处理技术占比

9.5.1.3 能源化利用

污水污泥具有一定的能源化利用价值，污泥有机固体干基热值与焚烧存在以下关系：

(1) $Q<3340kJ/kg$，可燃烧但需要辅助燃料；

(2) $Q \in [3340, 4180]$ kJ/kg，可燃烧，但废热利用价值不大；

(3) $Q \in [4180, 5000]$ kJ/kg，焚烧供热，发电均可行；

(4) $Q \geqslant 6000kJ/kg$，可稳定燃烧供热或发电。

污泥处理处置工艺流程，如图9.31所示。

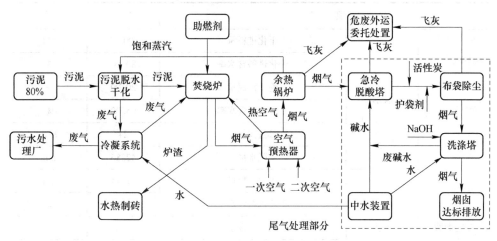

图 9.31 污泥处理处置工艺流程

9.5.2 物料平衡及热平衡

物料平衡及热平衡计算所需基本参数参考灵璧市某污水处理厂污泥参数（见表9.4），物料平衡估算见表9.5，热平衡估算见表9.6。

表 9.4 计算用基本参数

	项 目		参数	单位
物料参数	工业分析	全水分	80.00	%
		挥发分	34.02	%
		灰分	58.30	%
		固定碳	7.68	%
	元素分析	C	23.26	%
		H	3.52	%
		O	11.34	%
		S	0.56	%
		N	3.05	%
	热值	高位热值	8780.00	kJ/kg
		低位热值	7920.00	kJ/kg
		理论单位物料燃烧生成水分	0.31	kg/kg
		理论单位物料燃烧需氧量	0.79	kg/kg

项　目			参数	单位
工艺参数	脱水	干化进料量	100.00	t/d
		干化进料含水率	80.00	%
		绝干污泥量	20.00	%
		干化出料含水率	65.00	%
		运行时间	24	h/d
		脱水量	42.86	t/d
	干化	干化进料量	57.14	t/d
		干化进料含水率	65.00	%
		干化出料含水率	30.00	%
		运行时间	24	h/d
		脱水量	28.57	t/d
	焚烧	焚烧进料量	28.57	t/d
		焚烧进料含水率	30.00	%
		运行时间	24	h/d
		焚烧温度	850	℃
		锅炉效率	70.00	%
		空气过剩系数	200	%
基础参数		空气中氧含量	20.95	%
		空气中水蒸气含量	1.00	%
		水比热容	4.20	kJ/(kg·K)
		水密度	1000.00	kg/m³
		物料温差	50.00	K
		物料水分气化热量（65℃）	2360.00	kJ/kg
		物料水分气化热量（100℃）	2258.40	kJ/kg
		热水热量（70~90℃）	84.00	kJ/kg
		冷却水热量（33~45℃）	50.40	kJ/kg
		蒸汽换热放热量 （0.7MPa 饱和蒸汽约 90℃热水）	2399.04	kJ/kg

表 9.5 物料平衡分析

项 目			参数	单位
污泥脱水工艺	基本参数	脱水进料量	4166.67	kg/h
		脱水进料含水率	80.00	%
	工艺参数	脱水出料含水率	65.00	%
		去水量	1785.71	kg/h
		脱水出料量	2380.95	kg/h
低温干化工艺	基本参数	干化进料量	2380.95	kg/h
		干化进料含水率	65.00	%
	工艺参数	干化出料含水率	30.00	%
		去水量	1190.48	kg/h
		干化出料量	1190.48	kg/h
焚烧工艺	基本参数	焚烧进料量	1190.48	kg/h
	水分	质量分数	30.00	%
		质量流量	357.14	kg/h
	灰分	质量分数	58.30	%
		质量流量	485.83	kg/h
	挥发分	质量分数	34.02	%
		质量流量	283.50	kg/h
	物料燃烧需助燃空气量	空气过剩系数	200	%
		理论单位物料燃烧需氧量	0.79	kg/kg
		物料燃烧需氧量	224.31	kg/h
		物料燃烧需助燃空气量	1070.67	kg/h
		过剩助燃空气量	1070.67	kg/h
	助燃空气中水分	质量分数	1.00	%
		质量流量	10.71	kg/h
	烟气	燃烧生成水分	89.18	kg/h
		燃烧生成干气体	1254.28	kg/h
	总水分排出量		457.03	kg/h
	总烟气排出量		2324.95	kg/h
	总灰分排出量		485.83	kg/h

表 9.6 热平衡分析（简算）

项　目			参数	单位
能量输入	物料挥发分燃烧产热	低位热值	7920.00	kJ/kg
		产热量	5.79×10^6	kJ/h
	锅炉系统	锅炉效率	60.00	%
		锅炉产热	3.48×10^6	kJ/h
能量输出	低温干化系统	蒸发水理论需热量	2.81×10^6	kJ/h
		物料升温理论需热量	5.00×10^5	kJ/h
		蒸汽~干化总换热损失	30.00	%
		干化系统总需热量	4.73×10^6	kJ/h
	总能量需求		4.73×10^6	kJ/h
能量补充	用电总干化热量需求		8.76×10^5	kJ/h

9.5.3 工艺优势

工艺优势如下：

（1）专为焚烧污泥而开发，针对性强。

（2）炉体采用高耐磨、耐腐的耐火材料，寿命长。

（3）一般不需要排渣，热损失少。

（4）通过独特的燃烧速度控制方式，以适应入炉污泥特性的波动，保证了燃烧过程的稳定。

（5）污泥进料口设置可保证炉内污泥迅速完全燃烧及温度均匀。

（6）耐火和绝热材料性能好、寿命长。

（7）烟气停留时间：在850℃，停留时间2s以上，以确保烟气的充分燃烧，抑制二噁英的产生。

（8）焚烧炉飞灰热灼减率1%~3%。

9.6 典型污水污泥处理与处置工程案例

9.6.1 上海白龙港污泥厌氧消化处理工程

9.6.1.1 工程简介

上海白龙港污泥厌氧消化处理工程是上海市重大工程，处理对象为白龙港120万立方米/d污水厂污水升级改造工程和80万立方米/d污水扩建工程产生的化学污泥、初沉污泥及剩余污泥。工程设计规模为 204t/d（对应 200 万立方米/d 设计水量及现状进水水质），部分设施设计规模为 268t/d（对应 200 万立方米/d 设计水量及设计进水水质）。

上海市白龙港污水处理厂升级改造后总规模为 200 万立方米/d，其污泥处理工程处理量占当时上海中心城区日产脱水污泥总量的近半数，是亚洲最大的污泥处理项目。污泥处理工艺采用重力浓缩+离心机械浓缩+中温厌氧消化+离心脱水+部分脱水污泥流化床干化的处理流程。处理后污泥性质满足 GB 18918—2002 中的污泥控制标准。

工程位于上海市浦东新区合庆镇，白龙港污水处理厂厂内东北区域，项目于 2008 年 2 月开工建设，并于 2011 年各工艺全部投入运行，白龙港污泥厌氧消化处理工程鸟瞰图如图 9.32 所示。

图 9.32 白龙港污泥厌氧消化处理工程鸟瞰图

本工程实现了污泥的减量化、无害化、稳定化和资源化，实现了较好的工程效益。

（1）减量化：经过消化和干化处理，污泥总量（含水率以 80% 计）从 1020t/d 减量到约 439t/d。

（2）无害化：经过消化和干化处理，污泥中腐殖质降解，病菌杀灭，实现了污泥的无害化。

（3）稳定化：经消化处理，污泥中有机物进行充分分解，实现了污泥的稳定化。

（4）资源化：消化产生的沼气可作为系统供热能源；干化污泥可作为垃圾填埋覆土、绿化介质土等进行资源化利用。

9.6.1.2 工艺流程

污泥处理工程工艺处理系统包括污泥浓缩处理系统、污泥消化处理系统、沼气处理利用系统、污泥脱水及脱水污泥输送系统、污泥干化处理系统和配套水处理系统。

A 污泥浓缩系统

对污水处理工程产生的化学污泥、初沉污泥和剩余污泥进行浓缩处理，将污泥含固率提高到约5%，减小污泥消化池容积，降低工程造价。为达到含固率目标，初沉污泥和化学污泥采用重力浓缩，剩余污泥经重力浓缩后再进行机械浓缩（见图9.33）。设置2座化学污泥浓缩池和2座初沉污泥浓缩池。剩余污泥采用重力浓缩和机械浓缩工艺，重力浓缩后污泥含水率为98.5%。设置4座剩余污泥浓缩池。设置1座剩余污泥浓缩机房，5台离心浓缩机（4用1备），单台处理能力为120m³/h。

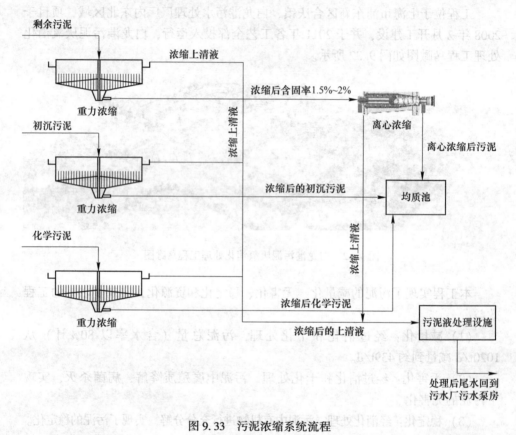

图 9.33 污泥浓缩系统流程

B 厌氧消化系统

对浓缩污泥进行中温一级厌氧消化，降解污泥中的有机物，产生污泥气供消化系统和干化系统利用，使污泥得到稳定化和减量化。

工程在污泥消化池前端增设一座污泥匀质池，以均衡污泥性质，改善污泥消化处理系统的整体效果，增加污泥消化处理系统的运行稳定性。考虑到污泥产生的臭气对环境的影响，池顶加盖，并覆土植草以防臭气外溢（实景图见图9.34）。

图 9.34　厌氧消化池实景

　　工程设置西管线楼及消化池进泥泵房一座。西管线楼及消化池进泥泵房相邻布置。进泥泵房集泥井共设 2 格，化学污泥和初沉、剩余污泥可以进入各自独立的集泥井后经消化池进泥泵提升，也可通过打开两个集泥井之间的 DN400mm 电动铸铁闸门，混合三种污泥。

　　消化池西管线楼与消化池顶部通过走道板连通，消化池西管线楼与消化池底部通过地下管廊连通。为满足消防要求，在管线楼内设有给水管，并由给水管道泵增压。楼内配备工作电梯 1 台，可直达消化池顶部。

　　工程污泥消化采用一级中温厌氧消化。通过完整的污泥消化处理过程，污泥中的有机物转变为腐殖质，破坏和控制致病微生物，同时改变污泥性质，使污泥容易脱水。与此同时可获得污泥气，用于污泥消化处理和污泥干化处理过程中所需的热量。污泥消化池采用卵形结构，共设 8 座，并联运行，单池容积为 12400m³。污泥搅拌采用螺旋桨搅拌，采用导流筒导流，使污泥在筒内上升或下降，并在池体内形成循环，达到污泥混合的目的。消化设计温度为 35℃。搅拌器电机为户外防爆型，能正反向转动，以防止污泥中的纤维等杂物缠绕浆板，并改变污泥流态。

　　8 座污泥消化池以 2 座为一单元对称布置在地下管廊两侧。消化池通过顶部天桥及底部地下管廊互相连通，并与东、西管线楼相连。从天桥上通过的主要管线有沼气管及给水管，从地下管廊中通过的主要管线有进泥管、出泥管、循环污泥管及浮渣管等。

C 污泥气利用系统

对消化产生的污泥气进行处理、储存和利用，作为污泥消化系统的污泥加热热源和脱水污泥干化处理系统的干化热源，污泥气脱硫采用生物脱硫和干式脱硫分级串联组合工艺。

污泥气利用系统有脱硫处理设施，包括 3 套粗过滤器、2 座生物脱硫塔、2 座干式脱硫塔和 3 套细过滤器，4 座有效容积为 5000m³ 的干式气囊式气柜、1 座沼气增压风机、3 座沼气燃烧塔、1 座沼气热水锅炉房和配套设施。沼气中硫化氢（H_2S）浓度设计为 3000~10000mg/m³，脱硫后的沼气中含 H_2S 20mg/m³；沼气热水锅炉房内设置 3 台沼气热水锅炉，冬季需热高峰期 3 台锅炉并联运行；夏季需热低谷期 2 台锅炉并联运行，1 台锅炉可停炉检修。锅炉产生的热水通过热力管输送至厌氧消化系统的套管式换热器，锅炉房内水处理系统中配备有 1 台组合式软化水装置（见图 9.35）。

图 9.35 污泥气处理及利用区域

D 脱水系统

对消化污泥进行脱水，降低污泥含水率，减小污泥体积，并将脱水后的污泥输送至污泥干化处理系统进行干化处理，或输送至存料仓储存后外运。污泥脱水输送系统按后期污泥量设计，利用已建的污泥脱水机房进行扩容改造，其中增加污泥离心脱水机3台和2座污泥料仓，建设2套脱水后污泥泵送系统。污泥脱水输送系统详见图9.36。

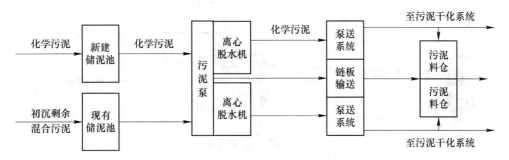

图 9.36 污泥脱水输送系统

工程设储泥池2座，其中1座储泥池为现有改造，另新建1座储泥池。脱水机房共设8台输送污泥螺杆泵，与离心脱水机一一对应。污泥螺杆泵布置在脱水机楼层下方增设的钢筋混凝土平台上，用缓冲料斗与脱水机出口相接，全密封布置。

E　干化系统

利用污泥消化产生的污泥气对部分脱水污泥进行干化处理，进一步提高污泥含固率。污泥干化处理系统采用消化处理产生的污泥气作为能源，以天然气作为备用能源，污泥干化能力按在满足消化处理条件下可利用的气量确定。

干化系统设计中力求降低热消耗，同时提高余热回收率。干化冷凝水余热通过热交换器和消化池前端污泥匀质池污泥进行间接换热，用于污泥消化池进泥的预加热，减少消化处理系统沼气耗用量，同时增加脱水污泥干化处理量。污泥干化处理系统采用高效低耗集约化污泥干化处理设备。干化工艺可提高余热回收率，以给污泥消化池供热，并最大限度地减少沼气用量。污泥干化系统的能源采用沼气，将天然气作为备用能源。污泥干化能力按可利用沼气量确定，用于干化部分脱水污泥，通过调节污泥干化设备的工作时间来满足不同季节的污泥干化量，工艺流程图如图9.37所示。

F　尾水回用系统

尾水回用处理系统从污水二级处理尾水排放箱中通过取水泵房取水。经前加氯、混凝反应后，通过过滤、后加氯处理，进入蓄水池，再由供水泵提升给污泥干化系统冷却用水。滤前滤后均投加氯，以抑制生物膜的生长。尾水回用处理系统流程如图9.38所示。

G　污泥液处理系统

在工程中，污泥处理过程中产生的污泥浓缩池上清液、污泥离心浓缩滤液、污泥消化上清液、污泥离心脱水压滤液等均称为污泥液。由于工程污水处理工艺

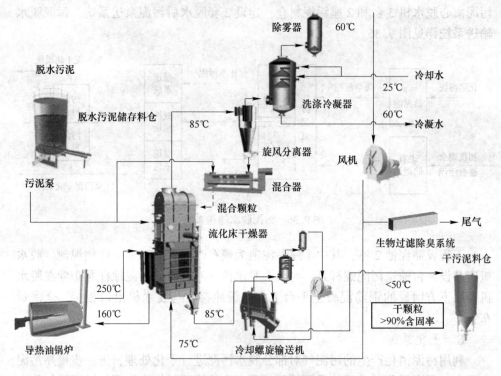

图 9.37 脱水污泥干化处理流程

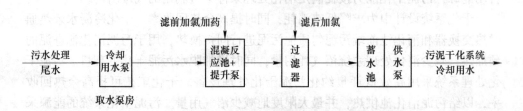

图 9.38 尾水回用系统流程

采用具有脱氮除磷工艺的活性污泥法，污泥液中的磷含量很高，污泥水中含有较高浓度的磷，为增强污水处理的除磷效果，工程设置一座污泥液处理设施，以将磷从污水、污泥的磷循环中通过化学处理彻底去除。由于工程中的污泥液含磷量很高，故采用化学除磷法进行处理。污泥液先排入调节池，再由水泵提升经混凝反应后，通过高效沉淀池，去除污泥液中的磷，出水排至污水处理区的污水泵房。

9.6.2 上海白龙港污泥干化焚烧处理工程

上海白龙港污泥干化焚烧处理工程（以下简称白龙港污泥二期工程）是世

界上一次性建成的最大规模污泥单独干化焚烧项目。白龙港污水处理厂现状产生的污泥和污水处理厂提标改造后产生的污泥均送至现状储泥池，污泥平均含水率为98.6%，之后泵送至本工程新建储泥池内。脱水污泥含水率的降低会增加污泥输送的难度，考虑该因素及现状污泥脱水设施情况，为使后续干化焚烧设施能经济高效运行，本工程的脱水设施按《城镇污水处理厂污泥泥质》（GB 24188—2009）中规定的含水率小于80%的要求进行扩容。根据虹桥污水处理厂相关设计文件，虹桥污水处理厂出厂污泥含水率为40%以下，之后通过车运至本工程进行处理。

根据类似工程进行的污泥焚烧特性试验，分析得到干态污泥在物理性质、元素分析和工业分析等方面与褐煤有许多相似之处（见表9.7），其灰分与煤相近，固定碳的含量则低得多，可充当低档燃料使用（未经厌氧消化的干态污泥）。白龙港污水处理厂污泥干燥基中氯元素含量的最大值为1450mg/kg，占污泥干基的0.145%，总体占比非常小。

表9.7 设计污泥特性表

污泥组成（干燥基）		低热值污泥	高热值污泥
项目	单位		
高位发热量	kJ/kg	10370	18340
灰分	%	50.79	20.90
C	%	25.65	41.42
H	%	3.52	5.65
O	%	14.89	23.44
N	%	4.23	7.67
S	%	0.92	0.92
合计	%	100	100

工程污泥分两部分，分别为白龙港本厂污泥和虹桥污水处理厂污泥两部分。

（1）白龙港本厂污泥。污泥经现状浓缩和其中部分经厌氧消化处理后，进入现状储泥池。

现状储泥池中，小部分污泥（约35t/d）利用现状污泥脱水和热干化设施处理，干化后的污泥通过车运送进入本工程新建污泥焚烧单元进行处理。

现状储泥池其余污泥输送至本工程新建储泥池，之后经过新建脱水单元处理后，含水率降至80%左右。脱水污泥经新建干化焚烧单元处理。污泥焚烧产生的烟气经处理后排入大气。

（2）虹桥污水处理厂污泥。虹桥污水处理厂的干化污泥（38t/d，含水率40%）通过新建污泥接收装置进入焚烧单元进行处理。本工程污泥处理工艺流程如图9.39和图9.40所示。

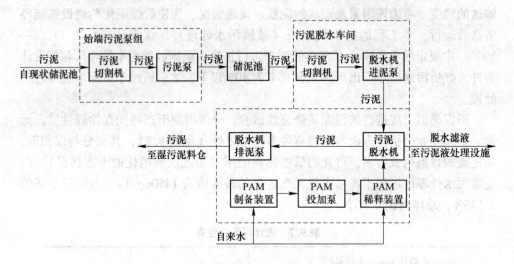

图 9.39　始端污泥储运、脱水处理系统工艺流程

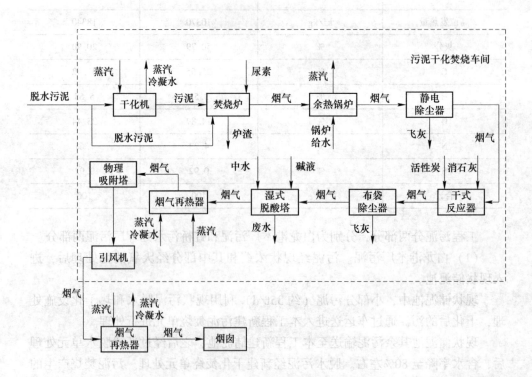

图 9.40　污泥干化焚烧处理系统工艺流程

A 干化处理系统设计特点

为了确保能根据工程的实际情况选择到最合适的干化工艺,有必要首先确定干化工艺选择的主要原则。

a 安全性

污水处理厂干化污泥是一种高有机质物质,在干化过程中可能因自燃或焖烧而发生爆炸。对工艺安全性具有重要影响的要素及其限制指标分别如下:

(1)粉尘浓度:<50g/m^3;

(2)含氧量:<8%;

(3)温度:<120℃;

(4)湿度:气体的湿度和物料的湿度对工艺安全性具有重要影响。

b 能耗

蒸发单位水量所需的热能,平均值小于3300kJ/kg。

c 热媒选择

蒸发污泥中水分所需热量的传递介质(热媒)一般采用导热油、蒸汽、高温烟气等,需根据工程实际情况选择。不同类型的干化设备对热媒的适用性不同。

d 设备价格

污泥处理项目属于市政基础设施,本身盈利能力不强甚至不具备。而污泥项目中设备投资一般占工程投资的75%~80%。因此工艺选择需严格控制设备价格。

e 环境影响

系统排放的废气等污染物均应能满足相关环境规范要求。

f 抗波动能力

进料污泥含水率可能因为脱水运行情况出现波动。干化设备在保证出泥品质的前提下允许这种波动发生的范围越宽,则抗波动能力越强。

g 处理附着性污泥能力

含水率40%~60%的污泥具有很强的黏滞性,附着在干化设备上会增加能耗,影响系统的正常安全运行。因此,干化设备处理附着性污泥的能力越强越好。

h 系统复杂性

简洁的系统构成便于操作管理,可有效降低维护费用。

i 占地面积

土地是宝贵的资源,因此要求在相同处理能力的条件下尽可能地少占地。

j 灵活性

理想的干化工艺应能根据干污泥颗粒的不同用途而自由方便地调节其含水率。

通过比较分析，工程初步设计中采用流化床干化与薄层干化处理工艺，后经公开招标，工程的干化处理工艺采用流化床干化工艺。

B 干化处理系统工艺流程

污泥经脱水至含水率80%后，泵送至污泥干化前料仓。污泥存储仓底部污泥泵根据运行负荷情况将湿污泥输送至干燥机内，一部分湿污泥直接输送至干燥机的给料分配器，另一部分湿污泥输送至螺旋混合器与干燥机排出的粉尘相混合，具体工艺流程如图9.41所示。

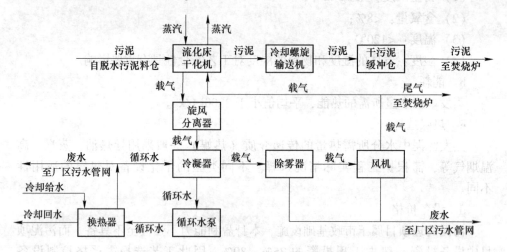

图9.41 污泥流化床干化系统工艺流程

干燥机内设蒸汽管提供湿污泥干化的热能，湿污泥颗粒在流化状态下，与蒸汽管束产生充分的热交换，湿污泥最终形成干污泥颗粒。污泥干化后由料位差值来控制卸料量，通过卸料阀进入流化冷却器进行冷却。流化冷却器的主要作用是将干燥机输出的85℃左右的干污泥颗粒冷却至40℃以下。为了使干污泥均匀地冷却，流化冷却器配置冷却布风板和振动装置，使干污泥颗粒在被冷却的同时，缓慢地下滑至出口卸料阀，通过输送设备，将冷却的干污泥颗粒送入干污泥料仓。流化冷却器循环气体从底部风室进入，使干污泥颗粒产生流化冷却，从冷却器顶部流出。流出的混合气体进入冷却洗涤器和汽水分离器中进行清洗和分离，气体在冷却回路中循环使用。

由流化冷却器冷却后的干化污泥通过提升至干化污泥料仓或启动料仓。干化污泥料仓储存的干化污泥通过输送设备输送至焚烧系统；在干化系统清空后重新启动时，启动料仓的干化污泥送至污泥干燥机内，作为底料使用。

流化床污泥干燥机循环气体在风机的作用下从流化床污泥干燥机底部风室进入，使得内部湿污泥颗粒和物料产生流化效果，从流化床污泥干燥机上部出来的混合气体进入双桶旋风分离器，将较大灰粉分离出来后落入灰粉仓，再由螺旋输送机送入混合器，并与污泥输送泵送入的湿污泥混合，然后由返料螺旋输送机送回流化床污泥干燥机进行流化干燥，以保证生产出来的干化污泥无细小粉尘。

气流经旋风分离器后的混合气体在冷凝换热器内采用间接换热方式进行冷凝、洗涤。洗涤后的气体由85℃左右冷却至60℃左右，出口的气体中含有的微小水珠，进入汽水分离器进行分离。洗涤冷却后的气体再循环到干燥机内循环使用。

存于干污泥缓冲仓中的污泥通过污泥给料机送入流化床焚烧炉，污泥被砂层托起翻浪并被迅速加热焚烧，焚烧后的灰大部分随烟气携带走，只有一小部分从炉底排渣口排出（由炉压控制，见图9.42）。所产生850℃左右的烟气排出并进入余热锅炉，将热能转移到蒸汽中，并用于污泥的干化。经预热器预热的空气由一次风机和二次风机送入焚烧炉中。焚烧炉启动时，采用天然气启动。

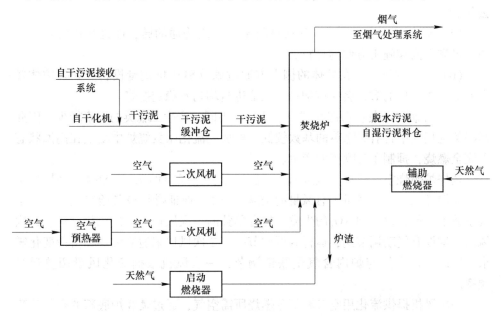

图 9.42 污泥焚烧处理系统工艺流程图

a 基本要求

焚烧炉炉内维持负压，防止烟气外溢。同时为防止外界空气的不正常进入，密封可靠。流动层的温度保持均匀。耐火材料采用耐磨、耐热的材料。焚烧炉主体设有炉压力和温度检测装置。焚烧炉主体下端设计成易于流动物质排出的结构。炉内压力通过微负压控制，当炉内压力异常上升时，设置安全装置。燃烧室筒体上安装摄像头，以监视流化床炉内的火焰。

流化床炉为立式装置，炉内流动层采用炉底下部送入空气造成砂粒和进料以沸腾状搅拌混合运行的方式。流化床炉炉壁隔热，以便于检查和维修，当环境温度不高于 25℃，炉体外壁面温度不超过 50℃。采用具有耐磨、耐热特性的耐火材料作为内衬，线性膨胀系数小，因而可以避免炉内温差伸缩而导致衬砌材料的脱落。能充分适应脱水污泥干化后的组分、水分、热值等变化工况及大气污染物排放标准等技术参数。

　　b　焚烧炉特点

　　(1) 完全燃烧：在焚烧炉内的高温条件（850℃）下，污泥的干化及燃烧操作可同时进行，污泥可以被完全地焚烧。

　　(2) 稳定的流化操作：借助于锥形流化区的设计，不会形成死角。从而稳定的流化状态得以实现。

　　(3) 分散管设计采用分散布置，砂石可以很容易地从焚烧炉底部排放。

　　(4) 减少臭气释放：由于焚烧炉烟气温度大约 850℃，臭气成分可以被有效去除。

　　(5) 耐火材料的可靠性：耐火材料不是采用普通的砖，而是采用耐热性能高、可靠性高和施工方便的材料。

　　(6) 污泥的投入：在炉体的侧上方通过螺旋输送机定量投料。如果炉体较大的话，投入口的数量会相应增加，保证进料均匀及稳定燃烧。

　　(7) 抑制二噁英：污泥与城市生活垃圾不同，产生二噁英的因素较少。因此污泥焚烧烟气中含有二噁英的基数较低，再加上流化床焚烧炉中物质在高温状态下完全燃烧，抑制了二噁英的产生。

　　焚烧炉燃烧空气采用分段进风，一次风量占总风量的 75%~85%，经燃烧室底部风帽送入，二次风量占总风量的 15%~25%。保证燃烧设备始终在低过量空气系数下进行，以抑制 NO_x 的生成。配有单独的一次风机、二次风机。一、二次风入口均设有气动调节阀，运行时可调节一、二次风比来适应燃料和负荷变化需求。二次风机风量与炉内含氧量联锁调节，一次风机根据流化风量调整运行频率。

　　一次风机提供流化用空气和部分燃烧所需空气，通过焚烧炉底部的空气喷嘴送入焚烧炉内。一次风大部分为新鲜空气，另外一部分来自干化过程产生的不凝气和干污泥输送过程中产生的臭气，通过风机送至一次风机进口作为燃烧空气。

　　二次风机用于焚烧炉燃烧区的扰动和提供部分燃烧所需空气，通过焚烧炉侧面的空气喷嘴进入焚烧炉内。二次风大部分为新鲜空气。

9.6.3　石洞口污水处理厂污泥处理二期工程

9.6.3.1　概述

　　上海市石洞口污水处理片区中有石洞口污水处理厂、泰和污水处理厂、吴淞污水处理厂,共3座。其中,石洞口污水处理厂是上海第一座大型生物处理的污水厂,设计处理能力为40万立方米/d,目前出水执行GB 18918一级A标准。石洞口污水处理片区内,新建了全地下式污水处理厂即泰和污水处理厂,其污水处理设计规模为40万立方米/d,出水水质在一级A标准的基础上,氨氮和总磷指标进一步提升至地表水Ⅳ类水标准。

石洞口污水处理厂污泥处理二期工程的建设内容包括新建污泥脱水、干化、焚烧、烟气处理及相关配套设施,共设污泥脱水机3台、污泥干化处理线2条、污泥焚烧线3条。

工程污泥处理规模为128t/d,其中污泥浓缩脱水处理量20t/d,污泥干化处理量20t/d,污泥焚烧处理量128t/d。工程于2018年4月开工建设。该工程处理的污泥主要分两部分,分别为石洞口本厂污泥和泰和污水处理厂污泥。石洞口本厂提标增量污泥(部分剩余污泥和化学污泥)分别从现状污泥调蓄池和现状污泥调理池泵送至该工程新建储泥池;泰和污水处理厂的污泥在厂内进行浓缩脱水干化处理,含水率降至40%以下,而后车运至该工程半干污泥接收坑,通过半干污泥输送设备输送至焚烧单元进行焚烧处理。

9.6.3.2 工程总体工艺流程

该工程污泥处理工艺流程如图9.43和图9.44所示。工程污泥主要分两部分,分别为石洞口本厂污泥和泰和污水处理厂污泥。

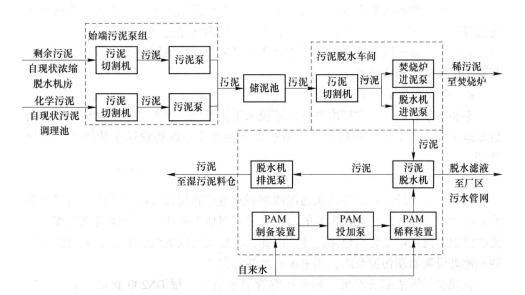

图9.43 始端污泥储运、脱水处理系统工艺流程

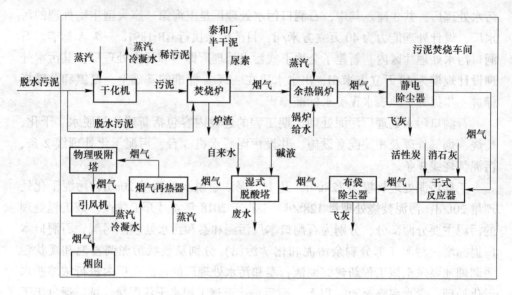

图 9.44 污泥干化焚烧处理系统工艺流程

A 石洞口本厂污泥

石洞口本厂的提标增量污泥（部分剩余污泥和化学污泥）分别从现状浓缩脱水机房和现状污泥调理池泵送至该工程新建储泥池，之后经过新建污泥脱水单元处理后，含水率降至 80%左右。脱水污泥经新建干化焚烧单元处理。余热锅炉产生的蒸汽用作该工程空预器、除氧器、烟气再热器和污泥干化热源、石洞口污泥完善工程污泥干化补充热源。污泥焚烧产生的烟气经处理后排入大气。焚烧炉渣、锅炉灰、静电除尘飞灰等一般废物送至老港填埋场填埋处置；布袋除尘器飞灰根据固废运送相应处置。

B 泰和污水处理厂污泥

泰和污水厂的污泥在厂内进行浓缩脱水干化处理，含水率降至 40%以下，而后车运至该工程半干污泥接收坑，通过半干污泥输送设备输送至焚烧单元焚烧处理。

C 始端污泥输送系统

该工程污泥处理接口为现状污泥浓缩脱水机房和现状污泥调理池。现状污泥浓缩脱水机房和现状污泥调理池的污泥需要穿越地下连通通道输送至该工程，故无法借重力流入该工程新建储泥池。因此，在现状污泥浓缩脱水机房和现状污泥调理池处设置始端污泥泵组，用来输送始端污泥。

在现状污泥浓缩脱水机房剩余污泥管道上引出 1 根 DN200 管道，沿现状厂区北侧通过地下连通通道由新建始端污泥泵组输送至新建储泥池。在现状污泥调理池化学污泥管道上引出 1 根 DN200 管道，沿现状厂区北侧通过地下连通通道由新建始端污泥泵组输送至新建储泥池，工艺流程图如图9.45所示。

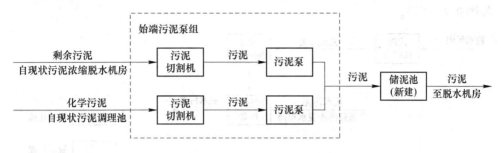

图9.45 始端污泥输送系统工艺流程

D 污泥脱水系统

该系统主要对剩余污泥进行脱水，减小污泥体积，并将脱水后的污泥送至污泥料仓暂存，而后至污泥干化处理系统进行干化处理。为确保高热值工况下焚烧炉入炉污泥的含水率，该工程污泥脱水间设置稀污泥焚烧炉进泥泵，将稀污泥直接输送至焚烧炉焚烧处理。该工程新建污泥脱水规模为20t/d。污泥自储泥池出泥管，经由污泥泵提升至离心脱水机，脱水后的污泥经泵送至污泥料仓，工艺流程图如图9.46所示。

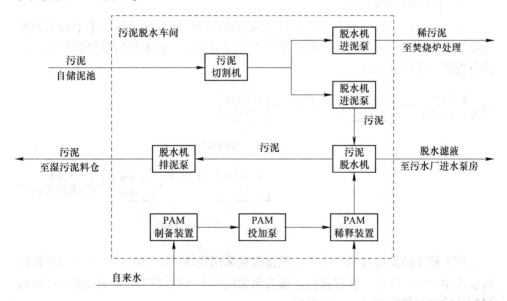

图9.46 污泥脱水处理系统工艺流程

E 污泥接收储运系统

a 湿污泥接收系统

湿污泥接收系统主要考虑用于接收应急调配时石洞口片区其他污水处理厂产

生的脱水污泥和石洞口污泥处理完善工程转运的脱水污泥。湿污泥接收储运系统如图9.47所示。

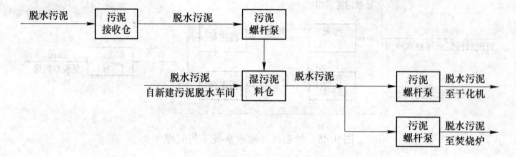

图 9.47　湿污泥接收储运系统工艺流程

b　湿污泥储运系统

该工程污泥由污泥脱水车间污泥泵送入湿污泥料仓中。湿污泥料仓单座容积 200m³。湿污泥料仓为成套组合装置，配备钢结构架（含检修平台和栏杆）。湿污泥料仓采用外观为圆柱形平底结构、重力卸料的高架形式。料仓直径为6.0m，高度约8.0m，每一座料仓顶部加盖密封，设有与脱水污泥输送管连接的接口。

c　半干污泥接收系统

半干污泥接收系统主要接收来自泰和污水处理厂的干化污泥，半干污泥卸料至接收坑内，通过抓斗提升，输送至半干污泥缓冲仓，并送至污泥焚烧处理设施进行处理（见图9.48）。

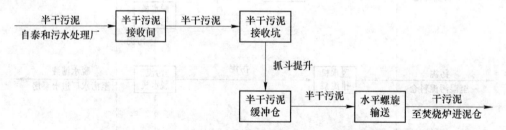

图 9.48　半干污泥接收系统工艺流程图

该工程干污泥接收间和半干污泥接收坑采用实体墙进行隔断，半干污泥接收坑设置半干污泥抓斗，直接将污泥提升至焚烧炉干污泥缓冲仓所在高度，之后通过螺旋输送机将污泥送至焚烧炉内。

F　污泥干化系统

污泥经脱水至含水率80%后，泵送至污泥干化机料仓。料仓中的污泥通过料仓下部的螺杆泵连续送至桨叶式干燥机。含水率为80%的湿污泥由湿污泥输送泵从湿污泥储存料仓输送到桨叶式干燥机。饱和蒸汽经管道输送到桨叶内，作为热源用来间接加热湿污泥。湿污泥中的水分通过蒸汽加热蒸发，蒸发产生的水蒸气被干燥机内的循环废气带走。详细流程如图9.49所示。

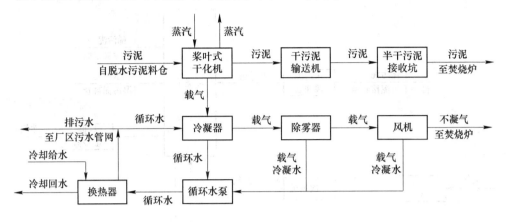

图9.49　污泥干化处理系统工艺流程

带搅拌桨叶的旋转轴把进入干燥机的污泥从干燥机进口推向出口处，通过翻转、压送把块状的湿污泥粉碎，同时螺旋桨叶与污泥通过接触传热，使污泥水分大量蒸发，含水率为30%左右的干化污泥从干燥机末端排出之后送入焚烧炉焚烧。通过将干燥机排出的污泥的含水率控制在30%左右，不仅能够避免因高黏性的污泥引起的干燥机及输送机的故障，还能实现应对污泥性状波动的干燥焚烧工程灵活的运行操作性。

污泥干化过程中产生的废气在干化机内部与污泥逆向运动，由污泥进料口上方的蒸汽管口排出，进入冷凝器。冷凝方式使用间接冷凝，冷凝器使用少量循环冷却水对尾气进行循环降温，使用板式换热器通过循环冷却水对喷淋水进行换热，尾气中的不凝气进入液滴分离器进行分离。降温后的尾气约50℃，通过风机引入臭气处理系统或者焚烧炉进行处理。

G　污泥焚烧系统

存于干污泥缓冲仓中的污泥通过污泥给料机送入流化床焚烧炉，污泥被砂层托起翻浪并被迅速加热焚烧，焚烧后的灰大部分随烟气携带走，只有一小部分从炉底排渣口排出（由炉压控制）。所产生850℃左右的烟气排出并进入余热锅炉，将热能转移到蒸汽中，并用于污泥的干化。经预热器预热的空气由一次风机送入焚烧炉中。焚烧炉启动时，采用天然气启动，详细流程如图9.50所示。

a　流化床焚烧炉

焚烧炉炉内维持负压，防止烟气外溢。同时为防止外界空气的不正常进入，密封可靠。流动层的温度保持均匀。耐火材料采用耐磨、耐热的材料。焚烧炉主体设有炉压力和温度检测装置。焚烧炉主体下端设计成易于流动物质排出的结

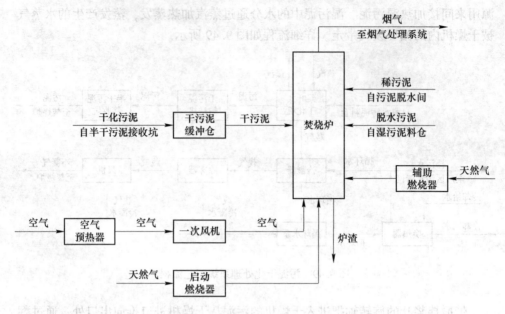

图 9.50 污泥焚烧处理系统工艺流程

构。炉内压力通过微负压控制，当炉内压力异常上升时，设置安全装置。燃烧室筒体上安装摄像头，以监视流化床炉内的火焰。

流化床炉为立式装置，炉内流动层采用炉底下部送入空气造成砂粒和进料以沸腾状搅拌混合运行的方式。流化床炉炉壁隔热，以便于检查和维修，当环境温度不高于25℃，炉体外壁面温度不超过50℃。采用具有耐磨、耐热特性的耐火材料作为内衬，线性膨胀系数小，因而可以避免炉内温差伸缩而导致衬砌材料的脱落。能充分适应脱水污泥干化后的组分、水分、热值等变化工况及大气污染物排放标准等技术参数。

b 燃烧空气系统

焚烧炉燃烧空气采用分段进风，一次风量占总风量的75%~85%，经燃烧室底部风帽送入，二次风量占总风量的15%~25%。保证燃烧设备始终在低过量空气系数下进行，以抑制NO_x的生成。燃烧空气入口均设有气动调节阀，运行时可调节一、二次风比来适应燃料和负荷变化需求。二次风机风量与炉内含氧量联锁调节，一次风机根据流化风量调整运行频率。

一次风机提供流化用空气和部分燃烧所需空气，通过焚烧炉底部的空气喷嘴送入焚烧炉内。一次风大部分为半干污泥接收坑内空气，另外一部分来自干化过程产生的不凝气和干污泥输送过程中产生的臭气，通过风机送至一次风机进口作为燃烧空气。在恒速运转下，风机的空气流量能连续调节，下调的范围能降达45%。风机出口压力平稳，没有压力脉冲现象，振动烈度（在机座上）大于

2mm/s（双振幅），能保证在总绝对效率大于85%（无负公差值）的基础上每天连续运转24h。污泥焚烧车间内设3座风机间，每座风机间设置一次风机1台，启动燃烧风机1台，用于3条污泥焚烧处理线。

c 辅助燃烧系统

污泥焚烧炉正常运行时不需外加其他辅助燃料。采用天然气作为焚烧炉启动和备用燃料。每台焚烧炉配置一套燃烧器，用于焚烧炉启动点火，点火结束后燃烧器退出。燃烧器采用比例调节式。通过温度反馈信号，自动调节耗气量及配风。流化床焚烧炉配有常规燃料燃烧器，用于启动时的加热系统，本系统采用天然气用于启动，达到系统所需的燃烧温度。

该工程每台焚烧炉设置启动燃烧器1个，燃料均为天然气，燃烧器设计热负荷为5MW，燃烧器可以调节空气燃气混合比例（空燃比）。燃烧器可实行自动点火，自动控制燃烧量，自动熄火，且有安全装置和自控系统。系统包括燃料喷枪、气体喷枪、风门调节器、燃料及雾化介质控制阀组等。

d 砂循环系统

污泥从流化床上部或侧部送入炉内，发生激烈翻腾和连续不断的循环流动，通过干燥、搅拌、破碎、混合，并被分解气化，产生的气体在流化床炉膛上部与从炉侧壁沿切线方向吹入的二次风混合焚烧。流化床的运行床温一般不超过950℃，在流化床中，要保证床温在850℃时投入污泥，污泥的挥发分就能着火燃烧，挥发分的燃烬率很高，究其原因是流化床的主要燃烧反应实际上发生在炉床的上方，床内的气化燃料释放出来的挥发性组分，从床内流出进入无挡板的第二燃烧区，从而使大部分残留燃料在床内燃烬。

本系统进砂利用螺旋输送机接收外来石英砂，之后通过提升机运至砂储存罐，罐内的砂采用气力输送方式至焚烧炉。气源采用压缩空气系统的压缩空气。由于污泥中含大量砂，正常运行后，污泥焚烧残余物大部分粒径满足循环砂性质的要求，经过一次风及沸腾砂的自动筛选，大部分作为砂在炉内沸腾，极少部分粒径较大的落于焚烧炉底部。因此正常运行后，焚烧炉内的砂可通过污泥焚烧后的残余物补充，且通过计算，该补充量与砂恶化后损失量可相互平衡，无须额外补入多余的砂。只需定期取砂样进行检测，砂质恶化，则需要补入一定量的砂。

e 脱硝系统

流化床焚烧炉自身具有较好的燃烧特性，NO_x实际排放量较低，因此脱氮主要利用尿素作为反应剂，吸收剂为10%尿素溶液进行设计。袋装尿素送入到尿素配料罐里，用软化水将固体尿素溶解成10%的尿素溶液，通过配料输送泵输送到尿素溶液储罐；储罐中的尿素溶液经由尿素溶液泵、尿素计量模块与尿素分配装置计量分配后，经尿素喷枪等进入焚烧炉炉膛。雾化后的尿素液滴在炉膛内分解，生成的分解产物为NH_3、H_2O和CO_2，发生化学反应后脱硝。

9.6.4 石洞口污泥处理改扩建工程

9.6.4.1 工程简介

工程位于上海市宝山区盛桥镇、石洞口污水处理厂厂内污泥处理设施区域。项目于 2014 年 6 月开工建设，新建线于 2018 年竣工，现有线改造 2019 年竣工。作为上海石洞口片区重要的污泥处理工程，本工程的全面投运为上海的污泥处理及节能减排做出了显著贡献，工程鸟瞰图，如图 9.51 所示。

图 9.51 石洞口污泥处理改扩建工程鸟瞰图

本工程实现了污泥的减量化、无害化、稳定化和资源化，实现了较好的工程效益。

（1）减量化：经过脱水及干化处理，360t/d 污泥总量（含水率以 80% 计）得到妥善彻底处理。

（2）无害化：经过热干化和焚烧处理，污泥中腐殖质降解，病菌杀灭，实现了污泥的无害化。

（3）稳定化：经干化焚烧处理，污泥中有机物进行充分彻底分解，实现了污泥的稳定化。

（4）资源化：污泥焚烧产生的蒸汽可作为干化系统供热能源；污泥焚烧产生的灰渣可作为建筑材料等进行资源化利用。

9.6.4.2 工艺系统

本工程的工艺系统包括：污泥预浓缩系统、污泥后浓缩系统、污泥脱水系统、污泥接收贮运系统、污泥干化系统、污泥焚烧系统、余热利用系统、烟气处理系统及辅助系统。

A 污泥预浓缩系统

对污水处理工程产生的化学污泥和剩余污泥进行预浓缩处理，将污泥含固率提高到约2%。为达到含固率目标，化学污泥及剩余污泥统一汇总至污泥调蓄池后进行机械浓缩。

本工程利用6条现有机械浓缩系统处理线（成套设备，包括浓缩机及进泥、出泥、储存、加药等装置，5用1备），机械浓缩系统的进泥含水率99.2%，出泥含水率≤98%。

B 污泥后浓缩系统

经过预浓缩的污泥进一步进行后浓缩处理，将污泥含固率提高到约3%。为达到含固率目标，预浓缩后的污泥采用重力浓缩工艺。

C 污泥脱水系统

主要对经浓缩后的污泥进行脱水，进一步降低含水率至不高于80%，减小污泥体积，进而降低干化系统能耗，并将脱水后的污泥送至污泥料仓暂存，而后至污泥干化处理系统进行干化处理。

D 污泥接收及储运系统

污泥接收及储运系统主要对来自污泥浓缩脱水系统的脱水污泥和桃浦、吴淞厂脱水污泥进行储存并输送至污泥干化系统。新建污泥储运系统分为两块。其中新建污泥接收系统主要用于接收吴淞、桃浦两厂运至石洞口本厂的脱水污泥，以及新老线调配时石洞口本厂由老线转来的脱水污泥。新建污泥储运系统主要用于储存新增离心脱水机产生的脱水污泥及污泥接收系统转输来的污泥，并泵送至后继干化处理设施。

E 污泥干化系统

新建系统干化采用桨叶式干化工艺。新建系统污泥干化区位于污泥综合处理车间内，东侧为污泥接收间和污泥储存区。新建污泥干化区南北向中部设置大门2座，用于污泥干化系统设备的进出。新建污泥干化系统均采用蒸汽为外加热源、蒸汽为热媒，具体工艺路线为：脱水污泥经干化后入炉，含水率降至30%~40%，然后进流化床焚烧炉焚烧。污泥焚烧产生的热量通过余热锅炉加热水蒸气并作为污泥干燥机的热源用于加热及干化脱水污泥。蒸汽通过污泥干燥机内的热交换器将热量传递给污泥，蒸汽充分换热后变为冷凝水，经过除氧等水处理，将冷凝水重新送入余热锅炉，实现循环利用。

现有污泥干化系统采用流化床干化工艺（见图9.52）。污泥干化区位于现状污泥干化焚烧车间内东部，西侧为焚烧及烟气处理区域。现有污泥干化系统改造后采用蒸汽为外加热源、蒸汽为热媒，脱水污泥经干化后含水率降至10%以下，之后送入流化床焚烧炉焚烧。污泥焚烧产生的热量通过余热锅炉加热水并作为污泥干燥机的热源用于加热及干化脱水污泥。蒸汽通过污泥干燥机内的热交换器将热量传递给污泥,蒸汽充分换热后变为冷凝水,经过除氧等水处理,将冷凝水重新送入余热锅炉,实现循环利用。

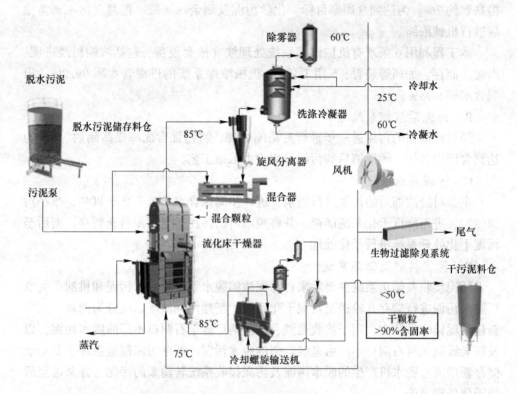

图 9.52 现有线改造污泥干化系统工艺流程

F 污泥焚烧系统

新建污泥焚烧系统位于污泥综合处理车间中部,辅助用房区和烟气处理区之间,焚烧区在车间南北各设置大门一座,用于设备及物料进出。焚烧炉从东侧接收干污泥缓冲仓的进料,燃烧后烟气通过朝西的烟道进入余热锅炉。

现有污泥焚烧系统位于现状污泥干化车间西侧,焚烧区在车间南北各设置大门一座,用于设备及物料进出。焚烧炉从东侧接收干污泥缓冲仓的进料,燃烧后烟气通过朝西的烟道进入余热锅炉。存于半干污泥缓冲仓中的污泥通过污泥给料机送入流化床焚烧炉,污泥被砂层托起翻浪并被迅速加热焚烧,焚烧后的灰大部分随烟气携带走,只有一小部分从炉底排渣口排出(由炉压控制)。所产生850℃左右的烟气排出并进入余热锅炉,将热能转移到蒸汽中,并用于污泥的干化。焚烧炉启动时,采用燃油启动。

G 余热利用系统

余热回收系统包括：余热锅炉、空气预热器等，设备数量与焚烧炉对应。本系统主要用于回收高温烟气的余热，高温烟气在余热锅炉内由850~900℃降至300℃左右。干燥机利用后的蒸汽冷凝水先经过除氧后送入余热锅炉内产生蒸汽，用于污泥的干燥。蒸汽干燥污泥后被冷却回到余热锅炉循环利用。

本系统主要用于回收高温烟气的余热，余热锅炉进口烟气温度约870℃，设计工况下，单台余热锅炉能产生蒸汽，蒸汽参数约为1.0MPa、185℃。余热锅炉在流程上位于焚烧炉之后，设备位于污泥焚烧炉西侧，余热锅炉整体布置于焚烧区钢平台上，整体固定在钢平台上。

H 烟气处理系统

石洞口本厂现有的烟气处理系统采用"半干法喷淋+布袋除尘"工艺。半干法喷淋主要去除烟气中的SO_2，布袋除尘器主要去除烟气中的颗粒物。石洞口污水厂多年的运行经验表明，上述方案能有效净化污泥焚烧产生的烟气。但也存在着一些问题，主要包括：

(1) 流化床焚烧炉排烟含尘量较大，使处理单元，特别是布袋除尘器的负担较重，间接缩短了使用寿命，影响运行。

(2) 随着人们对大气环境质量的认识及关注度的提高，环境保护要求和标准必将趋于严格，从而对烟气处理系统提出更高的要求。与近期建设的同类工程相比，石洞口本厂现有烟气处理系统的设计及建设标准已显偏低。

鉴于以上原因，改扩建工程的烟气净化系统采用"旋风除尘+半干法喷淋+布袋除尘+脱酸洗涤"工艺，如图9.53所示。增加旋风除尘装置，先行去除烟气中的较大颗粒物，可有效减轻后继处理单元的负担，且可最大限度地利用原有烟气处理装置，改造难度较小，投资较省。增加脱酸洗涤塔单元，通过碱洗方式进一步减少烟气中SO_2及其他污染物的排放。

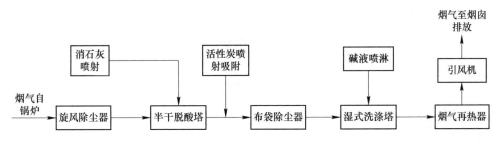

图9.53 烟气处理系统工艺流程图

I 工艺辅助系统

工艺辅助系统提供本工程主工艺（污泥干燥、污泥焚烧、烟气处理）所需公用部分的辅助工艺，主要包括灰渣收集系统、压缩空气系统等。

J 除臭系统

结合除臭工艺比较，综合考虑臭气源强度、除臭目标、治理投资规模、工艺适应性、运行管理成本、能源消耗、设备管理维护、使用年限、治理效率及处理后的二次污染等因素后，本工程拟采用组合型的除臭工艺。

对于臭气浓度较高但是不进人的污泥处理区建（构）筑物（主要包括：现状污泥浓缩脱水机房加罩空间、现状污泥调蓄池、现状污泥料仓、污泥浓缩池及配泥井、污泥泵房、新建污泥料仓等）采用生物滤池+活性炭吸附两级组合除臭工艺，同步在进人空间现状污泥浓缩脱水机房大空间内采用离子送新风除臭工艺。

对于臭气浓度很高且需要进人的污泥处理区建（构）筑物（主要包括：现有改造线污泥干化车间、扩容新建线污泥脱水及接收间、扩容新建线污泥干化车间等）采用离子送新风+化学洗涤+生物滤池+活性炭吸附四级组合除臭工艺，设计工况下半干污泥输送系统泄露的臭气和干化机不凝载气等高浓度臭气可优先送至焚烧炉焚烧处理。

参 考 文 献

［1］ 李玉爽，李金惠．国际"无废"经验及对我国"无废城市"建设的启示［J］．环境保护，2021，49（6）：67-73.

［2］ 蔡琴，朱梦曳，刘天乐，等．从"无废城市"到"无废社会"：中国固废治理的战略方向［J］．可持续发展经济导刊，2020（11）：22-26.

［3］ United States Environmental Protection Agency. Browse examples and resources for transforming waste streams in cmtesl［EB/OL］．［2019-03-06］. https：//www. epa gvtanstorming waste. torose examples and-resources-transforming-waste-streams communities.

［4］ 郑凯方，温宗国，陈燕．"无废城市"建设推进政策及措施的国别比较研究［J］．中国环境管理，2020，12（5）：48-57.

［5］ 张敏，蓝艳，李盼文，等．新加坡"无废城市"建设顶层设计及对我国的启示［J］．环境与可持续发展，2020，45（5）：196-199.

［6］ 林姝灿．"无废城市"建设路径及对策研究［J］．山东化工，2020，49（20）：241-243.

［7］ 闫卓群．"无废城市"建设发展研究［J］．智能城市，2020，6（3）：125-126.

［8］ 张胜玉，王珊珊．东京："无废城市"建设背景下垃圾分类精细化［J］．区域治理，2019（51）：254-256.

［9］ Song Q, Li J, Zeng X. Minimizing the increasing solid waste through zero waste strategy［J］. Journal of Cleaner Production, 2015, 104：199-210.

［10］ 顾伟先，张坤．迈向"无废管理"：内涵、挑战及对策［J］．安徽行政学院学报，2020（1）：107-112.

［11］ 徐扬．固体废物综合管理与无废城市建设［J］．高科技与产业化，2019（12）：68-70.

［12］ 郭志达，王月，丹颖．"无废城市"建设的结构模式与主要思路［J］．环境监测管理与技术，2019，31（6）：1-3.

［13］ 朴祥翊，刘晓龙，葛琴，等．通过"无废城市"试点推动固体废物资源化利用，建设"无废社会"战略初探［J］．中国工程科学，2017，19（4）：119-123.

［14］ 熊孟清，尹自永，李廷贵．构建垃圾处理政府与社会共治模式［J］．城市管理与科技，2012，14（6）：29-31.

［15］ 赵世萍．以系统思维构建生活垃圾分类体系［N］．中国环境报，2019-12-16（003）.

［16］ 孔竞．我国城市生活垃圾分类治理历程中的问题及其治理之道［J］．辽宁经济，2020（1）：49-51.

［17］ 林红兵．"十四五"时期垃圾分类的机遇与展望［N］．中国建设报，2020-11-16（008）.

［18］ 贺旭娟．国内垃圾分类回收处理现状及对策［J］．资源节约与环保，2018（12）：102-103.

［19］ 吴新华．"互联网+"模式下生活垃圾分类的研究与分析［J］．无线互联科技，2019，16（13）：126-128.

［20］ 减少垃圾焚烧厂系统故障要靠彻底的垃圾分类［EB/OL］．［2020-10-12］. https：//www. solidwaste. com. cn/news/315439. html.

［21］ 吴桐．基于人工智能技术的垃圾分类回收系统研究［J］．科技与创新，2020（9）：38-

39，42.

[22] 郑康．城市生活垃圾的处理现状及综合防治的对策研究 [J]．绿色科技，2013（7）：188-190.

[23] 陈妮．物联网技术在环境监测中的应用分析 [J]．区域治理，2019（8）：86.

[24] 高连周．基于物联网技术的智能物流管理系统的构建 [J]．物流技术，2012，31（23）：124-125，150.

[25] 程翔，许正荣，张昆明．基于物联网的智能家居控制系统设计 [J]．传感器与微系统，2021，40（3）：106-108，111.

[26] 李艳，杨刚，任爱峰．基于射频无线网的城市垃圾回收系统研究 [J]．现代电子技术，2015，38（16）：48-50.

[27] 李秀丽，周明远，樊丽，等．基于物联网的城市垃圾分类回收系统研究 [J]．工业安全与环保，2014，40（7）：64-66.

[28] 谢川，彭颖．基于 RFID 技术的智能垃圾回收协作研究 [J]．四川大学学报（自然科学版），2011，48（3）：556-560.

[29] 娄子孟．我国垃圾分类现状及对策探究 [J]．中国市场，2018（13）：79-80.

[30] 吕凡，何品晶，邵立明，等．易腐性有机垃圾的产生与处理技术途径比较 [J]．环境污染治理技术与设备，2003，4（8）：46-50.

[31] 杨金满，贾瑞宝．城市污泥资源化利用研究进展 [J]．工业用水与废水，2011，42（5）：1-5.

[32] 郝永梅．澳门南湾湖钻孔沉积物中烷基酚和多环芳烃的污染历史及成岩归宿的初步研究 [D]．广州：中国科学院，2004.

[33] 仇焕广，廖绍攀，井月，等．我国畜禽粪便污染的区域差异与发展趋势分析 [J]．环境科学，2013，34（7）：2766-2774.

[34] Li Wanjiang, Cai Teng, Xueqin Lu, et al. Two-phase improves bio-hydrogen and bio-methane production of anaerobic membrane bioreactor from waste activated sludge with digestate recirculation [J]. Chemical Engineering Journal, 2023, 452 (Part 4): 139547.

[35] 申逸骋，李洋，张伟．城市餐厨垃圾/农业废弃物综合利用分析研究 [J]．环境科技，2020，33（5）：18-23.

[36] Albert P C, Abateni A, Michael S B, et al. Committee On the Use Treated Municipal Wastewater Effluents. Use of reclaimed water and sludge in food crop production [M]. Washington DC: National Academy Press, 1996: 89-90.

[37] 司友斌，王慎强，陈怀满．农田氮、磷的流失与水体富营养化 [J]．土壤，2000（4）：188-193.

[38] Shan G M, Leeman W R, Gee S J, et al. Highly sensitive dioxin immunoassay and its application to soil and biota samples [J]. Analytica Chimica Acta, 2001, 444 (1): 169-178.

[39] Alcock R E, Jones K C. Dioxins in the environment: a review of trend data [J]. Environmental Science & Technology, 1996 (30): 3133-3143.

[40] 阮辰旼．农用市政污泥重金属危害的分析及应对措施 [J]．净水技术，2013，32（5）：53-57.

[41] 刘新安. 西安城市污水处理厂污泥在市政园林绿化中的应用研究 [D]. 西安：西安建筑科技大学，2012.

[42] Evans P O, Westerman P W, Overcash M R. Subsurface drainage water quality from land application of seine lagoon effluent [J]. Transactions of the American Society of Agricultural and Biological Engineers, 1984, 27 (2)：473-480.

[43] Adams P L, Daniel T C, Edwards D R, et al. Poultry litter and manure contributions to nitrate eaching through the vadose zone [J]. Soil Sci. Soc. Sm. J, 1994, 58 (4)：1206-1211.

[44] 孟祥海. 中国畜牧业环境污染防治问题研究 [D]. 武汉：华中农业大学，2014.

[45] 李林海. 畜禽粪便中的主要养分和重金属含量分析 [J]. 南方农业，2018，12 (23)：126-128.

[46] Yuan-Ching Tien, Bing Li, Tong Zhang, et al. Impact of dairy manure pre-application treatment on manure composition, soil dynamics of antibiotic resistance genes, and abundance of antibiotic-resistance genes on vegetables at harvest [J]. Science of the Total Environment, 2017：581-582.

[47] Faissal A, Ouazzani N, Parrado J R, et al. Impact of fertilization by natural manure on the microbial quality of soil：molecular approach [J]. Saudi Journal of Biological Sciences, 2017, 24 (6)：1437-1443.

[48] 张生伟. 猪粪高效除臭菌株筛选及其除臭机理研究 [D]. 兰州：甘肃农业大学，2016.

[49] 中国物资再生协会.《餐厨垃圾处理技术规范》正式实施 [J]. 中国资源综合利用，2013 (5)：2.

[50] 孔为丽，李晓华. 餐厨垃圾特性分析及资源化处理现状 [J]. 城市建设理论研究：电子版，2011，34：1-7.

[51] 吴文伟，马婧一，李荣平. 没有最好只有最适宜——城市生活垃圾处理前沿技术比较分析 [J]. 广西城镇建设，2010 (4)：42-44.

[52] 高艳玲. 固体废物处理处置与工程实例 [M]. 北京：中国建材工业出版社，2004.

[53] 李兵. 生活垃圾深度分选及设备优化组合技术研究 [D]. 上海：同济大学，2006.

[54] 刘金池. 剩余活性污泥超声破解的实验与理论研究 [D]. 沈阳：东北大学，2015.

[55] 汪树生，杨秋实，苏玉春，等. 湿热处理对木薯淀粉结构和性质的影响 [J]. 粮食与饲料工业，2013 (4)：27-29.

[56] 吴文伟，马婧一，李荣平. 垃圾处理前沿技术的比较分析 [J]. 城市管理与科技，2010，12 (1)：18-21.

[57] 赵丹，徐宏英，冷昊辰，等. 生物处理回收废旧电池中金属的研究进展 [J]. 环境保护前沿，2017，7 (3)：282-288.

[58] Yechi Tatsuya, Yingqi Yasui, Kazuo Sato, et al. Chapter two-theory of methane fermentation process [M]. Beijing-Chemical Industry Press, 2014.

[59] 张瑞良. 硫氧自由基强化污泥深度脱水协同典型污染物去除机制研究 [D]. 上海：华东师范大学，2021.

[60] 秦曦. 微生物电催化耦合磁铁矿负载型生物炭强化污泥厌氧消化机理研究 [D]. 上海：华东师范大学，2021.

[61] Hao X D, Chen G H, Yuan Z G. Water in China [J]. Water Research, 2020, 169: 115256.

[62] Zhen G, Lu X, Kato H, et al. Overview of pretreatment strategies for enhancing sewage sludge disintegration and subsequent anaerobic digestion: current advances, full-scale application and future perspectives [J]. Renewable and Sustainable Energy Reviews, 2017, 69: 559-577.

[63] Zhen Guangyin, Lu Xueqin, Li Yu You, et al. Combined electrical-alkali pretreatment to increase the anaerobic hydrolysis rate of waste activated sludge during anaerobic digestion [J]. Applied Energy, 2014, 128: 93-102.

[64] Zhen G Y, Lu X Q, Li Y Y, et al. Influence of zero valent scrap iron (ZVSI) supply on methane production from waste activated sludge [J]. Chemical Engineering Journal, 2015, 263: 461-470.

[65] Pan Yang, Zhi Zhongxiang, Zhen Guangyin, et al. Synergistic effect and biodegradation kinetics of sewage sludge and food waste mesophilic anaerobic co-digestion and the underlying stimulation mechanisms [J]. Fuel, 2019, 253: 40-49.

[66] Niu Chengxin, Pan Yang, Lu Xueqin, et al. Mesophilic anaerobic digestion of thermally hydrolyzed sludge in anaerobic membrane bioreactor: long-term performance, microbial community dynamics and membrane fouling mitigation [J]. Journal of Membrane Science, 2020, 612: 118264.

[67] Zhang Ruiliang, Lu Xueqin, Tan Yujie, et al. Disordered mesoporous carbon activated peroxydisulfate pretreatment facilitates disintegration of extracellular polymeric substances and anaerobic bioconversion of waste activated sludge [J]. Bioresource Technology, 2021, 339: 125547.

[68] Dai Xiaohu, Li Xiaoshuai, Zhang Dong, et al. Simultaneous enhancement of methane production and methane content in biogas from waste activated sludge and perennial ryegrass anaerobic co-digestion: the effects of pH and C/N ratio [J]. Bioresource Technology, 2016, 216: 323-330.

[69] Wang C, Wu L, Zhang Y T, et al. Unravelling the impacts of perfluorooctanoic acid on anaerobic sludge digestion process [J]. Science of The Total Environment, 2021, 796: 149057.

[70] Jie W, Li Y. Synergistic pretreatment of waste activated sludge using CaO_2 in combination with microwave irradiation to enhance methane production during anaerobic digestion [J]. Applied Energy, 2016, 183: 1123-1132.

[71] Hu Jiawei, Zhang Jingsi, Li Zhuo, et al. Enhanced methane yield through sludge two-phase anaerobic digestion process with the addition of calcium hypochlorite [J]. Bioresource Technology, 2022, 347: 126693.

[72] Zhen Z, Qiang M A, Ying A A, et al. Performance and microbial community analysis of anaerobic sludge digestion enhanced by in-situ microaeration [J]. Journal of Water Process Engineering, 2021, 42: 102171.

[73] Xu Q, Luo T Y, Wu R L, et al. Rhamnolipid pretreatment enhances methane production from two-phase anaerobic digestion of waste activated sludge [J]. Water Research, 2021,

6：116909.

［74］ Wu B R, Dai X H, Chai X L. Critical review on dewatering of sewage sludge：Influential mechanism, conditioning technologies and implications to sludge re-utilizations ［J］. Water Research, 2020, 180：115912.

［75］ Maqbool T, Cho J, Hur J. Improved dewaterability of anaerobically digested sludge and compositional changes in extracellular polymeric substances by indigenous persulfate activation ［J］. Science of the Total Environment, 2019, 674：96-104.

［76］ 张丽丽, 李花粉, 苏德纯. 我国城市污水处理厂污泥中重金属分布特征及变化规律 ［J］. 环境科学研究, 2013, 26（3）：313-319.

［77］ 田冬梅, 臧树良. 我国城市污泥的污染特征和资源化现状与可持续发展 ［J］. 中国环境保护优秀论文集（上册）, 2005：458-461.

［78］ 杨军, 郭广慧, 陈同斌, 等. 中国城市污泥的重金属含量及其变化趋势 ［J］. 中国给水排水, 2009, 25（13）：122-124.

［79］ Meng X Z, Venkatesan A K, Ni Y L, et al. Organic contaminants in Chinese sewage sludge：a meta-analysis of the literature of the past 30 years ［J］. Environmental Science & Technology, 2016, 50（11）：5454-5466.

［80］ 章华荣, 芦佳, 叶兴联, 等. 污泥热干化技术应用综述 ［J］. 中国环保产业, 2020（1）：56-59.

［81］ Cao B, Zhang T, Zhang W, et al. Enhanced technology based for sewage sludge deep dewatering：a critical review ［J］. Water Research, 2021, 189：116650.

［82］ 王琳, 孙德栋. 臭氧氧化分解污泥的试验研究 ［J］. 中国海洋大学学报（自然科学版）, 2005（1）：83-86.

［83］ Zhang J, Tian Y, et al. Changes of physicochemical properties of sewage sludge during ozonation treatment：Correlation to sludge dewaterability ［J］. Chemical Engineering Journal, 2016, 301：238-248.

［84］ Zeng X F, Twardowska I, Wei S H, et al. Removal of trace metals and improvement of dredged sediment dewaterability by bioleaching combined with Fenton-like reaction ［J］. Journal of Hazardous Materials, 2015, 288：51-59.

［85］ Zhen G, Lu X, Zhao Y, et al. Enhanced dewaterability of sewage sludge in the presence of Fe（Ⅱ）-activated persulfate oxidation ［J］. Bioresource Technology, 2012, 1162：59-65.

［86］ Zhen G, Lu X, Su L, et al. Unraveling the catalyzing behaviors of different iron species （Fe^{2+} vs. FeO） in activating persulfate-based oxidation process with implications to waste activated sludge dewaterability ［J］. Water Research, 2018, 134：101-114.

［87］ Wang S, Han Y, Lu X, et al. Microbial mechanism underlying high methane production of coupled alkali-microwave-H_2O_2-oxidation pretreated sewage sludge by in-situ bioelectrochemical regulation ［J］. Journal of Cleaner Production, 2021, 305：127195.

［88］ 徐晓秋, 王钢, 刘伟, 等. 畜禽粪便厌氧消化沼气发电行业的现状分析 ［J］. 应用能源技术, 2011（6）：1-3.

［89］ 管志云, 邵敏, 刘玉坤. 畜禽粪便厌氧发酵技术分析 ［J］. 今日畜牧兽医, 2018, 34

(11)：59-60.

[90] 相俊红，胡伟，尚克武，等．天津市畜禽粪便处理技术及设备开发应用现状［J］．农机科技推广，2006（4）：25-26.

[91] 刘璐，肖敏志，张振院．郴州市畜禽养殖场污染及其治理对策［J］．湘南学院学报，2019，40（5）：29-34.

[92] 段丰富，马立君．畜禽粪便再生饲料的加工与利用［J］．农村新技术，2009（6）：41-42.

[93] 段丰富，马立君．畜禽粪便再生饲料的加工与利用［J］．中国猪业，2008（1）：50-51.

[94] 王哲剑．畜禽废弃物无公害处理技术［J］．农业开发与装备，2015（11）：160.

[95] 丰友林．畜禽粪便的加工处理及饲料化利用现状（下）［J］．草与畜杂志，1990（4）：31-32.

[96] 孙贝烈，陈丛斌．厌氧消化技术在畜禽粪便处理中的应用［J］．辽宁农业科学，2006（3）：59-60.

[97] Liu L, Zhang T, Wan H, et al. Anaerobic co-digestion of animal manure and wheat straw for optimized biogas production by the addition of magnetite and zeolite［J］. Energy Conversion and Management, 2015, 97：132-139.

[98] Wang Y, Ren G, Zhang T, et al. Effect of magnetite powder on anaerobic co-digestion of pig manure and wheat straw［J］. Waste Management, 2017, 66：46-52.

[99] 曾李乐，周飞，袁月祥，等．秸秆粪便混合厌氧发酵产沼气特性［J］．科技视界，2012（35）：17，20.

[100] 赵玲，王聪，田萌萌，等．秸秆与畜禽粪便混合厌氧发酵产沼气特性研究［J］．中国沼气，2015，33（5）：32-37.

[101] 赵文峰，赵峰，卢蓓蓓．新型农村畜禽粪便综合处理利用工程技术研究［J］．农业装备与车辆工程，2013，51（6）：60-62，66.

[102] Novak J M. Impact of biochar amendment on fertility of a southeastern coastal plain soil［J］. Soil Science, 2009, 174（2）：105-112.

[103] Pietikainen J, Kiikkila O, et al. Charcoal as a habitat for microbes and its effect on the microbial community of the underlying humus［J］. Oikos, 2000, 89（2）：231-242.

[104] Zhang L, Sun X. Effects of rhamnolipid and initial compost particle size on the two-stage composting of green waste［J］. Bioresource Technology, 2014, 163：112-122.

[105] Zhang L, Sun X. Using cow dung and spent coffee grounds to enhance the two-stage co-composting of green waste［J］. Bioresource Technology, 2017, 245：152-161.

[106] Pandey P K. A new closed loop heating system for composting of green and food wastes［J］. Journal of Cleaner Production, 2016, 133：1252-1259.

[107] Zhang L, Sun X. Effects of earthworm casts and zeolite on the two-stage composting of green waste［J］. Waste Management, 2015, 39：119-129.

[108] Zeshan, Karthikeyan O P, Visvanathan C. Effect of C/N ratio and ammonia-N accumulation in a pilot-scale thermophilic dry anaerobic digester［J］. Bioresource Technology, 2012, 113：294-302.

[109] Wang T. Green synthesis of Fe nanoparticles using eucalyptus leaf extracts for treatment of

eutrophic wastewater [J]. Science of the Total Environment, 2014, 466: 210-213.

[110] Dauthal P, Mukhopadhyay M. Biosynthesis of palladium nanoparticles using delonix regia leaf extract and its catalytic activity for nitro-aromatics hydrogenation [J]. Industrial & Engineering Chemistry Research, 2013, 52 (51): 18131-18139.

[111] Akhtar N, Goyal D, et al. Physico-chemical characteristics of leaf litter biomass to delineate the chemistries involved in biofuel production [J]. Journal of the Taiwan Institute of Chemical Engineers, 2016, 62: 239-246.

[112] Gao X Y. Determination of the intrinsic reactivities for carbon dioxide gasification of rice husk chars through using random pore model [J]. Bioresource Technology, 2016, 218: 1073-1081.

[113] Nilsson S. Gasification kinetics of char from olive tree pruning in fluidized bed [J]. Fuel, 2014, 125: 192-199.

[114] Vecino X. Vineyard pruning waste as an alternative carbon source to produce novel biosurfactants by Lactobacillus paracasei [J]. Journal of Industrial and Engineering Chemistry, 2017, 55: 40-49.

[115] Villaescusa I. Removal of copper and nickel ions from aqueous solutions by grape stalks wastes [J]. Water Research, 2004, 38 (4): 992-1002.

[116] Li Y S, Liu C C, Chiou C S, Adsorption of Cr(Ⅲ) from wastewater by wine processing waste sludge [J]. Journal of Colloid and Interface Science, 2004, 273 (1): 95-101.

[117] Paradelo R, Moldes A B, Barral M T. Treatment of red wine vinasses with non-conventional substrates for removing coloured compounds [J]. Water Science and Technology, 2009, 59 (8): 1585-1592.

[118] 邵丹. 试论工业有机废气污染治理技术 [J]. 城市建设理论研究 (电子版), 2018 (10): 154.

[119] 王春艳, 王帅, 汪海鹏, 等. 工业有机废气污染的主要危害及防治策略 [J]. 环境与发展, 2018, 148 (11): 61-62.

[120] 马雯, 赵娟. 浅述我国工业固废处置现状及建议 [J]. 资源节约与环保, 2020, 1: 127-128.

[121] 冯逸凡. 市政污泥和工业污泥处置利用技术 [J]. 资源节约与环保, 2020 (10): 107-108.

[122] 胡立芳, 龙於洋, 沈东升. 有机砷工业废渣的污染特性研究 [J]. 科技通报, 2016, 32 (1): 199-204.

[123] 曹建保. 含卤有机废物机械化学脱卤工艺及机理研究 [D]. 武汉: 武汉科技大学, 2006.

[124] 陈沈. 合成染料废水中有机物处理的研究分析 [J]. 化工管理, 2018 (24): 15-16.

[125] 席北斗, 刘东明, 李鸣晓, 等. 我国固废资源化的技术及创新发展 [J]. 环境保护, 2017, 20: 20-23.

[126] 谢孟伟, 曹莉萍, 董坤, 等. 等离子气化技术处理危险废物工程应用 [J]. 资源节约与环保, 2018 (3): 10-12.

［127］李伟，李水清，崔瑞祯，等．等离子体处理危险废物技术［C］//中国环境保护优秀论文集（2005）（下册），2005：1653-1657.

［128］杨德宇，俞建荣．等离子体熔融气化技术处理废弃物的研究［J］.新技术新工艺，2014（2）：106-109.

［129］Tang H, Kitagawa K. Supercritical water gasification of biomass: thermodynamic analysis with direct Gibbs free energy minimization［J］. Chemical Engineering Journal, 2005, 106（3）: 261-267.

［130］Blaney C A, Li L, Gloyna E F, et al. Supercritical water oxidation of pulp and paper mill sludge as an alternative to incineration［M］. Innovation in Supercritical Fluids, 1995.

［131］衣宝葵．基于超临界水热解氧化的有机物资源化研究［D］.济南：山东大学，2010.

［132］王涛，沈忠耀．环保新技术——超临界水氧化法［J］.环境保护，1995（3）：6-7.

［133］于永香，于群．城镇污泥改性无氧碳化技术和焚烧技术的比较与分析［J］.资源节约与环保，2016（9）：56-57, 62.

［134］Wang Y, van Le Q, Yang H, et al. Progress in microbial biomass conversion into green energy［J］. Chemosphere, 2021, 281: 130835.

［135］Rafeeq H, Afsheen N, Rafique S, et al. Genetically engineered microorganisms for environmental remediation［J］. Chemosphere, 2023, 310: 136751.

［136］Ngo A C R, Tischler D. Microbial degradation of azo dyes: approaches and prospects for a hazard-free conversion by microorganisms［J］. Int J Environ Res Public Health, 2022, 19（8）: 4740.

［137］Chen L, Zhang X, Zhang M, et al. Removal of heavy-metal pollutants by white rot fungi: mechanisms, achievements, and perspectives［J］. Journal of Cleaner Production, 2022, 354: 131681.

［138］李慧蓉．白腐真菌生物学和生物技术［M］.北京：化学工业出版社，2005.

［139］Yin S, Zhang X, Yin H, et al. Current knowledge on molecular mechanisms of microorganism-mediated bioremediation for arsenic contamination: a review［J］. Microbiological Research, 2022, 258: 126990.

［140］Wang Y, Zhang X, Wang L, et al. Effective biodegradation of pentachloronitrobenzene by a novel strain peudomonas putida QTH$_3$ isolated from contaminated soil［J］. Ecotoxicology and Environmental Safety, 2019, 182: 109463.

［141］Huang K, Chen C, Shen Q, et al. Genetically engineering bacillus subtilis with a heat-resistant arsenite methyltransferase for bioremediation of arsenic-contaminated organic waste［J］. Applied and Environmental Microbiology, 2015, 81（19）: 6718-24.

［142］Son H F, Cho I J, Joo S, et al. Rational protein engineering of thermo-stable PETase from ideonella sakaiensis for highly Efficient PET degradation［J］. ACS Catalysis, 2019, 9（4）: 3519-3526.

［143］赵元添，马娟，张澜，等．有机氯农药微生物降解机理的研究进展［J］.化工环保，2021, 41（5）: 551-558.

冶金工业出版社部分图书推荐

书　名	作　者	定价(元)
稀土冶金学	廖春发	35.00
计算机在现代化工中的应用	李立清　等	29.00
化工原理简明教程	张廷安	68.00
传递现象相似原理及其应用	冯权莉　等	49.00
化工原理实验	辛志玲　等	33.00
化工原理课程设计（上册）	朱　晟　等	45.00
化工设计课程设计	郭文瑶　等	39.00
化工原理课程设计（下册）	朱　晟　等	45.00
水处理系统运行与控制综合训练指导	赵晓丹　等	35.00
化工安全与实践	李立清　等	36.00
现代表面镀覆科学与技术基础	孟　昭　等	60.00
耐火材料学（第2版）	李　楠　等	65.00
耐火材料与燃料燃烧（第2版）	陈　敏　等	49.00
生物技术制药实验指南	董　彬	28.00
涂装车间课程设计教程	曹献龙	49.00
湿法冶金——浸出技术（高职高专）	刘洪萍　等	18.00
冶金概论	宫　娜	59.00
烧结生产与操作	刘燕霞　等	48.00
钢铁厂实用安全技术	吕国成　等	43.00
金属材料生产技术	刘玉英　等	33.00
炉外精炼技术	张志超	56.00
炉外精炼技术（第2版）	张士宪　等	56.00
湿法冶金设备	黄　卉　等	31.00
炼钢设备维护（第2版）	时彦林	39.00
镍及镍铁冶炼	张凤霞　等	38.00
电弧炉炼钢技术	杨桂生　等	39.00
矿热炉控制与操作（第2版）	石　富　等	39.00
有色冶金技术专业技能考核标准与题库	贾菁华	20.00
富钛料制备及加工	李永佳　等	29.00
钛生产及成型工艺	黄　卉　等	38.00
制药工艺学	王　菲　等	39.00